中国现象学文库
现象学研究丛书

现象学精神病理学
现象学与精神病理学的相互澄明关系研究

徐献军 著

图书在版编目(CIP)数据

现象学精神病理学：现象学与精神病理学的相互澄明关系研究 / 徐献军著. — 北京：商务印书馆，2023（2024.9 重印）
（中国现象学文库·现象学研究丛书）
ISBN 978-7-100-22806-0

Ⅰ.①现… Ⅱ.①徐… Ⅲ.①现象学②精神病-病理学 Ⅳ.① B81-06 ② R749.02

中国国家版本馆 CIP 数据核字（2023）第 155493 号

权利保留，侵权必究。

中国现象学文库
现象学研究丛书
现象学精神病理学
现象学与精神病理学的相互澄明关系研究
徐献军　著

商 务 印 书 馆 出 版
（北京王府井大街36号　邮政编码100710）
商 务 印 书 馆 发 行
山东韵杰文化科技有限公司印刷
ISBN 978-7-100-22806-0

2023 年 12 月第 1 版　　　开本 880×1230　1/32
2024 年 9 月第 2 次印刷　　印张 12¾

定价：108.00 元

主编： 刘国光 董辅礽

编委会成员

刘国光 李泰中 张卓元 张春霖 董辅礽 骆耕漠
李京文 张维达 张圣祥 张春江 厉以宁 赵人伟
张其佐 张国富 张若冲 邓家荣 王振中 方向新
林 森

编委

（以姓氏笔画为序）

《中国理论文库》编委会

国家社会科学基金重大一般项目"理解等与精神病态的相互说明关系研究"（17BZX084）和闽南大学人文学院优秀著作任持续的资助项目

《中国现象学文库》总序

自 20 世纪 80 年代以来，现象学在汉语学术界引发了广泛的兴趣，渐成一门显学。1994 年 10 月在南京成立中国现象学专业委员会，此后基本上保持着每年一会一刊的运作节奏。稍后香港的现象学学者们在香港独立成立学会，与设在大陆的中国现象学专业委员会常有友好合作，共同推进汉语现象学哲学事业的发展。

中国现象学学者这些年来对域外现象学著作的翻译、对现象学哲学的介绍和研究著述，无论在数量还是在质量上均值得称道，在我国当代西学研究中占据着重要地位。然而，我们也不能不看到，中国的现象学事业才刚刚起步，即便与东亚邻国日本和韩国相比，我们的译介和研究也还差了一大截。又由于缺乏统筹规划，此间出版的翻译和著述成果散见于多家出版社，选题杂乱，不成系统，致使我国现象学翻译和研究事业未显示整体推进的全部效应和影响。

有鉴于此，中国现象学专业委员会与香港中文大学现象学与当代哲学资料中心合作，编辑出版《中国现象学文库》丛书。《文库》分为"现象学原典译丛"与"现象学研究丛书"两个系列，前者收译作，包括现象学经典与国外现象学研究著作的汉译；后者收中国学者的现象学著述。《文库》初期以整理旧译和旧作为主，逐步过渡到出版首版作品，希望汉语学术界现象学方面的主要成果能以《文库》统一格式集中推出。

我们期待着学界同人和广大读者的关心和支持，借《文库》这个园地，共同促进中国的现象学哲学事业的发展。

《中国现象学文库》编委会

2007年1月26日

目　　录

前　言 ··· 1

第一章　现象学的三种形态 ··· 25
　　第一节　自然态度中的现象学 ··································· 25
　　第二节　胡塞尔的意识现象学 ··································· 31
　　第三节　海德格尔的实存现象学 ································ 48

第二章　胡塞尔与雅斯贝尔斯的关系 ····························· 61
　　第一节　胡塞尔现象学对雅斯贝尔斯精神病理学的影响 ······ 62
　　第二节　由现象学的直观到精神病理学的复现 ············· 72

第三章　雅斯贝尔斯：现象学精神病理学的开端 ············ 86
　　第一节　精神病理学的范围 ······································ 88
　　第二节　异常心理中的主观经验 ································ 93
　　第三节　异常心理中的整体现象：五种意识状态 ········ 140

第四章　宾斯旺格：此在分析 ······································ 153
　　第一节　现象学在宾斯旺格精神病理学中的作用 ········ 153

第二节　宾斯旺格对海德格尔实存现象学的创造性解读 …… 171

第五章　闵可夫斯基：对疾病生命的结构现象学分析 ………… 191
　　第一节　对精神分裂症本质的生命现象学分析 ……………… 196
　　第二节　对躁狂-抑郁症的时间现象学分析 ………………… 212

第六章　斯特劳斯：感受现象学与精神病理学 ………………… 227
　　第一节　对生命感受的拯救 …………………………………… 231
　　第二节　基于生命感受的精神病理学 ………………………… 248

第七章　博斯：从精神分析到此在分析 ………………………… 269
　　第一节　此在分析的建立 ……………………………………… 272
　　第二节　此在分析对精神分析技术的调整 …………………… 288

第八章　布兰肯伯格：现象学方法论与精神病理学 …………… 301
　　第一节　作为方法的现象学 …………………………………… 303
　　第二节　对于症状贫乏型精神分裂症的现象学解释 ………… 312

第九章　弗兰克尔和兰格尔：意义治疗、个人实存分析与
　　　　　现象学 ……………………………………………………… 330
　　第一节　意义治疗与现象学 …………………………………… 332
　　第二节　个人实存分析与现象学 ……………………………… 346

结　论 ……………………………………………………………… 363

附录　国内外有关现象学与精神病理学相互澄明关系研究的机构 ……… 371

参考文献 ……………………………………………… 375

前　　言

　　这本书的写作有两个目的。一个目的是在现象学的意义上来解释人在世界中的存在（即人的此在）。另一个目的涉及人在世界中存在的特殊方式，即精神病理的方式。这两个问题分别属于专业与方法截然不同的科学研究领域。第一个问题处于现象学哲学的框架中，第二个问题属于精神病理学。从表面来看，这两个研究领域是泾渭分明的，而且每个领域都具有它的封闭性。一般来说，现象学研究者们不太会去关注精神病理学的问题，而精神病理学家们也不太会去关注现象学的理论与方法。然而，令人惊讶的事实是：在欧洲大陆，现象学与精神病理学紧密互动、相互启发的历史已经超过100年了。这种互动的最重要成果就是现象学精神病理学（phenomenological psychopathology）[①]，而本书也将在不同形式的

[①] "Psychopathology"这一词的中译仍然存在较大争议。目前主要有两种译法：国内的精神科医生们一般将这个词译为"精神病理学"，而心理学家们一般将这个词译为"心理病理学"。现象学家倪梁康先生强烈主张将这个词译为"心理病理学"。2019年，他在中国心理学会理论心理学与心理学史年会上讲述了他的理由："精神"一词在国内医学和心理学界已经被污名化，容易让人联想到"精神病"这样的重度精神障碍，因此也容易让人反感；而"心理"一词相对中性，并且人们一般把"心理疾病"当作轻性的精神障碍或心理波动。倪梁康先生的这个理由是很有说服力的。事实上，国内的精神科医生们也意识到了"精神"一词的污名化。很多医院的"精神科"，都挂牌为"临床心理科"，因为"精神科"容易让人望而生畏（尽管医院的心理科其实就是精神科）。（转下页）

现象学精神病理学（即以不同的现象学精神病理学家为线索）中来考察现象学对于精神病理学的澄明，以及精神病理学对于现象学的澄明。

从哲学源流上来看，现象学精神病理学[①]就是世界现象学运动的重要组成部分，因此也是今天的现象学研究的前沿主题。美国现象学家斯皮格尔伯格（Herbert Spiegelberg）曾在《现象学运动》第一版的序言中不无遗憾地写道：这本书完全没有提到雅斯贝尔斯（Karl Jaspers）、宾斯旺格（Ludwig Binswanger）、斯特劳斯（Erwin Straus）和闵可夫斯基（Eugène Minkowski）等现象学精神病理学家，因此它对现象学运动的描述遗漏了很重要的部分。[②]为了弥补这个遗憾，他又写作了《心理学与精神病学中的现象学》。[③]"10年前，当我暂停对于现象学运动史的希望渺茫的介绍工作时，我意识到它最大的缺点在于：它没有阐释现象学对哲学以外领域的影响。如果没有这种阐释，有抱负的运动以及现象学的影响就不能得到充

（接上页）我们也慢慢意识到了"精神病理学"一词的局限，而开始倾向于采用"心理病理学"这个译法。但在这本书中，我们仍然采用了"精神病理学"这一译法。最主要的原因是，我们在2017年申请到的国家社会科学基金项目以及围绕该项目发表的系列论文中，都使用了"精神病理学"这一译法。如果要改译法，就要改项目名称了。所以，我们在本书中还是要继续坚持当初的选择。但未来我们可能会使用"心理病理学"这个译法，或在不同场合使用不同的译法。

[①] 参见徐献军：《妄想症与精神分裂的现象学精神病理学解释》，载《浙江大学学报（人文社会科学版）》2015年第4期，第121—129页。

[②] 参见 H. Spiegelberg, *The Phenomenological Movement: A Historical Introduction*, Dordrecht: Kluwer Academic Publishers, 1994, p. xxxi。

[③] 这本书的中译本刚刚出版了。也许这能使国内现象学、精神病理学与心理学界的专业人士更为关注现象学与精神病理学之间的相互澄明关系，从而促进跨学科的合作与交流。参见斯皮格尔伯格：《心理学与精神病学中的现象学》，徐献军译，北京：商务印书馆，2021年。

分评价。然而，要对受现象学影响的所有领域做出有意义的调查，就目前来讲，不是一个人的时间以及背景知识所能承受的。幸运的是，这项广阔的工作还不是非常紧迫。然而，我开始意识到：我工作的不完整性在一个领域中表现得特别严重，即心理学领域，以及它的相邻领域，精神病理学和精神病学。"[①] 这本书是当代现象学研究的一个里程碑，它充分揭示了现象学与精神病理学、心理学与精神病学的紧密联系，以及当代哲学对于具体科学仍然具有的强大影响力。事实上，斯皮格尔伯格把现象学与精神病理学相互联系的做法，绝非空穴来风，而可以追溯到现象学的创造人胡塞尔。在20世纪初的时候，胡塞尔提出现象学的宗旨是要为科学提供坚实的基础，因此他特别鼓励来自其他领域的学者，能够将现象学运用到他们具体的科学领域中去。

德国海德堡大学的精神科医生雅斯贝尔斯，对胡塞尔的召唤做出了热情的回应。他在阅读了胡塞尔的《逻辑研究》后，敏感地意识到了胡塞尔所倡导的现象学方法对于描述精神疾病经验的作用："在长久地束缚于医学之后，我通过阅读认识了胡塞尔。他的现象学作为方法是富有成果的，因为我可以把它应用于精神疾病事件的描述之中。但是，在我看来，重要的是他思考问题的非同寻常的严密性，他克服了将所有问题都淡化为心理动机的那种心理主义，尤其是澄清了自身持续不断的挑战、未被觉察的前提。我感到，对我业已有效的东西得到了证实：对事物本身的渴望。在当时

[①] H. Spiegelberg, *Phenomenology in Psychology and Psychiatry: A Historical Introduction*, Evanston: Northwestern University Press, 1972, p. xix.

充满偏见、公式化和陈规陋习的世界中,这种感受无疑犹如一场解放。"[1]1912年前后,雅斯贝尔斯把他的两篇早期论文(《对错觉的分析》和《精神病理学中的现象学进路》)寄给了胡塞尔。胡塞尔看后,觉得雅斯贝尔斯的现象学精神病理学正是他所期待的工作。后来雅斯贝尔斯回忆了他与胡塞尔的第一次会面:"胡塞尔得知我在哥廷根,便邀请我去访问他。我受到了友好的接待,他称赞我,把我当作自己的学生看待,这使我很惊讶。"[2]胡塞尔甚至认为,雅斯贝尔斯在精神病理学中对现象学方法的运用是完美的,因此他希望雅斯贝尔斯继续做下去。

另一位现象学运动的创始人舍勒(Max Scheler)也对现象学与精神病理学能够建立起交互关系,而感到兴奋不已。他说,现象学对于一些年轻精神科医生的影响,是尤其让人兴奋的(或者说,心理学家和精神病学家对于舍勒现象学著作的关注,让他十分开心),而且精神科医生也有力地反作用于现象学本身。[3]在现象学家中,舍勒可以说是第一个看到了精神病理学对于现象学的澄明作用的人。舍勒似乎把精神病理学当作了检验有关知觉、心灵和人类的现象学理论的工具。舍勒所指的年轻精神科医生包括:雅斯贝尔斯、施奈德(Kurt Schneider)、宾斯旺格和鲁梅克(这些医生后来都成了十分著名的精神病理学家)。例如,施奈德在他1920年的论文《情感生

---

[1] 雅斯贝尔斯:《我通向哲学之路》,梦海译,载《世界哲学》2009年第4期,第132页。

[2] 同上。

[3] 参见 M. Scheler, "Phenomenology and the Theory of Cognition", in M. Scheler, *Selected Philosophical Essays*, trans. D. Lacterman, Evanston: Northwestern University Press, 1973, p. 151。

命的分层与抑郁状态的生成》①中,运用源于舍勒的情感生命分层概念②描述了抑郁状态。施奈德首先重述了舍勒的价值观以及相应的情感层次理论。然后,他区分了两种主要的抑郁症——内源性抑郁症或忧郁症(重度抑郁,这是在价值观和情感生命层次上的病态折磨),以及反应性抑郁症(其根源在于心灵和精神层次的问题)。舍勒认为,人类的情感生命具有与整个人类的存在结构相关的四个层次:(1)感官情感(如:快乐、痛苦、饥饿、干渴等);(2)生命情感(如:充满活力或昏睡、优势或劣势、喜欢或厌恶、同情或反感);(3)心灵情感(如:愉悦或厌恶、正义感或不公正感、喜悦或悲伤);(4)精神情感(如:极乐、敬畏、惊讶、宣泄、绝望、羞耻等)。相应地,施奈德也区分了四个情感生命层次:(1)快乐与不快乐;(2)生命价值(崇高或庸俗);(3)精神价值(美或丑、义或不义、真或假);(4)神圣或不神圣。③

在胡塞尔、舍勒、雅斯贝尔斯、施奈德等人的影响下,现象学精神病理学的影响由德国扩展到了更多的国家,而且越来越多的精神科医生尝试参与到现象学与精神病理学的对话交流中。④ 闵可夫

---

① 参见 K. Schneider, "The Stratification of Emotional Life and the Structure of Depressive States", in R. M. Broome, R. Harland, G. Owen, and A. Stringaris eds., *The Maudsley Reader in Phenomenological Psychiatry*, New York: Cambridge University Press, 2012, pp. 203−214。

② 参见 M. Scheler, *Formalism in Ethics and Non-Formal Ethics of Values*, trans. M. S. Frings and R. L. Funk, Evanston: Northwestern University Press, 1973, pp. 332−343。

③ 参见 J. Cutting, M. Mouratidou, T. Fuchs, and G. Owen, "Max Scheler's Influence on Kurt Schneider", *History of Psychiatry* 2016, 336, pp. 2−3。

④ 参见徐献军、庞学铨:《现象学哲学视野中的精神疾病——对现象学精神病理学的解读》,载《浙江社会科学》2016 年第 12 期,第 91—96 页。

斯基是最早将现象学介绍到法国的人,而他对现象学的兴趣主要源于他看到了现象学在精神病理学中的巨大应用潜力。他甚至将现象学与精神病理学视为一体。在他看来,胡塞尔的现象学阐明了健康人的心理,而这种正常状态可以在临床上帮助精神科医生去界定何谓心灵异常或精神障碍。他把胡塞尔的现象学、柏格森(Henri Bergson)的生命时间哲学和他自己的精神病理学实践相结合,发展出了现象结构进路(phenomenostructural approach)。人类的心灵是一种结构化的实在,而精神疾病患者遭遇的就是人格结构的紊乱。基于现象学的立场,他反对将病理紊乱还原为任何之前的心理要素或神经生理要素。因此,物质性的神经因素或遗传因素所具有的重要性,都不如运用现象学方法所揭示的病理人格紊乱结构。例如,在对妄想的现象结构的分析中,妄想具有一种病态的时间性结构。正是这种结构导致了妄想症状的出现。妄想是患者心理的特殊表现。现象学精神病理学的任务就是要透过这类表现,去探寻心灵疾病或精神障碍背后的人格结构紊乱。[1]

尽管雅斯贝尔斯首先创立了精神病理学的现象学进路,发起了精神病理学与现象学的对话,但现象学在雅斯贝尔斯那里,仍然只是一个预备学科和方法。在对现象学与精神病理学的融合上,来自瑞士的宾斯旺格要更为投入。雅斯贝尔斯在发表《普通精神病理学》第一版(1913年)以后,就由海德堡大学精神病学系转到哲学系工作了,从此再也没有回到精神病理学的临床工作。宾斯旺格不

---

[1] 参见 E. Minkowski, *Lived Time: Phenomenological and Psychopathological Studies*, Evanston: Northwestern University Press, 1970, p. 234。

仅与胡塞尔及海德格尔都建立了更为长久的联系,而且始终处于精神病理学临床的第一线。因此,宾斯旺格实际上比雅斯贝尔斯更有资格建立精神病理学与现象学的对话,而且这种对话实际上就在他自己身上进行。并且,他主持的瑞士拜里弗疗养院就是检验对话成果(现象学精神病理学)的良好场所。实际上,宾斯旺格在接触现象学之前,首先是一名精神分析家,而拜里弗疗养院也是欧洲第一家应用精神分析疗法的医疗机构。然而,宾斯旺格在临床实践中开始产生了对弗洛伊德精神分析的怀疑,并认为弗洛伊德对人类本质的理解是自然科学式的。相比之下,他发现海德格尔的《存在与时间》提供了对于人类本质的更为深入和全面的洞见,而这些洞见能够极大地促进精神病理学的临床工作。因此,宾斯旺格将海德格尔的此在分析(Daseinsanalysis)与精神病理学相结合,确立了精神病理学的此在分析进路(Daseinsanalytische Forschungsrichtung)。在这种进路中,精神疾病患者的特殊经验形式比经验的内容要更为重要,因为经验形式塑造了经验内容。经验形式,也就是在世界中存在的方式。精神疾病的根源就是:在世界中存在的本质结构的变异或经验形式的紊乱。不同的精神病理状态,就是在世界中存在或世界设计的不同形式。这种此在分析,突破了作为传统精神病理学哲学基础的心身或心物二元论。

在宾斯旺格之后,他的学生博斯(Medard Boss)进一步推动了此在分析的发展。在博斯之前,现象学与精神病理学的交流,主要的途径是精神病理学家们去阅读现象学的著作(如:《逻辑研究》《存在与时间》等)。现象学家们更多的是间接参与,而少有直接参与。然而,博斯与海德格尔共同改变了这个局面。从1959年开始,在海德格尔对博斯进行的为期两周的例行访问期间（每学期2至3次），博斯邀请了50至70名精神科医生以及精神病学专业的学生到他家，参加由海德格尔主持的研讨会。这就是著名的佐利克研讨会（Zollikoner Seminare），可能也是历史上第一次有顶级哲学家参与指导的精神病理学研究活动，或者说是第一次将现象学与精神病理学相融合的努力。海德格尔每周花两个晚上的时间与听众会面，而之前他要花一整天时间来仔细备课。尽管听众们头脑中装的都是为海德格尔所鄙视的心理学与哲学理论，但海德格尔仍然竭尽所能地为他们的医学实践提供更为坚实的哲学基础。博斯负责整个研讨会的组织、记录和出版，并成功地帮助海德格尔将他的思想影响扩展到哲学领域之外的精神医学当中。在研讨会期间，博斯得到了海德格尔的悉心指导，使得他可以完整地将海德格尔哲学移植到精神病学理论与实践当中，并共同创立了此在分析。佐利克研讨会持续到了1969年，直到海德格尔的身体不允许他来回奔波才停止。博斯与其他医学专业人士，在海德格尔的指导下，看到了不同的东西，并对此重新进行了思考。

与宾斯旺格起到类似作用的是斯特劳斯。他是一名享誉世界但在中国仍鲜为人知的实践现象学家，或者说是现象学精神病理学家。20世纪上半叶，在海德格尔发起现象学的此在分析转向之后，斯特劳斯是在精神病理学领域中最积极地回应这一转向的人之一（另外做出积极回应的分别是宾斯旺格、博斯、布兰肯伯格[Wolfgang Blankenburg]等；至于为什么现象学的此在分析转向会对精神病理学产生如此大的影响，这将在下文得到讨论）。在于1919年获得德国柏林大学医学博士学位以后，斯特劳斯从事的职业是精神科医生。但在德国这样一个有着浓厚哲学氛围的国家，不少医生都会有意无意地去思考医学实践背后的哲学问题，尤其是在精神病理学这种与哲学有着紧密联系的领域里。斯特劳斯表现出了对现象学的强烈兴趣，例如：他参加了普凡德尔（Alexander Pfänder）和盖格尔（Moritz Geiger）在慕尼黑大学的讲座、莱纳赫（Adolf Reinach）和胡塞尔在哥廷根大学的很多讲座，以及舍勒在学术生涯末期的私人讲座。[1]斯特劳斯比雅斯贝尔斯更为熟悉海德格尔的此在分析哲学，又比宾斯旺格更加忠实于海德格尔原来的思想。因此，在现象学向心理学、精神病学与精神病理学领域的延伸进程中，斯特劳斯具有非常重要的地位。

在胡塞尔、海德格尔、雅斯贝尔斯以及宾斯旺格的影响下，德国弗莱堡大学与海德堡大学的精神病学系以及精神疾病专科医院产生了一批致力于将现象学与精神病理学相融合的学者，例如海德堡大学精神疾病专科医院培养的海夫那（Heinz Häfner）、基斯克（Karl Peter Kisker）和特伦巴赫（Hubert Tellenbach）。"这些人不仅吸收了非同寻常的广泛哲学背景，而且相比于过去，他们的病理研究对哲学现象学进行了更为频繁的应用。他们以几乎契合的方式，将哲学现象学进路应用到了心理病理、精神分裂症和抑郁症的研究中。"[2]

宾斯旺格曾为海夫那（德国曼海姆大学医学教授）发表于1961年的著作《精神病态患者：精神病态的结构与进程格式塔的此在分析研究》作序。宾斯旺格认为，海夫那的这项杰出工作是以胡塞尔

---

[1] 参见 H. Spiegelberg, *Phenomenology in Psychology and Psychiatry: A Historical Introduction*, p. 263。

[2] Ibid., p. 105.

和海德格尔的工作为基础的。海夫那认为,胡塞尔现象学中的生活世界(前科学理论的世界)、对所有的有限解释的悬置以及本质反思,可以帮助精神科医生打开精神病理学的经验视域。然而,要注意的是:胡塞尔现象学首先是先验的,并聚焦于认识的可能性条件问题;而精神病理学首先是经验的,并且关注的是具体的此在形式。因此,"精神病学此在分析的目标是:在精神疾病存在的可能性条件的基础上,去澄明具体精神疾病中的不同经验设计"①。依据海德格尔的存在论,他提出:精神病态患者的存在可能性具有这样的结构特征——笼罩着遮蔽自我存在与共在世界之本真性的假象(Fassade)。②

基斯克(德国汉诺威大学医学教授)把精神病理学作为医学中的哲学学科,因为精神病理学是关于作为整体的人的,而不是关于器官系统的。正如他在1960年出版的《精神分裂症患者的体验变换》一书中所做的那样,他把"有关疯狂此在的哲学先见"作为精神分裂症研究的切入点。③他一开始就引用了胡塞尔的这句话:"但是,只有处于不可破坏的普遍哲学整体中,并且普遍任务的分支允许一门本身统一的具体科学得以成长时,人们才能提到科学。"④基斯克所说的具体科学就是精神病理学(或者说是精神病学),而它所

---

① H. Häfner, *Psychopathen: Daseinsanalytische Untersuchungen zur Struktur und Verlaufsgestalt von Psychopathien*, Berlin: Springer Verlag, 1961, S. 19.

② 参见 ibid., S. 101。

③ 参见 K. P. Kisker, *Der Erlebniswandel des Schizophrenen: Ein psychopathologischer Beiträge zur Psychonomie schizophrener Grundsituationen*, Berlin: Springer Verlag, 1960, S. 4。

④ 转引自 ibid., S. 1。

根植的普遍哲学整体就是胡塞尔、海德格尔、宾斯旺格的现象学以及狄尔泰（Wilhelm Dilthey）与雅斯贝尔斯的解释学。[①] 更具体地来说，胡塞尔现象学能够为精神病理学提供的是新颖的、超越具体专业的认识完善性，即一种区域存在论基础——时间意识、身体性、共情、理解和主体间性的现象学。"事实表明，对疯狂此在的前理解对于每个关于精神分裂症患者的精神病理学问题来说都是构造性的。精神病学的此在分析（更恰当地说，是有关心灵障碍的区域存在论）是一门在胡塞尔和海德格尔的科学理论中有着确切定义的哲学学科。对于我们的研究来说，本书提及的有关本质现象学联系的宽广工作领域以及精神科医生所必需的哲学学习，已经足够了。这些东西之所以有必要，是因为我们的经验研究步骤仅在此更全面的背景中才有效。"[②]

特伦巴赫（德国海德堡大学精神病学教授）最重要的研究是《抑郁症：问题史、内源性、拓扑学、疾病发生和临床考虑》（1961年）[③]，而他在这本书中发展出了一种抑郁症现象学。[④] 特伦巴赫在抑郁症研究中，依据现象学精神病理学进路，把对精神疾病的主观经验的现象学分析作为治疗疾病的基础，而不把"症状"放在中心的地

---

① 参见 H. M. Emrich, "In memoriam Karl-Peter Kisker", *Der Nervenarzt* 1998, 69(11), S. 1023-1024。

② K. P. Kisker, *Der Erlebniswandel des Schizophrenen: Ein psychopathologischer Beiträge zur Psychonomie schizophrener Grundsituationen*, S. 10.

③ 参见 H. Tellenbach, *Melancholy: History of the Problem, Endogeneity, Typology Pathogenesis, Clinical Considerations*, Pittsburgh: Duquesne University Press, 1980。

④ 自现象学精神病理学产生以来，有关抑郁症的讨论就在其中占据了突出的位置。宾斯旺格（1994）、闵可夫斯基（1970）、塔多西昂（Arthur Tatossian）(1979)等都对抑郁症进行了详细的讨论。

位。症状在精神疾病诊断中的核心地位,源于精神病学中经典的心身二分范式——世界与人的二分(世界可以作用于人,人可以作用于世界)、心与身的二分(心可以作用于身,身可以作用于心)。生物学精神病学是一种体因科学:身体层面的疾病进程具有症状上的因果意义(心理障碍源于身体[或脑的]障碍)。与此相反,精神分析是一种心因科学:心理层面(无意识层面)的疾病进程具有症状上的因果意义(现在的心理障碍源于过去的心理创伤)。特伦巴赫引入了"内源性"概念,旨在克服二元分立的经典范式。"内源"(endon)是先于心身二分的、更为原初的存在。尽管在20世纪初,"内源"这个概念就已经出现在精神病学中,但这个概念的意义从来没有得到清晰的阐明,或者说没有在超越二分的意义上得到界定。然而,特伦巴赫通过把内源性理解为海德格尔所说的"被抛状态"(Geworfenheit)的呈现方式,实现了他对精神病学心身二元论的克服。内源性精神病既不是体因的,也不是心因的。

另外值得一提的是德国弗莱堡大学精神病学教授布兰肯伯格。他于1947年开始在德国弗莱堡大学学习哲学与心理学。在此期间,他接受了胡塞尔、海德格尔以及斯泽莱西(Wilhelm Szilasi)的现象学思想。1956年,他撰写了将海德格尔与宾斯旺格的此在分析应用于妄想型精神分裂症的博士学位论文。1967年,他完成了他的大学授课资格论文《自然自明性的失落:论症状贫乏型精神分裂的精神病理学》[①]。在这本书中,他首次提出了:现象学与精神病理学

---

① 布兰肯伯格:《自然自明性的失落:论症状贫乏型精神分裂的精神病理学》,徐献军译,北京:商务印书馆,2018年。

具有相互澄明的关系，而这种理念对于本书有至关重要的影响。[1]

除了欧洲大陆，现象学精神病理学运动也传入了美国。美国现象学精神病理学发展史上的一个里程碑是：1958年，由罗洛·梅（Rollo May）、安格尔（Ernest Angel）、艾伦伯格（Henri F. Ellenberger）所编辑的《实存》（Existence）[2]出版了。这本书首次选译了欧洲现象学精神病理学运动中的一些经典文献，包括：闵可夫斯基的《精神分裂性抑郁症个案中的发现》、斯特劳斯的《知觉与幻觉》、冯·葛布萨特尔（von Gebsattel）的《强迫症患者的世界》。这三篇文献归属于"现象学"这个标题下。另外，还有归属于"实存分析"标题下的四篇文献：宾斯旺格的《实存分析思想学派》《作为生活史现象和作为精神疾病的精神错乱：伊尔丝的个案》《艾伦·韦斯特的个案：一项人类学的临床研究》、库恩（Roland Kuhn）的《企图谋杀一名妓女》。罗洛·梅和艾伦伯格还为这本书写了三篇导言：《心理学中的实存运动的起源与意义》《实存心理治疗的贡献》和《精神病学现象学与实存分析的临床导言》。这本选集实际的发起者是安格尔，而他是一名心理学家与基础出版社（Basic Books）的编辑。另外，值得注意的是：他们把现象学与实存分析相区分，而且他们认为现象学的成熟度不如实存分析——相应地，胡塞尔对于精神病学与心理学的意义也不如海德格尔（他们显然忽视了，宾斯旺格后期对于精神分裂症的实存分析，已经融合了胡塞尔的超验构造现象学）。尽

---

[1] 参见 A. L. Mishara, "On Wolfgang Blankenburg, Common Sense, and Schizophrenia", *Philosophy, Psychiatry and Psychology* 2001, 8(4), p. 318。

[2] R. May, E. Angel, and H. F. Ellenberger eds., *Existence*, New York: Rowman & Littlefield, 2004.

管罗洛·梅等人更喜欢使用"实存"(existence / Existenz)[①]这个标签,但他们所指的实存哲学仍然属于现象学。不过,不得不承认的是:他们引领了西方的实存主义心理学和精神病学潮流。

在他们之后,美国出现了越来越多在实存主义名下的组织和成果。精神科医生谢尔(Jordan Scher)于1960年在芝加哥创办了《实存精神病学杂志》(*Journal of Existential Psychiatry*)。1964年,这本杂志变成了更为哲学化的《实存主义杂志》(*Journal of Existentialism*)。该杂志第一期的"导言"宣称:人不是"机械或统计抽象"的存在。第一篇论文是奥地利现象学精神病理学家弗兰克尔(Viktor Frankl)的《超越自我实现》。同期存在的另一重要杂志是1961年创立的《实存主义心理学与精神病学评论》(*The Review of Existential Psychology and Psychiatry*)。这本杂志的前身是罗洛·梅在1959年开始油印发行的《实存研究》(*Existential Inquiries*)。后来,《实存主义心理学与精神病学评论》由杜肯大学出版社发行,并由范·卡姆(Adrian Van Kaam)担任第一任主编。它的编委会成员与《实存精神病学杂志》有很多重合。这本杂志发表了以下欧洲现象学精神病理学家和现象学家的论文:弗兰克尔、拜坦迪耶克(F. J. J. Buytendijk)、博斯、蒂利希(Paul Tillich)、马

---

① 在目前的国内学界,一些学者不区分 existence 与 being、Existenz 与 Sein。相应地,existence 与 being、Existenz 与 Sein 都被译为"存在",而 Existentialism 和 Existentialismus 被译为了"存在主义"。我们赞同孙周兴教授的主张,要对这些术语加以区分:把 existence 和 Existenz 译为"实存",而把 being 与 Sein 译为"存在",另外把 Existentialism 和 Existentialismus 译为"实存主义"。按照孙周兴教授的观点,国内所说的"存在主义"其实就是"实存主义"。奈何"存在主义"这一译名已经十分流行。参见孙周兴:《本质与实存——西方形而上学的实存哲学路线》,载《中国社会科学》2004年第6期,第71—81页。

塞尔(Gabriel Marcel)、普莱辛那(Helmuth Plessner)。美国本土的心理学家马斯洛(Abraham Maslow)、阿尔波特(Gordon Allport)和罗杰斯(Carl Rogers)等人也参与了美国的实存主义心理学运动。考虑到欧洲和美国学者经常把弗兰克尔、雅斯贝尔斯、海德格尔、闵可夫斯基、宾斯旺格、博斯等看作实存主义运动的推动者,所以我们可以把美国的实存主义运动看作现象学精神病理学运动。[1]

罗杰斯在晚年回顾中承认,他的进路与现象学有很多一致之处。"我惊讶地发现:大约在1951年(即《当事人中心疗法》发表时),我的思想方向以及治疗工作的核心方面,可称得上是实存主义与现象学的。对一个美国心理学家来说,这种陌生的组合是奇特的。今天,实存主义与现象学对我们的工作有了重要的影响。"[2] 马斯洛发明了"第三力量心理学"(Third Force Psychology)这个术语,来描述不同于行为主义与精神分析的新型心理学——其中包含了现象学。马斯洛还看到:"实存主义依赖于现象学,即实存主义把个体的、主观的体验,作为抽象知识的基础。"[3] 他认为,欧洲现象学可以为心理学家提供理解他人心灵(用他人的眼去看他人的世界)的最好方法,但这种现象学进路在美国实证主义科学哲学的压力下举步维艰。这或许可以解释为什么很多心理学者喜欢使用"实存主义"这个标签,而不是"现象学"这个名称。他们想要用实存主义来强

---

[1] 参见 H. Spiegelberg, *Phenomenology in Psychology and Psychiatry: A Historical Introduction*, pp. 164–165。

[2] E. G. Boring and G. Lindzey, *A History of Psychology in Autobiography*, New York: Appleton-Century-Crofts, 1967, p. 378.

[3] A. Maslow, *Toward a Psychology of Being*, New York: Van Nostrand, 1962, p. 9.

调心理学的经验性,而避免现象学的先验性或超越性。

尽管上述心理学学者对存在主义、现象学的理解是有偏差的,应用也是有限的,但他们毕竟在美国带动起了现象学与心理学的对话交流。考虑到精神病理学也包含着心理学,所以美国的现象学与心理学的交互也是现象学与精神病理学的交互。而且在美国学者的努力下,现象学与精神病理学的相互澄明关系,更具有组织化的特征。1970年,《现象学心理学杂志》(*Journal of Phenomenological Psychology*)创立。它的宗旨是:刊发从欧洲大陆现象学运动的角度推进心理学学科发展的论文。而它所理解的现象学是广义上的:包括先验的、实存的、诠释的和叙述的内容。并且,它倡导运用现象学来增强心理学的哲学基础、批判性反思、理论发展、研究方法论、实证研究,以及推进现象学在临床、教育和组织心理学等领域的应用,从而推进心理学学科的发展。这种主张与雅斯贝尔斯的主张是完全一致的。

在欧洲大陆,现象学、精神病理学、实存哲学、精神病学、精神分析等元素的组合,还产生了此在分析进路。这种进路源于宾斯旺格想要将现象学、精神病理学与精神分析相结合的主张——具体是用他所理解的海德格尔哲学,取代弗洛伊德精神分析中的理论部分(但保留精神分析的技术部分)。后来,他的学生博斯与海德格尔合作,大大改进了此在分析(海德格尔哲学+精神分析技术)。值得注意的是,海德格尔认为宾斯旺格没有真正理解他的基本存在论,而博斯做到了这一点。在1970年的时候,博斯与瑞士精神科医生康道(Gion Condrau)一起创立了瑞士此在分析协会,后来又成立了瑞士此在心理治疗与心身医学研究所,以及瑞士此在分析联合会(1984年)。现存的此在分析研究机构是瑞士此在心理治疗专业协会(SFDP)。协会现任主席是苏黎世大学精神病学与心理治疗系教授耶内温(Josef Jenewein)。协会出版物是《现象学人类学与心理治疗年鉴》。另外,还有国际此在分析联合会(International Federation of Daseinsanalysis)。

然而,难以否认的是:在精神病理学中占据主导地位的是生物学进路(体因性进路,物质主义)和精神分析进路(心因性进路,心灵主义),而超越心物二元论范式的现象学进路相对弱势。到了20世纪70年代,随着北美药物疗法的迅速崛起,现象学精神病理学的处境更为艰难(尽管传承没有断绝),而精神分析进路也开始走下坡路。

令人兴奋的是,进入21世纪以来,以英国伦敦国王学院精神病学教授卡庭(John Cutting)、德国基尔大学哲学教授施密茨(Hermann Schmitz)、丹麦哥本哈根大学健康科学教授帕纳斯(Josef Parnas)、英国约克大学哲学教授拉特克里夫(Matthew Ratcliffe)、美国罗特格斯大学临床心理学教授萨斯(Louis Sass)、德国海德堡大学精神病学教授福克斯(Thomas Fuchs)、意大利邓南遮大学心理学教授斯坦亨里尼(Giovanni Stanghellini)等为代表的现象学精神病理学派,经历了一场非常显著的复兴,在当代哲学、精神病理学、心理学、精神病学中都产生了很大的影响:"现象学进路强调:研究者们必须潜入到行为描述或常识的表层下面。现象学进路为理解异常行为和经验提供了更丰富和更具经验基础的理论进路,而且它可以帮助当代精神病学避免走入操作主义者(operationalist)的死胡同。对精神分裂症的现象学研究尤其具有重要意义,不仅因为精神分裂症在精神病学史上有显著的地位,而且因为精神分裂症变异的深层、神秘和潜在的相关本质中,包含着主观性和我性(selfhood)。"[1]欧美现象学与精神病理学之间的交互构造关联日趋紧密,两大领域间兴起了立场鲜明、观点新颖的对话,其工作重心及取得的成就主要集中在如下方面。

(1)现象学与精神病理学的交互关系研究实现了建制化。1989年,致力将哲学研究应用于精神病学理论与实践的哲学与精神病学促进会(AAPP)在美国成立,同时开始出版《哲学、精神病学和心理学》(*Philosophy, Psychiatry and Psychology*)杂志。研究者们发现,精神病学不仅从哲学中汲取了理论与方法,而且自身也形成了一种哲学。精神病学的理论与实践,对哲学有关心灵、知识与主体性的假设,既构成了挑战,又起到了丰富的作用。1992年在德国基尔成立的新现象学学会(GNP),也致力于创造让现象学与精神病学、心理治疗进行对话的平台。新现象学家施密茨更是积极地参加与精神病学家们的讨论,而他的三个核心概念"现象""情境"与"身体性",已经成为当代德国精神病学中的一个新式研究框架。另外,自进入21世纪以来,世界精神病学会(World Psychiatric Association)举办的刊物《精神病理学》(*Psychopathology*)显著地强化了现象学的取向。该杂志的宗旨是:聚焦于现象学、实验和临床精神病理学的发现、概念和诊断范畴的研究。该杂志还认为,精神病理学包含了:现象学精神病理学和实验精神病理学、神经心理

---

[1] L. A. Sass, D. Zahavi, and J. Parnas, "Phenomenological Psychopathology and Schizophrenia: Contemporary Approaches and Misunderstandings", *Philosophy, Psychiatry and Psychology* 2011, 18(1), p. 3.

学和神经科学、发展精神病理学和青年心理健康等。该杂志的执行主编是当代最著名的现象学精神病理学家福克斯,而他极力主张现象学对于精神病理学的启示性作用。该杂志的编委会成员包括了来自中国、美国、德国、奥地利、丹麦、瑞士、英国、荷兰等国大学精神病学系和医院的知名学者。

(2) 在现象学的有力影响下,一部分精神病理学家反思与批判了生物学精神病理学的哲学预设及其衍生出来的精神疾病理论。生物学精神病理学的哲学基础是笛卡尔式的心物二元论,而在第五版《精神疾病诊断及统计手册》(DSM-5)中,这种二元论进一步发展为了物理主义与大脑中心还原主义。现象学对上述传统哲学的批判,使精神病理学家获得了新的破除心物二元的、非还原主义的哲学基础,而这大大推进了对精神疾病的本质与发生的认识。

(3) 现象学概念成为有关精神疾病的神经生理研究的先导。例如,胡塞尔现象学中的核心概念"主体间性"(Intersubjektivität),被发展为精神疾病的主体间性紊乱理论。例如,来自德国普朗克精神病学研究所的希尔巴赫(Leonhard Schilbach)等人就在这种理论的启发下,在精神分裂症的神经生理机制研究中取得了重大的进展。"精神分裂症患者的'精神化网络'和'镜像神经元系统',相比于健康人有着明显的联通性衰减。未来,如何以现象学哲学的洞见为引导,并借助认知神经科学的方法与技术,进一步寻找精神分裂症的大脑与神经机制异常,将会是一种极富启示的跨学科尝试。"[①]

[①] 徐献军:《现象学精神病理学视域中的主体间性紊乱》,载《哲学动态》2017年第2期,第97页。

(4) 现象学成为精神疾病解释的一个新框架。萨斯与帕纳斯根据胡塞尔和亨利(Michel Henry)对意识及自我的分析,将精神分裂解释为意识与自我经验的紊乱,即自我存在萎缩与反思过度[1];福克斯在胡塞尔所揭示的意识的经验结构的基础上,将精神分裂症、身体缺陷恐惧、神经性厌食、情感障碍、抑郁症、边缘性人格障碍、自闭症等精神疾病,解释为具身性、时间性和主体间性等维度的紊乱[2]。

总体上,在当代国外现象学与精神病理学的对话中,形成了现象学家、精神病理学家与心理学家积极参与、热烈互动的局面,而这种对话对于当代现象学的发展产生了相当重大的影响。尤其值得注意的是,2019年,英国牛津大学出版社出版了由98名分别来自哲学、精神病学、心理学等领域的学者参与撰写的《牛津现象学精神病理学手册》(共有1187页)[3],分别围绕着现象学精神病理学的历史、基础与方法、关键概念、描述精神病理学、生活世界、临床精神病理学、现象学精神病理学等七大主题展开论述。这本手册的出版,发出了当代现象学精神病理学复兴的最强音。另外,这本书是牛津大学出版社"国际哲学与精神病学视角丛书"的第四本——前三本分别是《牛津哲学与精神病学手册》《牛津精神病学伦理学手册》《牛津哲学与精神分析手册》。这说明:当代世界的现象学与

---

[1] 参见 L. A. Sass and J. Parnas, "Schizophrenia, Consciousness, and the Self", *Schizophrenia Bulletin* 2003, 29(3), p. 427。

[2] 参见 T. Fuchs, "Phenomenology and Psychopathology", in S. Gallagher and D. Schmicking eds., *Handbook of Phenomenology and Cognitive Science*, Berlin: Springer Verlag, 2010, pp. 547–573。

[3] 参见 G. Stanghellini, M. Broome, A. Raballo, A. V. Fernandez, P. Fusar-Poli, and R. Rosfort, *The Oxford Handbook of Phenomenological Psychopathology*, Oxford: Oxford University Press, 2019。

精神病理学的对话,是在当代哲学与精神病学的大背景下展开的。现象学日益成为一种公共哲学语言体系;相应地,哲学对于具体科学的影响也得到了非常大的重视。

在中国,现象学与精神病理学的对话或者说现象学精神病理学运动的开展背景是现象学哲学、治疗哲学的研究。浙江大学哲学学院倪梁康教授就非常支持有关现象学与精神病理学关系的研究。他还指出:雅斯贝尔斯现象学精神病理学的创立,就是胡塞尔现象学的一个重要效应。[①] 实际上,在古希腊,哲学本来就有治疗心灵的功能。正如浙江大学哲学学院孙周兴教授所说:"到古希腊晚期和罗马时期,很多哲学家直接赋予了哲学以治疗的含义,所谓治疗的哲学。伊壁鸠鲁认为,哲学应当可以帮人治病。他说,如果哲学不能帮人治病,那就是空洞的,如果哲学不能治好人的心理上的毛病,那么哲学就压根儿没用。两百年以后,罗马时期的西塞罗更加直接地说:哲学是治疗灵魂的医术。哲学要帮人治病,治心病,就像医学要帮人治疗身体上的病一样,如果哲学不能治疗心病,那它有何用?"[②]

2013年,围绕着哲学的治疗功能这个目标,孙周兴教授与同济大学医学院的赵旭东教授合作,在同济大学哲学一级学科博士点和硕士点下,增设了"哲学心理学(包括文化心理与心身修养、精神分析与实存哲学)"博士、硕士培养方向。赵旭东教授是中国精神科

[①] 参见倪梁康:《始创阶段上的心理病理学与现象学——雅斯贝尔斯与胡塞尔的思想关系概论》,载《江苏行政学院学报》2014年第3期,第17—23页。

[②] 孙周兴:《作为心灵治疗的哲学》,在浙江大学哲学系2016年主办的"生活哲学与现代人类生存"学术研讨会上的报告。http://www.aisixiang.com/data/106350.html。

医生中第一个从德国获得医学博士学位的人，并且是中国最知名的心理治疗专家之一。他在德国海德堡大学医学院的导师是斯蒂尔林（Helm Stierlin）。斯蒂尔林是德国精神病学家、精神分析师和系统治疗的创立者。1974—1991年，他担任海德堡大学医学院精神分析基础研究和家庭治疗系的主任和教授。斯蒂尔林还是雅斯贝尔斯的学生。1950年，他在雅斯贝尔斯的指导下获得了海德堡大学哲学博士学位，其论文题目是《责任的概念：韦伯科学概念视角下的、杜威的实用主义科学伦理学与康德伦理学的比较》。因此，赵旭东教授一直想要在中国传承雅斯贝尔斯的精神病理学。

在这种共同的愿景下，赵旭东教授和孙周兴教授通力合作，2016年在同济大学建立了心理学系。在他们二人的努力以及同济大学校领导的支持下，同济大学心理学系在2018年获批心理学一级学科硕士点，设立认知神经科学、哲学心理学与精神分析、临床与咨询心理学方向。其中的哲学心理学与精神分析中，就包含现象学精神病理学这个子方向。德国海德堡大学精神病学系雅斯贝尔斯讲席教授福克斯也被聘请为同济大学兼职教授。

因此，同济大学哲学系、心理学系、医学院、附属医院心理科等，成为一个中国现象学精神病理学研究或者说现象学与精神病理学的对话的实体平台。除此以外，国内哲学界的治疗哲学运动也是值得一提的，而且他们至少是中国现象学精神病理学运动的同盟军。例如，吉林省社会科学院金寿铁教授（笔名梦海）一直在从事对雅斯贝尔斯精神病理学的研究；中国社会科学院哲学所尚杰教授探讨了哲学治疗的可能性；浙江大学哲学学院包利民教授深入研究了古希腊的"治疗型哲学"；中国人民大学哲学系欧阳谦教授认为，哲学治疗学是当代西方应用哲学的新发展;南京大学哲学系潘天群教授推动了中国的哲学咨询研究,并培养了一批从事哲学咨询研究的博士(如:陈红、卫春梅、丁晓军等);上海交通大学李侠教授探讨了认知治疗的哲学基础。①

另外,国内心理学界也有学者(如:陈巍、陈劲骁等)非常积极地参与到现象学与精神病理学的关系研究中。尤其是绍兴文理学院的陈巍教授,在研究的思路、方法、内容上,都提出了非常独到的见解。在他看来,现象学应该积极展开与精神病理学的对话,从而将自身发展为一种集哲学思辨、神经科学和心理学实证研究、医学临床于一体的应用哲学。②

值得一提的是,2018年8月9日,首届哲学咨询工作坊在北京师范大学正式开启。中国台湾辅仁大学前校长和台湾哲学咨商(询)

---

① 参见金寿铁:《心灵的界限:雅斯贝尔斯精神病理学研究》,长春:吉林人民出版社,2000年;金寿铁:《精神病理现象与人的综合理解——卡尔·雅斯贝尔斯〈普通精神病理学〉中的哲学与精神病学观点》,载《自然辩证法通讯》2018年第10期,第105—114页;尚杰:《哲学治疗的可能性》,载《江苏行政学院学报》2017年第2期,第15—21页;包利民、徐建芬:《试论塞涅卡"治疗哲学"的多重维度》,载《求是学刊》2015年第6期,第20—27页;欧阳谦:《哲学咨询:一种返本开新的实践哲学》,载《安徽大学学报(哲学社会科学版)》2012年第4期,第20—25页;陈红:《哲学咨询的兴起与发展》,载《安徽大学学报(哲学社会科学版)》2012年第4期,第26—31页;卫春梅:《论哲学咨询与心理咨询之异同》,载《安徽大学学报(哲学社会科学版)》2013年第5期,第46—51页;丁晓军:《哲学何以治疗——古希腊、古罗马的哲学治疗思想探微》,载《兰州学刊》2018年第4期,第82—91页;孙丹阳、李侠:《认知治疗的哲学基础研究——信念修正的可行性分析》,载《安徽大学学报(哲学社会科学版)》2016年第2期,第38—45页。

② 参见陈巍:《幻肢的神经病理现象学:从成因到治疗》,载《同济大学学报(社会科学版)》2017年第5期,第18—27页;陈巍:《同一性与他异性的紊乱——精神分裂症社会感知障碍的神经现象学分析》,载《浙江社会科学》2020年第4期,第90—98页。

学会理事长黎建球教授、中国人民大学欧阳谦教授、北京师范大学哲学学院刘孝廷教授等近50位各行业人士参加了这一工作坊。在2018年的世界哲学大会中,设立了"哲学咨询与治疗分论坛",由刘孝廷教授担任主席。在这些活动中,哲学的心灵治疗功能得到了越来越大的重视。

  以上就是本书研究的背景和基础。百年以来,国内外的开拓者们为本书的研究提供了丰富且扎实的资源。本书将立足于这些巨人的肩膀,期待能够看得更远、做得更多。本书期待着:来自现象学阵营的研究者们,可以看到精神病理学的理论与实践对于现象学的应用、补充和完善作用;来自精神病理学阵营的研究者们(包括精神科医生、精神分析师、心理治疗师、心理咨询师等),可以看到现象学对于精神病理学的理论与实践的方法论启示、哲学批判等作用。现象学揭示了精神或心理的现象学层次(即前反思层次),而精神病理学揭示了精神或心理的症状层次(精神科)、神经层次(神经科学)、无意识层次(精神分析)。在探索精神或心理奥秘的道路上,这些层次都是有用的。因此,现象学与精神病理学相互澄明的视角,有着深刻的理论和实践意义。

第一章　现象学的三种形态

当我们以"现象学"为题来开始我们的研究时，我们首先要说明，我们所理解的"现象学"是什么。这个术语有悠久的历史，并且具有容易让人望文生义的含义。但我们只考察与精神病理学有紧密关系的现象学部分，因此我们会略去很多纯粹哲学性的现象学。

第一节　自然态度中的现象学

《牛津英语字典》对"现象学"（phenomenology）一词的释义有两个：(1)不同于存在论（ontology）的现象科学；(2)描述与定义现象的科学。英语"phenomenology"的希腊词源是"phainomenon"［显现］。从字面意义上来说，现象是与实在相对的。在柏拉图的"洞喻"中，生活在洞穴中、从小就被锁链束缚的囚徒，只能看到他们面前墙壁上的影子。这些影子就是现象。只有挣脱了锁链并走出洞穴的人，才能看到真实的世界。柏拉图认为，人类就是这样的囚徒，只能看到现象，而看不到真实。哲学家的追求就是摆脱现象、寻找真实。在柏拉图那里，现象的地位是低下的，仅仅是与感觉经验相联系的、非真实的东西。到了近代，"现象学"一词指的是有关现象（感觉经验）的理论。厄廷格尔（Christoph F. Oetinger）

在1736年引入了拉丁语词"phenomenologia"。兰波特（Johann H. Lambert）使用了德语词"Phänomenologia"。康德和费希特在他们的著作中也使用了"现象学"这个词。黑格尔在1807年出版了著作《精神现象学》。在经验主义的意义上，现象是在心灵中呈现的感觉经验（例如，对于红色的感觉，洛克所谓的事物的"第二性"）。在理性主义的意义上，现象是在心灵中呈现的理性与清晰的观念。康德融合了经验主义与理性主义，而将现象定义为在心灵中"如其本身所显现的事物"（现象是感觉材料与概念形式的综合，即感性与理性的综合）。孔德（Auguste Comte）把经验主义与近代科学相结合，而把"现象"定义为科学所要解释的事实；相应地，现象学就是有关科学现象的理论。[1] 在近代自然科学中，经验主义的"现象学"定义居于主导地位，而经验主义意义上的"现象"就是自然科学的起点。

　　在胡塞尔、雅斯贝尔斯以及海德格尔的现象学进入精神病理学之前，对精神病理学影响最大的就是经验主义意义上的现象学。培根（Francis Bacon）清晰地阐明了这种哲学观念："人作为自然界的臣相和解释者，他所能做、所能懂的只是如他在事实中或思想中对自然进程所已观察到的那样多，也仅仅那样多：在此以外，他是既无所知，亦不能有所作为的。"[2] 遵循这一指导原则，人们找到了通过观察、检验和经验证据去认识世界的新方法。例如，近代精神病

---

[1] 参见 D. W. Smith, "Phenomenology", *The Stanford Encyclopedia of Philosophy* (*Summer 2018 Edition*), ed. E. N. Zalta, https://plato.stanford.edu/archives/sum2018/entries/phenomenology/.

[2] 培根：《新工具》，许宝骙译，北京：商务印书馆，1997年，第7页。

学的创始人之一皮涅尔（Philippe Pinel）说：我决心采用一种适用于所有自然科学分支的调查方法，即连续地注意每一个事实，只收集将来要使用的材料，并尽最大的努力去摆脱自我的影响和他人的权威。[①] 皮涅尔忠实地遵循了经验主义的现象学原则，并在此过程中发展了流行病学的早期原理。他对病例的描述非常清晰和详细，以至于我们似乎可以听到和看到他的患者。在前疾病分类学和前胡塞尔现象学的时代，皮涅尔的病例描述是杰出的现象学（其中暗含着疾病分类学），而且他的病例可以被识别为诸如双相情感障碍或偏执型精神分裂症等疾病。[②]

现代精神病学的核心人物克雷佩林（Emil Kraepelin）在此基础上发展出了"间接体验的现象学"，即将自然态度中的现象学应用于他人的心灵状态。他曾从第三人称角度出发，描述了他与一个患有精神分裂症的年轻人的谈话。为了与之后被雅斯贝尔斯引入精神病理学的现象学描述方法进行对比，我们在这里要详细引述克雷佩林的现象学描述——从中我们可以清晰地看出直接体验的现象学与间接体验的现象学之间的差异。

先生们，今天我想要介绍给你们的这个患者，差不多已经被带到房间里来了。当他叉开双腿进来时，他脱掉他的拖鞋，高声哼唱起来，然后哭了两次："我的父亲，我真正的父亲。"他有18岁了，是一个高中生，很高，非常强壮，面色苍白，有

---

① 参见 P. Pinel, *A Treatise on Insanity*, London: Messrs Cadell and Davies, 1806。
② 参见 N. C. Andereasen, "DSM and the Death of Phenomenology in America: An Example of Unintended Consequences", *Schizophrenia* 2007, 33(1), p. 109。

非常乱的红晕。这个患者闭着眼坐着，不去注意他周边的环境。即便是在他被提问时，他也不睁开眼睛，但他的回答，一开始是轻轻的，逐渐发出越来越响的尖叫。当他被问及他在哪里时，他说："你也想知道吗？我告诉你：谁正在被测量，并且应该被测量。我什么都知道，我可以告诉你，但我不想告诉你。"当被问及他的姓名时，他尖叫道："你的姓名是什么？他闭上了什么？他闭上了他的眼睛。他听到了什么？他没有理解；他不能理解。怎么？谁？在哪里？什么时候？他是什么意思？当我叫他看时，他没有正确地看。你那里，看吧！这是什么？这是怎么回事？参加；他没有参加。那么，我说，这是什么？为什么你不回答我？你怎么可以如此无礼？我来了！我给你看！你没有看着我。你绝不调皮；你是一个粗鲁、讨厌的家伙，一个粗鲁、讨厌的家伙，像狗一样蠢。是一个我从来没有遇到过的粗鲁、不知羞耻、悲惨和讨厌的家伙。他要重新开始了吗？你完全没有理解，完全没有；他什么都不理解。如果你要跟从，他不会跟从，不会跟从。你变得更粗鲁了吗？你变得更粗鲁了吗？他们怎么参加，他们确定参加了。"如此等等。最后，他非常含糊地进行了斥责。

患者的理解力非常好，并且在讲话中使用了很多他曾听到过的词组，但一次都没有抬头看。他以一种情绪化的方式说话，喋喋不休地像个孩子，口齿不清并且结结巴巴，在讲话中突然唱起歌并扮鬼脸。他以一种特别的方式来表现秩序，并紧握着拳头。在被提问时：他走向黑板，没有写下姓名，而是突然关掉了电灯，扔掉了粉笔。他做各种无意义的动作，把桌子

第一章 现象学的三种形态　　29

搬开,叉着手臂,在椅子上转身,或交叉着双腿,把手放在头上坐着,全身发僵。当他该走时,他不会站起来,而是必须被推着走,并高声喊:"早上好,先生们;这让我不高兴。"唯一值得注意的物理紊乱是脉搏达到了每分钟160下。

首先,患者可被认为是发疯了,但是更进一步的考虑揭示了若干与发疯不一致的特征。第一个特征是患者的无法交流。尽管他没有疑问地理解了我们所有的问题,但他没有给我们一点有用的信息。他的话实际上与我们的问题有关,但没有答案,只有一系列没有联系的句子,与问题和一般情况都没有联系。第二个特征是:他的话里有同一词组的频繁重复,并且他的话最后退化为无意义的恶语,而没有出现任何外在的原因或患者本身强烈的激动表现。我们已经学会认识其中的一些特征:他对答案的拒绝、始终闭眼中的否定主义以及模式主义。一个新的特征是让人困惑的讲话,非常不一致的讲话,患者没有表现出非理性或强烈的激动——在躁狂形式中没有出现的一种症状。躁狂症患者会以让人困惑的方式说话,但是在绝大多数情况下,它只是暂时的,尽管有着最坏的激动状态与记忆丧失(它们如此完全地丧失了联系)。即使如此,通常总是有可能从躁狂症患者那里得到相关答案。当患者非常恼怒时,我们只是遇到了躁狂症患者中被认知为"秽语症"的粗秽。

对于我们的患者来说,其他在诊断上重要的症状是:全身僵硬,突然冲动的行动,扮鬼脸,特别情绪化的行为。他异常的态度、无目的的行动以及日常行为(例如习惯的走路、说话、伸手等等)的陌生改变,是在根本上把他的行为与躁狂症患者的轻快和忙乱行为相区别的东西（对心智健全的我们来说，躁狂症患者是更好理解的）。躁狂症患者行为的无意义性，源于他巨大的可转移性以及失败冲动的快速延续，但是这里的冲动本身是极无目的性的，并且根本没有快速地一个接着一个，即使在一些特殊的冲动可以被转化为突然的行动时。因此，在躁狂症中，行为具有轻浮性和急躁性，但是这里的行为是难以令人理解和愚蠢的。在躁狂症中，情绪是高昂和放纵的。这里的情绪尽管有外在的不安，但没有足够明显的情绪激动。

按照这些论据，我们可以毫不犹豫地不把我们面前的情况归为狂躁抑郁精神失常，而是归为早发性痴呆（dementia praecox）。我们在这里发现了它的典型症状，即良好理解力和情感的衰退，以及各种意志缺损。[1]

克雷佩林意义上的"现象学"，其实是以提供知识和事件为目标的分类、描述和分析程序。[2] 在这种程序中，人们想要达到的是无理论的中性描述。"人们经常相信，现象学描述只是要简单地确定：某些这里、现在、如此这般以及如调查结果之类的东西。"[3] 也就是说，人们总是习惯性地认为可以轻松地获得纯粹客观和经验的事实，而忽略了：人们在描述对象之前，已经解释了对象。即使是非

---

[1] E. Kraepelin, *Lectures on Clinical Psychiatry*, London: Balliere, Tindall & Cox, 1906, pp. 79–81.

[2] 参见 R. Eisler, *Handwörterbuch der Philosophie*, 2. Auflag, Berlin: E. S. Mittler & Sohn, 1922.

[3] 布兰肯伯格：《自然自明性的失落：论症状贫乏型精神分裂的精神病理学》，第19页。

常纯粹的经验,也包含了默会的前提。那些使描述得以可能的前知识,已经是理论了。但在自然态度中,人们很少去研究这些作为观察与描述前提的理论。相应地,对现象学描述活动本质的追问,长期以来就被视为多余的。这样的追问,既不包含在自然科学中,也不包含在精神病理学中。

随着具体科学与哲学的分裂(例如:以冯特[Wilhelm Wundt]的实验心理学为里程碑,心理学从哲学中分离了出去),自然态度中的现象学越来越疏远哲学的反思。这种现象学,将"无前见性""前科学性""前理论性"视为理所当然可以获得的东西,而认为人们所获得的感觉经验自然而然地就是客观的和中性的。因此,自然态度中的现象学,是粗糙的、缺乏方法论反思的。由于它采取的是第三人称视角,所以它不能真正进入患者的内心世界中。

第二节 胡塞尔的意识现象学

胡塞尔意义上的现象学,起点之一就是对自然态度的批判。而且,它既继承了经验主义的实证哲学,又继承了理性主义的先验哲学。正如海德格尔所说,胡塞尔意义上的现象学不是对经验对象的朴素描述,而总是在方法论上指向作为所有显现源头的逻各斯。被雅斯贝尔斯引入精神病理学的,正是胡塞尔意义上的现象学。"胡塞尔确实以其伟大的天才性和科学的事实性,矗立于哲学的伟大新纪元中(它开始于笛卡尔和莱布尼茨,并在康德或德国唯心主义那里达到高峰);胡塞尔既得出了经典的结论,又开创了哲学的新时代。这个新时代的标志是:胡塞尔由彻底描述的现象学出发,而他科学工作的结尾是先验哲学。"[1]

按照德国哲学家斯泽莱西[2]的看法,胡塞尔现象学大致可以分为三个时期。第一时期是描述现象学,以《逻辑研究》(1901年)为标志;第二时期是先验现象学,以《现象学的观念》(*Husserliana II*, 1907年)、《纯粹现象学和现象学哲学的观念(第1卷)》(*Husserliana III*, 1913年)等为标志;第三时期是本我现象学(egologischer Phänomenologie)(也称发生或构造现象学),以《欧洲科学的危机和先验现象学》、《形式与先验逻辑》、《笛卡尔式的沉思》、《现象学和科学基础:纯粹现象学和现象学哲学的观念(第3卷)》(*Husserliana V*)等为标志。雅斯贝尔斯主要吸收了胡塞尔的描述现象学,而他之后的现象学精神病理学家们就跨过纯粹描述的现象学,而将先验现象学和发生现象学应用到了精神病理学中。例如,宾斯旺格在晚年时,就主要运用了发生现象学去解释精神分裂症经验的生成与组织。

一、描述现象学

自亚里士多德以来,哲学就把为科学提供坚实的基础作为重要的任务。而自17世纪以来,笛卡尔、莱布尼茨和康德将这项任务转化为这样的问题:什么使人的认识成为可能呢?显然,人的认识至少包

---

[1] W. Szilasi, *Einführung in die Phänomenologie Edmund Husserls*, Tübingen: Max Niemeyer Verlag, 1959, S. 3.

[2] 斯泽莱西在1947年接替了海德格尔在德国弗莱堡大学的教授职位,而这个教席之前的教授就是胡塞尔。在现象学精神病理学界,他所著的《胡塞尔现象学导论》成为很多对胡塞尔现象学感兴趣,但又没有很多时间与精力去阅读胡塞尔原著的学者的重要工具。

含两个要素：作为主体的人（包括从事科学活动的人）和作为被认识者的对象。胡塞尔极富热情地想要阐明使人的认识成为可能的东西，而他在《逻辑研究》中想要通过描述认识的过程，去获得确切的基础。这时，胡塞尔首先涉足了对认识主体本身（理性）的研究。这是一种对于内在的研究，而在哲学史上，这种研究被称为唯心主义——真理的源头在于主体及其产物中。其次，胡塞尔涉足了对于超验的研究，即实在主义（Realismus）。于是，胡塞尔遭遇了传统的哲学问题：主体—客体、内在—超验（Immanent-Transzendent）的对立问题。

在胡塞尔那里，"现象"获得了与传统解释截然不同的意义。现象学所谓的"现象"，既包括主观认识活动（意向活动），也包括在认识活动中呈现的、属于认识活动的东西（意向对象）。意向活动就是基本的认识活动。胡塞尔希望通过对意向活动的阐明，去超越康德对先验意识的阐明。在胡塞尔看来，康德的先验哲学仍然没有突破主客对立，因为康德仍然没有揭示纯粹意识的自成一体性。"现象学最重要的任务是：由意识的存在状况出发，为意识的产物提供基础。因此，现象学首先要为科学的阐明提供一种有绝对基础的、源于最终洞见的起点。"[①]

胡塞尔想要避免陷入唯心主义和客观主义的两极，而走入中道。因此，他把描述现象学的主要问题归结为：意向性、范畴直观和对旧先天问题的新解释。

1. 意向性

"意向"（intentio）这个词的含义是"指向"。人的一切经验和

[①] W. Szilasi, *Einführung in die Phänomenologie Edmund Husserls*, S. 12.

意识活动,都指向某种东西。知觉、表象、记忆、判断、想象、期待、爱等意识活动,都是指向某种东西的。例如,看不是纯粹的、不包括任何对象的看;看总是对某种东西(如:茶杯)的看。意向活动的对象包括:现实的对象、非客体的对象、客观世界中没有的对象、错误的对象(如:龟壳上的毛)。但不管是什么样的对象,都是被"指向"的。由于意向活动构造了意向对象,所以意向活动与对象是一体的。在意向活动中,没有内外之别,也没有了主客之分。例如,我们可以到杭州西湖边看着它,可以在家里想象它,还可以意识到我们正在意指杭州西湖这样的意识活动本身。这时,意识活动的对象是一样的,但我们所获得的对象性是不一样的。因此,意识的指向方式是丰富多样的。

胡塞尔揭示了意向活动与意向对象的统一性,因为意向对象是由意向活动创造出来的。意向性不是主客之间的关系,而是意识的存在特征和本质要素。意识不是像客体一样的东西,也不是主体对于客体的关系。意向性还说明了意识的来源:意识总是源于其自身,并且存在于意识所指的东西中。意向性既不是事物之间的关系,也不是意识的内在属性。意向性一开始就在事物之中了。意识的意向性,使它可以超越意识本身而活动。因此,意识不仅是先验哲学的可能性条件,也是人的认识能力的可能性条件,更是人存在的可能性条件。

胡塞尔认为,如果不对意向性的本质结构进行研究,那么人们就不能克服自然和科学态度的幼稚性。描述现象学的任务就是,从绝对的认识能力出发去奠定科学的基础。意向性作为意识活动的先验性特征,呈现了意识突破自身而达到外意识存在的根本能力。

具体科学必须认识到使科学认识活动得以可能的先验条件,才能克服其幼稚性。

2. 范畴直观

在康德那里,认识是这样进行的:意识受到外部事物的触动,于是这些触动唤起了感觉,而感觉通过感性能力在空间和时间形式中得到组织,并借助范畴被塑造成经验事物。但康德没有说明,在我们之外的存在者,为什么必须是以感觉印象的形式被给予我们,而不能采取其他形式。同样地,现代心理学与生理学也没有说明这一点。康德假设了自在之物与现象的分离,而现代心理学与生理学假设了外部刺激与内在反应的分离。然而,胡塞尔不认可这种分离。他认为,现象学既要提供关于眼前现象的知识,还要提供超越直接给予的、某种本身并未被给予者的知识。[1] 相应地,"描述现象学首先要去认识人类意识的产品(Handwerk)。人们可以把这种产品描绘为主观活动,而这种描绘只涉及意识进程的一个方面。意识进程的另一个方面(如果没有它,制品行为就无法被理解)就是意识要去处理的产品和质料"[2]。

在胡塞尔那里,范畴直观所起的作用是:说明先验客观性在先验主观性中的起源,或者说先验客观性与先验主观性的统一,因为不存在纯粹的感性知觉,而且感觉知觉中总已经有了范畴直观。另外,范畴活动不是朴素的活动,而是奠基的活动。朴素的活动即通过直接知觉进行的把握(或者说是纯粹的感性活动),而且被知觉事

---

[1] 参见 E. Husserl, *Erste Philosophie (1923/24). Erster Teil: Kritische Ideengeschichte. Husserliana VII*, hrsg. R. Boehm, Hague: Martinus Nijhoff, 1956, S. 380。

[2] W. Szilasi, *Einführung in die Phänomenologie Edmund Husserls*, S. 33.

物的对象性以事物的现身性和同一性形式呈现。"朴素性就是单一性（Einshaftigkeit）；没有分级的、首先在事后促成统一性的活动。朴素的知觉活动本身可以是复杂的，尽管所指的对象（这里的桌子）是朴素和简单的，是没有综合与任何修改地被把握的。胡塞尔将这种朴素和明确地呈现的对象，称为现实对象（一种值得注意且对实在的清晰把握）。"①

作为奠定活动的范畴直观，达到的是一种直观的综合。例如，在朴素知觉中，我们会知觉到一棵棵具体的树；但在范畴直观中，我们把握到的是树的自性——让树区别于其他东西的规定性。除了直观综合以外，范畴直观的另一种方式是观念化（Ideation）。在对树的观念化中，我们把握到的是所有树当中的不变量。"观念化活动由综合活动产生；尽管观念化活动以奠基对象为基础，但观念化活动指的不是奠基对象。观念化活动是一般直观。观念化活动就作为直观而成为给予的对象。人们将观念化活动给予的东西，称为观念、理念、种属。……种属就存在于可能个体的任意特征中。"②

范畴直观是被奠基的活动，而这也意味着所有的范畴直观都以感性直观为基础，但范畴直观是层级化的。在由此打开的现象学研究中，我们可以获得普遍的存在论，而且现象学就是一种科学的存在论。

3. 先天直观

"先天"（Apriori）意味着在先的东西。某种东西的先天，就是在这种东西之前存在的东西。先天直观，即是对在先东西的直观。

---

① W. Szilasi, *Einführung in die Phänomenologie Edmund Husserls*, S. 36.
② Ibid., S. 39.

在近代哲学中，人们通常是在认识论中谈及"先天"这个主题的。先天认识就是不回溯到经验的认识。在笛卡尔那里，先天的东西就是"我思"（我思故我在）——我是一个在思的存在，而这是一切经验认识的起点。在康德那里，先天是主体性的特征（即不能在经验中被指明的纯粹认识能力）。但康德的缺点是把感性经验孤立了起来。胡塞尔的描述现象学所要达到的是经验的先天直观。在每个事态中，被先天直观到的东西是一般，而具体是在一般的基础上被把握的。这意味着：具体与一般、感性与理性是不可割裂的。先天经验指向的是一般本质以及纯粹由本质得到效力的东西。[1] 因此，先天直观也称本质直观。

例如，当我们观看一张桌子时，我们需要围绕它走一圈，才能看到它的全貌。胡塞尔说，桌子会"邀请"我们围绕它走一圈。这种围绕桌子走的要求，就是先天直观。先天直观就是构造现象的无尽过程系统。这种现象的连续统一体，就是充足的事物给予性。"先天直观指向无尽的完全事态序列，而不仅指向作为知觉对象的事物。在完全的事态中，这张桌子不只是桌子本质的特殊形态，而且是知觉中本质呈现（其实就是讲台，但讲台不是桌子本质的具体化）的特殊形态。讲台之存在其实是桌子功能的具体化，而不是桌子形态的具体化。"[2]

先天直观所把握的本质（eidos），就是让一个事物呈现为某种形态的东西。本质是可以变换的，即让桌子呈现为不同的形态（方

---

[1] 参见 E. Husserl, *Die Idee der Phänomenologie. Fünf Vorlesungen. Husserliana II*, hrsg. W. Biemel, Hague: Martinus Nijhoff, 1973, S. 51。

[2] W. Szilasi, *Einführung in die Phänomenologie Edmund Husserls*, S. 45-46。

桌、圆桌、长桌等）。但先天直观揭示了桌子功能的各种可能性（桌子对人来说的一切用处）。先天直观所想要追求的是有关世界的真理：桌子到底是什么。

康德认为，几何学是纯粹理性的成果，而无关乎经验。与此相反的是，胡塞尔的描述现象学认为：几何学是纯粹理性的构造。"我们在无可争辩的明见性中认识到的、某事物的未被看见的规定性，正如事物的规定性一样，必然是空间性的：这为显现事物之未见侧的可能空间的补充方式，提供了一种法则性的规则；这种规则就是充分展开的纯粹几何学。进一步的事物规定性，是时间性和物质性的：与此相关的是对可能（因此不是任意）的意义的补充性和进一步关于可能的设定直观或显现的新规则。同样被先天规定的是：它们可能具有什么样的本质内容，它们的质料、它们可能的意向对象的（或意向作用的）适应特征，符合什么规范。"[1] 先天直观不仅限于对各种可能性的一般直观，还包括事态中的个体直观。感性先天不是天生的，而是在对事态先天的知晓中获得的。因此，胡塞尔认为：一个生来就是盲的、聋的并且没有触觉的人，是不会有空间表象的。

二、先验现象学

描述现象学探索的是经验意识，而它的主要特征是：它是自然态度中的经验。意向性研究表明：经验意识是通过意向性活动及其关联来运作的。但描述现象学没有解决明见性的问题，并且描述现

---

[1] E. Husserl, *Ideen zu einer reinen Phänomenologie und phänomenologischen Philosophie. Erstes Buch: Allgemeine Einführung in die reine Phänomenologie. Husserliana III*, hrsg. K. Schuhmann, Hague: Martinus Nijhoff, 1976, S. 331.

象学涉及的是经验自我,而没有涉及先验自我。这些描述现象学没有解决的问题,就要由先验现象学来承担。

1. 明见性

描述现象学是在经验层次上工作的,但经验的明见性(Evidenz)如何得到保证呢？明见性的问题也就是知觉、洞见和陈述的真理性问题。哲学一直都无法完全摆脱怀疑主义的问题。最具挑战性的是笛卡尔的论证：我会产生幻觉,我的感觉也会出错,因为有一个法力无边的魔鬼在欺骗我。笛卡尔的解决方法是：首先要有一个在怀疑的我,然后才会有后面的一系列问题；因此,具有明见性的是：我是一个能够进行思考的存在(我思故我在)。但笛卡尔只解决了思考(理性)的明见性,而剔除了知觉(经验)的明见性问题。

胡塞尔与笛卡尔相反,认为经验具有明见性。当我看到一张桌子时,具有明见性的事态就是：我看到了桌子,而且桌子就在这里。"我看到了一个事物,我知觉到了它。我看到了事物,而非事物的存在。但我对之具有明见性的是：这是事物。"[①] 在笛卡尔的主客二分中,对于客体的知觉明见性确实是难以保证的。但胡塞尔的意向性理论克服了笛卡尔的主客二分。"明见的"(evident)的意思就是"自明的"(selbstverständlich)。明见性的保障在于：它是自我给予的意向产物。"更准确地说,明见性是'意向性''对某种东西之意识'的普遍格式塔；在明见性中被意识到的对象,以自我被把握、自我被看见、意识的'在它本身存在中'(Bei-ihm-selbst-sein)的方

[①] E. Husserl, *Ideen zu einer reinen Phänomenologie und phänomenologischen Philosophie. Erstes Buch: Allgemeine Einführung in die reine Phänomenologie. Husserliana III*, S. 417.

式,被意识到。"① 即使知觉是错误的,仍然要以正确的知觉为前提。即使有魔鬼可以欺骗我,但也不能否认有真理的存在。"对所有人来说,而不只是对糊涂的哲学家来说绝对自明的东西是:在知觉中被知觉到的事物,就是在其自有此在中的事物本身,而且是当知觉具有欺骗性的时候。这说明:这种欺骗性的知觉与新的知觉是相矛盾的;新的知觉确实表明了什么是真实的而不是虚幻的。"②

但明见性是分层次的,因为被经验到的现实性总是不充分的、未完成的。一个经验层次上的明见性,不仅源于更高的明见性,而且与不明见的东西相关联。"当经验是不完全的时候,经验和明见性对存在者及其本身的呈现是不完全的;当经验在一致性综合中得到扩展时……它会变得更完全。"③ 明见状态就是经验状态,而对于在经验中被看到的东西的洞见,就要通过经验来获得其明见性。然而,只有关键意义上的经验才是明见的。明见性的功能是对可确定东西的确定。

2. 现象学还原

在描述现象学的基础上,现象学还要完成从经验自我到先验主体的过渡。经验自我发现的是:经验的事实、事实状态及精神现象。然而,在先验现象学的层次上,我们要通过反思活动,去发现纯粹的体验、意识和本我。"我们首先从直接对我们显现的东西开始,因为这个显现的存在只不过是:我出于本质的理由而称为'纯粹体

---

① E. Husserl, *Formale und Transzendentale Logik. Husserliana XVII*, hrsg. P. Jessen, Hague: Martinus Nijhoff, 1974, S. 166.

② Ibid., S. 287.

③ Ibid.

验'的东西，一方面具有其纯粹意识关联项，而另一方面具有其'纯粹本我'的'纯粹意识'，我们将从在自然态度中被给予的这个本我、这个意识、这个体验开始进行考察。"① 这时，我们指向的是意识活动，而不是现实的事物。胡塞尔所谓的先验意识（transzendental Bewußtsein）指的是：放弃了其世俗内容的意识。② 在这种先验或纯粹的意识活动中，所有的现实对象（首先是物质世界）都被暂时地悬搁起来。"悬搁"的意思就是：既不像唯物主义那样设定物质世界的存在，也不像唯心主义那样排除物质世界的存在，而是不做设定。先验现象学的反思就是：仅仅把意识活动本身作为主题。"人们必须通过悬搁去放弃世界，这样才能在普遍的自我思索中再次获得世界。"③ 显然，胡塞尔希望通过先验现象学，使生活世界的存在获得更牢固的根基，而不像唯物主义和唯心主义那样只是做假设。

通过悬搁，我们可以复现（vergegenwärtigen）意识；只关注意识活动本身，而不管意识活动的内容。胡塞尔把这种在意识领域的规定性中对意识活动构造和方式的取得，称为现象学还原。我的生命中的具体体验联系，就通过现象学还原，成为我的体验流中的内在要素。我不是融入了世界中，而是留存在了意识活动中。或者说，意识活动的结构塑造了我与世界、内在与外在、主体与客体的区分。意识活动的结构就是：一部分意识活动表现得好像是主体，

---

① E. Husserl, *Ideen zu einer reinen Phänomenologie und phänomenologischen Philosophie. Erstes Buch: Allgemeine Einführung in die reine Phänomenologie. Husserliana III*, S. 67.

② 参见 W. Szilasi, *Einführung in die Phänomenologie Edmund Husserls*, S. 64-65。

③ E. Husserl, *Cartesianische Meditationen und Pariser Vorträge. Husserliana I*, hrsg. S. Strasser, Dordrecht: Kluwer Academic Publishers, 1991, S. 183.

而另一部分意识活动表现得好像是主体认识的对象——其实一切都是意识活动的产物,但他人的意识活动也会在我的意识活动中呈现出影像。正是通过现象学还原,胡塞尔找到了传统哲学难题(二元对立)的根源。纯粹的意识领域从个体体验流的个体化中显现出来的过程,就是本质还原。在本质还原中得到的纯粹意识,就是绝对存在的领域。绝对存在,就是根本不可否认的存在。

3. 描述经验与先验经验的关系

胡塞尔所谓的描述经验与先验经验是非常不好理解的,而斯泽莱西较为通俗地用列车时刻表来解释描述经验与先验经验的关系。有一个人每天都出现在弗莱堡火车站。他在自然态度中的描述经验是这样的:列车总是在同样的时间到达和出发,不论春夏秋冬。这种经验是明见的。但是有一天,他突然发现:这些列车不在预先规定的时间到达和出发了。他不知道是为什么。他只有在跨越描述经验,去了解列车时刻表的安排原则和方式时,才会知道他原先所观察到的经验现象的基础是什么。[①]列车时刻表的安排原则和方式中所包含的可能性,就属于先验经验的领域。描述经验涉及的是现实性,而先验经验涉及的是可能性;可能性是现实性的基础,而现实性又体现了可能性。描述经验是直接可见的,而先验经验超越了直接可见;但难以直接可见的东西,决定了直接可见的东西。

胡塞尔的创造性在于:他首先通过描述现象学(意识的意向性)描述了自然经验(意识活动的经验过程),然后在先验现象学中探索作为经验条件的先验能力,即纯粹的意识活动。现象学还原把执行

---

① 参见 W. Szilasi, *Einführung in die Phänomenologie Edmund Husserls*, S. 68。

经验的能力,还原到了相应的先验能力上。先验能力与经验过程是密不可分的。现象学所谓的先验意识,是在现象学还原中的特定意识进程。"现象学……要通过对无尽的、自成一体的、绝对独立的存在者领域的还原,开启纯粹或先验主体性的领域。在这种主体性领域中,所有之前在自然态度中得到的世界存在,都为相应的纯粹或先验现象所替换。"①

4. 作为意识活动最终基础的纯粹本我

通过现象学还原(悬搁),所有的现实性都被加上了括号。而这在朴素的经验自我之外,确立了摆脱了世俗内容或规定性的先验自我。如果对先验自我进一步进行还原,可以得到超验本我(transzendent Ich),即摆脱了在基本意向性活动中被意指之对象性的本我。这是一种不源于意识自身产物的本我(人类不能把握的本我;类似于上帝或灵魂)。超验本我即纯粹本我,而它是时间性的,即由滞留(Retention)、原印象(Urimpression)和前摄(Pretention)三个成分构成。纯粹本我是一种意识流。滞留即对已经存在的东西的意识,原印象即对当下的意识,前摄即对未来存在的意识。纯粹本我是在过去、当下和未来持续构成和流变的(刹那生灭)。"纯粹本我原本就是原初的我(Ur-Ich)、我的悬搁自我——它不会丧失它的唯一性与个体的不可变格性。"② 独特的过去、当下和未来,构

---

① E. Husserl, *Ideen zu einer reinen Phänomenologie und phänomenologischen Philosophie. Drittes Buch: Die Phänomenologie und die Fundamente der Wissenschaften. Husserliana V*, hrsg. M. Biemel, Hague: Martinus Nijhoff, 1971, S. 145-146.

② E. Husserl, *Die Krisis der europäischen Wissenschaft und die transzendentale Phänomenologie. Husserliana VI*, hrsg. W. Biemel, Hague: Martinus Nijhoff, 1976, S. 188.

成了独特的、同属于一个统一体的纯粹本我。

尽管纯粹本我是通过对世界的悬搁获得的，但纯粹本我与世界也是不可分割的。世界只是对我来说才有意义，而我总是要在世界中才能实现意义。"我超越于所有对我有意义的自然此在之上，并且是所有先验生命的自我极；在先验生命中，世界首先只作为对我来说的世界而有意义。"①

我们可以把胡塞尔的纯粹本我与柏拉图的灵魂、莱布尼茨的单子相联系。纯粹本我使意识具有了灵魂，并为认识的明见性奠基。尽管认识仍然是不充分的，但认识处于获得充分性的方向中。纯粹本我类似于单子，但纯粹本我具有主体间性，因此又不同于单子。胡塞尔的纯粹意识，把自古希腊以来的认识论推进了一大步，并且通过纯粹意识的构造，把认识论与存在论融合在了一起。即使真的存在一个客观的外在世界，这个世界也必须以意识可以呈现的方式去呈现给人；或者说，人只能把握一个具有意识特性的世界（即使不是意识创造了世界，也可以说是意识创造了我的世界）。由于意识具有我性，所以人所把握的世界源于意识活动的分裂，或者说是纯粹本我的分裂。

三、构造现象学

在现象学中，最难阐明的是纯粹本我构造经验世界的进程问题。在这里，"构造"这个术语具有双重意义：自我统一性与世界

---

① E. Husserl, *Die Krisis der europäischen Wissenschaft und die transzendentale Phänomenologie. Husserliana VI*, S. 188.

统一性的构造。先验现象学涉及可能性的问题,而构造现象学涉及合目的性的问题。康德曾认为,合目的性反映的是情感的需要,而胡塞尔认为:合目的性意味着朴素经验与先验经验的恰当性。合目的性意味着:纯粹本我所构造出来的世界,是所有可能性中最恰当的可能性。可能性本身是有力量的,而那些最有力量的可能性,首先会让纯粹本我把它们构造出来——由潜能到现实。

1. 主体间性及对共在世界的构造

纯粹本我引导下的意识,构造出了自己的生活世界以及自我。这个自我由不同的心灵状态构成。纯粹本我的构造,具有一系列的超验元素。"对意识来说,我自己心灵生活的存在方式、生命流及其动机的存在方式所没有的东西,就是超验。超验甚至还包括:我的心理物理自我、我的身体组织、感觉联系的所有感性造型。所有这些东西不是构造自我的活动流要素。"① 超验元素就是构造的原初成果(如上所述,超验的意思就是:超越了基本意向性活动中被意指的对象性)。生活世界的构造,就是超验元素持续被把握到的过程。每一个自我在内在超验的基础上,拥有了它的原初世界以及具体人格(正常或病理人格)。生活世界的构成元素就是纯粹本我活动对世界的充实。

除了自我的世界,还有他人的世界,而二者之前的桥梁是主体间性。胡塞尔反对唯我论,因此他认为他人肯定是存在的。问题只在于:他人是如何通过自我构造出来的。"我的自我在其本己性内部,如何可能以陌生经验的名义恰好构造出一个陌生的自我呢?"②

---

① W. Szilasi, *Einführung in die Phänomenologie Edmund Husserls*, S. 98.

② E. Husserl, *Cartesianische Meditationen und Pariser Vorträge. Husserliana I*, S. 126.

根据主体间性的思想，共同可经验的世界是所有自我的集体成果。胡塞尔的创造性不在于证明了外在客观世界的存在，而在于揭示了：外在客观世界（实际上是自我世界与他人世界的重合）以及所有自我的映射，构造出一个共同的世界——不同立场、不同视角的交织，具有同样的不变量。这个不变量就是我们所生活的宇宙。所谓的"客观"，就是共同的"主观"。"任务不是开拓超验存在，而是把超验存在理解为先验主体性构造中的存在。"[①]

2. 对其他自我的构造

自我世界的构造，也包括对其他自我的构造。世界中不只有我，还有他人。构造现象学想要说明：他人是通过什么样的意向活动成为自我的内在超验的，即他人如何成为自我世界中的一部分的。自我只能依据自身的特性去通达他人，即以自我的方式去通达非自我的东西。

这里涉及自我与身体的"匹配"（Paarung）。在胡塞尔的后期现象学中，自我是有身体的，或者说自我是心身统一体。当我观察到他人是有身体的时候，我会推测他人也是有自我的。"匹配是被动综合的一种原初形式，而我们认为这种被动综合是与作为联想及认同的被动综合相对的。"[②] 身体与自我、身体与心灵的匹配，属于被动综合活动，即在无意识中自动完成的活动。他人的身体，会让我自动判定他人的自我的存在。

将身体与自我、身体与心灵结合在一起，是胡塞尔后期现象学的重大成果。胡塞尔创造性地把意向性活动与其承载者统一起来，而身体具有了前所未有的重要地位。这种思想对梅洛-庞蒂

---

① E. Husserl, *Cartesianische Meditationen und Pariser Vorträge. Husserliana I*, S. 192.
② Ibid., S. 142.

(Maurice Merleau-Ponty)的身体现象学产生了巨大的影响。自我通过身体存在于生活世界中,而身体就是自我的媒介。他人也是这样的。"与我共在的是他人的自我—特征。在我的自我构造的中介中,他人的作为自我构造的构造性是共在的。反过来说,因为我把他人当作自我,所以我对他人来说也是其他的自我。这种倒转使得:他人对我来说是什么,我对他人来说就是什么。我对自己来说是什么(在自我性中),他人对他自己来说就是什么。"①

总的来说,胡塞尔现象学的巨大贡献在于:通过意识活动的产物,去追问意识的活动;执行意识(或者说纯粹本我)不是匿名的,而是具有我性的,即被构造为自我。现象学还在内在超验构造的基础上,突破了自我的封闭,即描述了自我如何拥有非我。胡塞尔还说明了:自我不能独自构造共同的生活世界,而这种世界的构造是纯粹本我共同体的成果。最后,我们可以用胡塞尔自己的话来阐明整个现象学的追求:"现象学唯心主义不否定现实世界(以及首先是自然)的事实存在,就好像现象学唯心主义说,现实世界(以及首先是自然)的事实存在是一种作为自然与实证科学思考(即使未被注意到的)基础的现象。现象学唯心主义的唯一任务与成果是:阐明世界的意义(准确的意义)——每个人都是这个世界中真实的存在,并且有真实的权力。完全无可怀疑的是:世界是存在的;世界就在不断适应具有普遍同意性的经验中,作为存在的宇宙而被给予。"②

---

① W. Szilasi, *Einführung in die Phänomenologie Edmund Husserls*, S. 104.

② E. Husserl, *Ideen zu einer reinen Phänomenologie und phänomenologischen Philosophie. Drittes Buch: Die Phänomenologie und die Fundamente der Wissenschaften. Husserliana V*, S. 152-153.

第三节　海德格尔的实存现象学

除胡塞尔以外，在现象学中对精神病理学影响最大的无疑是海德格尔了，而且后者的影响甚至比前者更大。海德格尔对于精神病理学的影响，非常不同于胡塞尔。胡塞尔对精神病理学产生影响，主要借助的是他的现象学著作，而海德格尔与宾斯旺格、博斯等精神病理学家建立了非常亲密的个人关系——海德格尔甚至想通过他们，去构建一种以实存现象学为基础的精神病理学。海德格尔的这种抱负，在他学术生涯的一开始就埋下了种子——他的博士学位论文就是《心理主义中的判断学说——关于逻辑的批判、实证研究》（1913年）。在《存在与时间》的第10节中，他把他的此在分析学区别于心理学、人类学与生物学，并指出：心理学、人类学与生物学都忽视了它们的存在论基础，因此无法探索心理和生命现象的基本存在模式。

导　言

海德格尔所要做的，就是去探索心理和生命现象的存在论基础。"人类学、心理学和生物学都没有为我们本身所是的这种存在者的存在类型问题提供明确的、在存在论上有充分根基的答案。此外，我们也必须不断地意识到：事后从经验材料中得出的假说，不能推出这些学科的存在论基础。其实，当我们还在收集经验材料的时候，存在论基础就总是已经在'此'了。实证研究无视这种基础，并把这种基础当作自然而然的东西；但这不能证明存在论基础不是基本的东西,也不能证明存在论基础不比实证科学的任何一个论题具有更为根本的问题意义。"[1] 存在论基础就是先于实证研究所收集的经验材料的东西,而海德格尔就是要去阐明这种作为实证研究前提的基础。

如雅斯贝尔斯所述,精神病理学是一门经验科学,但海德格尔的存在论可以帮助人们去认识精神病理现象的基本存在模式。后来,海德格尔能够引发诸如宾斯旺格、博斯与弗兰克尔等现象学(或实存)精神病理学家的共鸣,可能就是源于这一点。因此,我们不能完全同意斯皮格尔伯格的观点。在斯皮格尔伯格看来,海德格尔对精神病理学的影响,是计划之外的副效应(部分以对他的思想的误解为基础)。[2] 不论宾斯旺格、博斯与弗兰克尔等人对海德格尔思想的新颖应用(把海德格尔对人类存在的此在分析作为精神病理学的基础)在海德格尔自己的哲学事业中有什么样的地位,海德格尔的实存现象学在精神病理学中的影响是不容否定的。

一、自然科学的原则 vs 实存现象学的原则

精神病理学发源于医学,相应地,它也将医学所依赖的自然科学原则接纳进来。尽管以自然科学为基础的技术取得了巨大的成功,但自然科学的原则不是绝对正确的。由自然科学带入精神病理学的偏见是:对量化概念的绝对依赖和对超感性知觉的绝对拒斥。正如雅斯贝尔斯所指出的:"由自然科学而来的偏见是:只有量化的结果才是科学的工作,而纯粹质性的研究总是主观与专断的。根

---

[1] M. Heidegger, *Sein und Zeit*, Tübingen: Max Niemeyer Verlag, 2006, S. 50.

[2] 参见 H. Spiegelberg, *Phenomenology in Psychology and Psychiatry: A Historical Introduction*, pp. 18-19。

据这种偏见,通过测量、计算、曲线图去解决某些问题的统计与实验方法是唯一科学的研究。在无法进行这些直接研究的时候,量化概念仍然会得到采用,尽管这时量化概念没有任何意义。……人们只想把在感性上可知觉的东西作为研究的对象。对躯体显象、执行与衰弱的研究,事实上是非常有价值的。尽管如此,当人们总是直接将心灵(它总是特别质性的)复现时,人们总是只能钻研心灵。尽管心灵的表现在感性上是可以直接知觉的,但心灵在感性上是不能直接知觉的。"[①] 更重要的是:精神病理学越是坚持自然科学的原则(聚焦于量化、可感性知觉的对象),精神病理学就越是会成为无精神的病理学和无心的心理学。

弗洛伊德阐述了另一条精神病理学所坚持的自然科学原则:心理现象是心理的冲动所产生的,正如自然现象是自然当中的力所导致的那样(心理动力学)。"我们不只是要去描述和分类显象(Erscheinungen),而且是要将这些显象理解为心灵中各种力量的表现、彼此并存或对立的有目的倾向的外化。我们就致力于心灵显象的动力学。"[②]

简而言之,精神病理学所使用的自然科学原则有:(1)只有可量化和可直接知觉的对象才是客观科学研究的对象,而质性和不可直接知觉的对象是主观的,因此要把不可量化的对象排除出去(首

[①] K. Jaspers, *Allgemeine Psychopathologie*, Berlin/Göttingen/Heidelberg: Springer Verlag, 1973, S. 17–18.

[②] S. Freud, *Vorlesungen zur Einführung in die Psychoanalyse. Gesammelte Werke XI*, hrsg. A. Freud, E. Bibring, W. Hoffer, E. Kris, und O. Isakower, Frankfurt: Fischer Taschenbuch Verlag, 1999, S. 62.

当其冲地就是心灵)(这条原则是生物学导向的精神病理学所坚持的);(2)心理现象是心理中各种力量相互作用后的外显,因此心理现象遵循心理的因果决定论(这条原则是精神分析的精神病理学所坚持的)。

海德格尔的实存现象学,截然不同于上述自然科学的原则。但我们不能说海德格尔的实存现象学原则就是不科学的。恰恰相反,海德格尔的实存现象学是忠实于现象的,并且在描述和分类现象时有着基本的严格性。海德格尔极力想要避免对于事实和现象的习惯假设和猜测,尤其是对于"心灵""心理""人"和"意识"的先入为主的偏见。"不能把任意的存在与事实性观念(不论它们是多么自然而然)虚构和教条地安放到存在者(Seiende)头上,也不能未经存在论考察就将任意存在与事实性观念所先行描绘出来的'范畴'安放到存在者头上。其实,我们所必须选择的进路和出发点,要使存在者在其本身、由其本身地显现出来。存在者应该首先与通常地在其平均日常状态中显示出来。"[1]

例如,当我们在教室里问学生:当你望向窗外,看到外面的图书馆时,实际上发生了什么呢?我们可能会收到这样的回答:图书馆是我们所观察到的对象;它一开始是不确定的客体;光线照射到它上面,反射到我们的视网膜上,并产生相应的神经刺激和兴奋;这些神经兴奋从视网膜传导到脑的视觉中枢,并在这里被记录为感性知觉;然后,人脑根据过去类似的感觉刺激所产生的记忆,把这

---

[1] M. Heidegger, *Sein und Zeit*, S. 16–17.

些知觉组合在一起，并最终将其识别为图书馆。[①] 这是一种自然科学式的回答，但它不能被等同于事实，因为我们还是不知道神经兴奋是如何转化为有意义的感觉进程的。不论对于视觉的神经科学研究达到何种程度，我们还是不知道，无意义的视觉认知进程是如何转化为有意义的现象世界的（图书馆是我们可以在那里自修、查阅资料的地方）。由无意义到有意义的转换，仍然是一个魔幻的过程。我们所面临的问题是：一个人如何超越内在世界，去把握外在世界的对象？意识如何超越自身，把握非意识的对象？

相关的问题是：当学生们在看图书馆时，他们在哪里？他们在这里、在教室，还是在他们的意识范围里？自然科学式的回答是：他们在图书馆之外的某个位置上；图书馆在他们的意识范围之外客观地存在着。然而，在海德格尔看来，自然科学无法解释：一个由粒子和能量构成的物体（即人），是怎么能够把另一个物体知觉为有意义的存在（图书馆）的。事实上，人在知觉活动以前，就已经和他们的知觉对象在一起了，并且已经与它们共在于一个相互联系的有意义世界中了。人的实存（Existenz）原本就是"在世界中的存在"（Sein-in-der-Welt）。

简而言之，海德格尔的实存现象学，在原则上不同于自然科学。海德格尔想要摒弃通常的自然科学偏见，去认识人类实存的基本本质。实存现象学首先要忠于既定的现象，让现象本身呈现出来。人与他们所知觉、意识和思考的对象是共在于一个世界中的。这种共

[①] 参见 M. Boss, *Psychoanalysis and Daseinsanalysis*, New York: Basic Books, 1963, p. 32。

在也相当于一种有意义的联系,即人与他们所知觉、意识和思考的对象始终处于一种有意义的联系中。这样,我们就能摆脱传统哲学的二元对立问题。

二、人在世界中存在的基本本质

在精神病理学、心理学中具有基本重要性的问题是:人是什么?海德格尔没有直接回答这个问题,而是说:人必须以此在(Dasein)的方式去成为一个人。"Dasein"是海德格尔的自造词,"Da"的意思是"那里","sein"的意思是"是""在"。海德格尔用"Dasein"这个词来表明:人不是静态的、固定不变的状态或实体,而是一种不断地去成为、去创造的进程;或者说,人是许许多多去成为的瞬间状态的总和。"Dasein"意味着:人在本质上是一种开放的、未完成的存在。这种开放性使得人不是封闭的单子主体,而是能够与事物或他人建立起有意义的联系的。因此,"人在世界中的原初存在不是抽象的,而总是具体的事件。人在世界中的存在,只有在其行为的多种特殊模式以及人类与事物和同伴的不同联系方式中才能发生和实现。这种存在以人类实存的独特开放性为前提。它必须是这样的开放性——人类所遇到的特定存在可以如其所是地呈现自身"[1]。正是人与生俱来的开放性,使得人可以见闻觉知。

现代儿童心理学与精神分析都发现:母亲对于婴儿的情感态度是极端重要的,甚至比婴儿获得的物质营养更为重要。婴儿与母亲的原初关系是对意义的打开,因此母亲对于婴儿具有基本的重要

---

[1] M. Boss, *Psychoanalysis and Daseinsanalysis*, p. 34.

性。人与生俱来的开放性，促使婴儿渴望建立与母亲的有意义关系（得到母亲的情感回应）。如果这种建立关系的尝试没有成功，就有可能引发诸如"客体丧失"的问题，继而引起焦虑症、抑郁症等心理问题。母婴关系也在相当大程度上会影响到成人期的人际关系模式，因为一个人通常会采用幼年时与母亲或其他抚养者的关系模式，去与他人交互。

母婴依恋关系建立的前提是：人具有对于他人和事物的基本存在理解（primares Seinsverstandnis），而且人类实存的本质就是这种基本存在理解。换言之，人是一种解蔽和理解特定存在可能性的存在。人正是由于具备基本存在理解，才区别于世界中其他特定的存在者。"理解是能在的存在：这种能在从不作为尚未在手的东西有所期待，而是作为本质上从不在手的东西，在实存的意义上与此在之存在同在。……理解是此在本身之能在的实存存在，尽管这种存在本身包含了与其本身存在相伴的何所出（Woran）。"①

基本存在理解也就是人在世界中存在的一种方式，或者说是展开方式。此在本身就是可能的存在。可能性意味着尚未成为现实的东西和非必然的东西。人在世界中存在，就是要将基本存在理解展现出来。这不只是哲学上的假设，而是明见的事实。因为人作为此在而在，所以此在（Dasein）中的"是"（sein）（sein 作为动词时，在德语中的意思就是"是"）意味着：人可以是这样，也可以是那样；事物对于人来说，可以有这个用处，也可以有那个用处。与"是"相承接的就是各种各样的可能性。所以，海德格尔的"存在论"也

---

① M. Heidegger, *Sein und Zeit*, S. 144.

可以被译为"是论"。

由于人是一种解蔽和理解特定存在可能性的存在，所以博斯认为：海德格尔意义上的人就是一种光。"人是一种能够澄明进入其照射范围的各种特定存在的光。"[①] 如果人没有这种澄明的特性，那么人就无法认识任何事物，或者说任何事物的现象都无法呈现出来。正因为人是一种具有澄明能力的实存，所以人才会在精神上被遮蔽。海德格尔本人用"自然之光"（lumen naturale）[②] 这个词组来表示：人就是一种能够照亮其他存在者的存在者。

即使是在患精神疾病的情况下（如：精神分裂症），患者出现了所谓的幻觉（看到其他人看不到的景象，听到其他人听不到的声音），我们也不能否认：患者本质上仍然是具有澄明能力的存在，只不过他或她所解蔽的世界不同于其他人的。这也只能说明，患者在世界中存在的方式不同于其他人的。或者说，他或她对世界的设计与解蔽方式不同于其他人的。

三、此在的空间性

在哲学史上，笛卡尔曾经说：物质客体具有广延性，即有空间位置；而心灵没有广延性，即没有空间位置。海德格尔反对笛卡尔的心物二元论，所以海德格尔在《存在与时间》中也尽可能不使用"物质""心灵"这样的传统哲学术语。海德格尔的核心术语"此在"指的是人在世界中的存在方式，而且此在是具有空间性的。但此在

---

① M. Boss, *Psychoanalysis and Daseinsanalysis*, p. 37.
② 参见 M. Heidegger, *Sein und Zeit*, S. 133。

的空间性不同于物质客体的空间性,它不是像物体那样在空间中占据一个位置,而是设置了空间。换言之,世界的空间性源于此在的操心(Sorge)活动。尽管有的时候,"此在"当中的"那里"就是身躯所在的位置。但此在的空间,绝不局限于身躯表皮的范围。身躯的位置,是此在空间性的结果。"此在之为空间性,只因为它能作为事实上沉沦的实存意义上的操心而存在。从反面来说:此在从不(也不首先)现成存在于空间中。此在不像现实的物体或用具那样充满一个空间。现实的物体或用具与包围它们的空间之间的界限,就是空间的规定性。此在设置了……空间。此在绝不只是现成存在于身躯所充满的空间内。"[1] 此在之在世界中,既有物质性,也有心灵性。因此,此在的空间性,兼有物质性和心灵性。

此在的空间性,根本上源于此在能够解蔽世界。此在会在与他人及世界相关联的各种可能性中绽放。此在之光所照亮的范围,就是此在的空间。有时候,如果我对空间中的某种东西特别感兴趣,我会在身躯上接近它,而且这个时候,我就在身躯与它的接近中实现与它的存在的亲密关系。另外,我也会以非具身的方式,实现与特定东西的亲密关系。此在的实存空间性,不可用米、千米这样的计量单位来测量。相反,此在的实存空间性以特定的东西对我的存在意义为标识。因此,此在的空间性不是物理空间,也不是数学空间(物理空间的解析-代数关系),而是实存空间。实存空间要比物理空间和数学空间更为源始。实存空间相当于心灵的空间,因此无法用物理方法测量。

---

[1] M. Heidegger, *Sein und Zeit*, S. 367-368.

四、此在的时间性

此在的原初空间性,源于此在的原初时间性。但这不同于康德意义上的时间优先于空间。"'在空间中'的现成事物的经验表象,就作为心理事件在时间中演进,因此'物理'事件间接地'在时间中'演进。这不是对作为直观形式的空间的实存-存在论阐释,而是在存在论上将心理现成事物的进程安置于'时间中'。"[①] 空间事物的存在观念,只能基于心理事件的延续表象。因此,最深层的存在(包括人的本质)就与时间性相关联。同样地,海德格尔最主要的著作《存在与时间》的书名也凸显了这样一个事实,即他想要通过时间去追问有关存在意义的基本存在论问题。

人是一种时间性的存在。但海德格尔所指的时间,不是由恒星的运行速度(日)、表针的转动来定义的时间。[②] 存在论上的原初时间,既不存在于人之内,也不存在于人之外。原初时间不是由无尽的"当下"所组成的、人在其中安排自己的各种事件的外部框架。人的时间总是随着人类的实存而正在生成中。人的原初时间性总是揭示了,他正在操心某件事。原初的时间性,是通过人与其所遭遇的事物之间的有意义交互(即操劳[Besorgen])来确定的。"操劳活动通过'之后'说出了期待,通过'当时'说出了持续,通过'现在'说出了当下。'之后'通常暗示着'现在还没有'······'当时'

---

① M. Heidegger, *Sein und Zeit*, S. 367.
② 2018 年 11 月 16 日召开的第 26 届国际度量衡大会对"秒"的定义是:未受干扰的铯-133 的原子基态的两个超精细能阶间跃迁对应辐射的 9192631770 个周期的持续时间。

意味着'现在不再'。"① 海德格尔把现在、之后和当时的自明参照结构称为可定期性(Datierbarkeit)。操劳活动就以周遭世界中各种事件的定期状态来展开。

原初的、随着人被抛入世界而绽放的时间,是私人的时间。与其说人的实存在时间框架中进行,还不如说时间是人的此在活动绽放的结果。但人不只是生活在私人的世界中,还要生活在公共的世界,即无数人的此在活动交织在一起形成的世界中。这时,人们就需要公共时间或公共的定期活动——用恒星运动或钟表来测量的时间。"每个人都借公共的定期安排自己的时间,每个人都可以同样地计算这种使用公共可用尺度的公共定期。这种定期活动在时间测量的意义上计算时间,而时间测量就需要一种计时器,亦即钟表。"② 公共时间为所有人的共在提供了存在论基础。

可测量的时间总是与物质客体相关,而海德格尔在将时间与操劳活动相关联时,似乎是想将时间与心灵相关联。为此,他引用了亚里士多德的话:如果没有心灵,时间就是不可能的;以及奥古斯丁的话:如果时间不是心灵自身的广延,那倒令人惊讶了。③ 尽管《存在与时间》没有完成,但海德格尔有关时间的洞见已经可以为精神病理学提供启发了,即精神疾病是一种时间经验紊乱。

结 语

除了对于人类存在的此在分析,海德格尔的实证现象学还包含

---

① M. Heidegger, *Sein und Zeit*, S. 406.
② Ibid., S. 413.
③ 参见 ibid., S. 427。

与精神病理学直接相关的成分，而这很明显地表现在了《存在与时间》的部分标题中，如第26节"他人的共在和日常共在"、第30节"作为现身情态模式的恐惧"、第41节"作为操心的此在存在"。心理治疗是精神病理学的实践，而在心理治疗中，移情与共情是非常重要的治疗手段。海德格尔就在"他人的共在和日常共在"这一节中，讨论了作为移情和共情之基础的与他人的共在。他把向他人的存在与向物体的存在相区分，因为他人本身就有此在的存在方式，而物体没有；不是移情构建出了共在，而是移情要以共在为基础；正是共在使得移情与共情成为可能；如果没有与他人的共在，那么对于自我的认识与对于他人的认识就是阻隔的；共在使得自己与他人关联在一起，并使得自己对于自我的理解与认识可以映射到他人身上。①

但总的来说，海德格尔对于精神病理学议题的讨论是非常间接、简短与偶然的。在这样的情况下，相当令人吃惊的是：由他的实存现象学发展出了精神病理学中的实存学派（代表人物有：宾斯旺格、博斯等）。正如博斯所说："有充分的理由认为，与那些源于自然科学的医学和心理治疗概念相比，海德格尔的'此在分析'更适合于对人的理解。……如果此在分析思维确实比自然科学思维更接近于人类实在，它将能够给我们提供迄今为止我们在精神分析理论中无法找到的东西：对我们正在做的（以及为什么这样做的）事情的理解。当我们通过精神分析来对待患者时，这种理解基于对于

---

① 参见 M. Heidegger, *Sein und Zeit*, S. 124–125。

人类本质的洞察力。"[1] 或者说,海德格尔对于精神病理学的真正启发是:他通过引入"存在""此在""世界""时间"和"死亡"等主题,将人及其心理放到了精神病理学从来没有考虑过的广阔背景中;而对人的真正理解,只有在把人与最广阔的环境相联系时才有可能。[2] 海德格尔的实存现象学,向精神病理学注入了崭新的思维方式。

---

[1] M. Boss, *Psychoanalysis and Daseinsanalysis*, p. 29.
[2] 参见 H. Spiegelberg, *Phenomenology in Psychology and Psychiatry: A Historical Introduction*, p. 21。

第二章　胡塞尔与雅斯贝尔斯的关系[3]

胡塞尔是20世纪最伟大的哲学家之一，而雅斯贝尔斯是20世纪最伟大的精神病理学家之一。胡塞尔创立的现象学属于哲学，而雅斯贝尔斯从事的精神病理学属于科学。也许按照通常的趋势，胡塞尔与雅斯贝尔斯，现象学与精神病理学，不会发生交集。然而，在20世纪初特殊的学科发展背景下，这两个人和这两门学科发生了交会，并产生了对今天仍然有深远影响的成果——现象学精神病理学。

其实在古希腊，哲学家往往同时是科学家。例如，史上第一位哲学家泰勒斯同时是天文学家；后来的毕达戈拉斯既是哲学家，又是数学家。这种情况一直延续到近代。哲学家笛卡尔还是数学家、物理学家。然而，随着近代科学的飞速发展，尤其是实证主义在科学中取得了统治地位，哲学与科学渐渐拉开了距离。二者进行了分工：哲学主要面向主观领域，而科学主要面向客观领域；或者说，哲学主要面向内在领域，而科学主要面向外在领域。然而，这种主观与客观、内在与外在领域的截然二分，实际上是非常武断的。实

---

[3] 参见徐献军：《论胡塞尔现象学与雅斯贝尔斯精神病理学的关系——兼论当代哲学与科学相互交叉渗透的走向》，载《自然辩证法通讯》2019年第4期，第99—104页。

际上,任何科学实践总已经蕴涵着哲学假设;科学最深的根基是哲学;科学研究的进步,必须以对其自身哲学假设的严格审查为前提。

第一节　胡塞尔现象学对雅斯贝尔斯精神病理学的影响

对于胡塞尔现象学对雅斯贝尔斯精神病理学是否有决定性的影响,欧美学界存在两种观点。主流的观点是:雅斯贝尔斯的精神病理学受到了胡塞尔现象学的决定性影响。例如,美国哲学家斯皮格尔伯格认为:如果没有胡塞尔的现象学,那么雅斯贝尔斯就不能如此顺畅地发展出他的现象学精神病理学;因此,即使胡塞尔现象学不是雅斯贝尔斯精神病理学的充分条件,那么它也是一个必要条件:"在雅斯贝尔斯所知的同时代精神病理学工作中,布伦塔诺和早期胡塞尔的现象学,尤其是他们的'意向性'概念,是与雅斯贝尔斯最投缘的。布伦塔诺与胡塞尔所提供的知识,至少是对雅斯贝尔斯独立工作的确证,并且有可能是加强。如果没有布伦塔诺与胡塞尔,如果没有他们对雅斯贝尔斯的呼应,那么雅斯贝尔斯的现象学可能确实还是能发展出来的,但它可能不会发展得那么迅速和自信。"[1]英国精神病学家谢泼德(Michael Shepherd)也认为:雅斯贝尔斯在《普通精神病理学》中"对现象学的强调源于胡塞尔"[2]。美国

---

[1] H. Spiegelberg, *Phenomenology in Psychology and Psychiatry: A Historical Introduction*, pp. 190–191.

[2] M. Shepherd, *Karl Jaspers: General Psychopathology, Conceptual Issues in Psychological Medicine*, London: Travistock/Routledge, 1990, p. 278.

哲学家维金斯（Osborne P. Wiggins）和精神病学家施瓦茨（Michael Alan Schwartz）也认为："对雅斯贝尔斯本人来说，胡塞尔确实对他产生了决定性的影响。"[①]上述观点长期以来都是欧美哲学界和精神病理学界的主导观点。如果这种观点可以成立，那么毫无疑问的是：现象学就是精神病理学的基础之一。

但是，英国精神病学家贝里奥斯（German E. Berrios）和沃克（Chris Walker）提出了相反的观点；他们认为胡塞尔对雅斯贝尔斯的影响仅仅是表面的，而不是实际的。例如，贝里奥斯说："胡塞尔现象学在《普通精神病理学》中没有重要的作用……对雅斯贝尔斯的思想来说，康德、狄尔泰和韦伯（Max Weber）比胡塞尔更为重要，尤其是在形式/内容和解释/理解的二分上。"[②]沃克也持类似的观点："除了非常表面上的相似性和简单的口号之外，在雅斯贝尔斯现象学中没有受胡塞尔影响的真正迹象。"[③]值得注意的是：尽管贝里奥斯和沃克反对胡塞尔对雅斯贝尔斯有决定性影响，但他们也承认其他哲学家对雅斯贝尔斯有决定性影响。因此，现象学对精神病理学的基础性意义是学界的一个共识。

我支持斯皮格尔伯格、谢泼德、维金斯和施瓦茨的观点，反对贝里奥斯和沃克的观点，并主张：胡塞尔现象学对雅斯贝尔斯精神病理学确实有决定性的影响。雅斯贝尔斯本人对这种影响的确认，

[①] O. P. Wiggins and M. A. Schwartz, "Edmund Husserl's Influence on Karl Jaspers' Phenomenology", *Philosophy, Psychiatry and Psychology* 1997, 4(1), p. 17.

[②] G. E.Berrios, "Phenomenology, Psychopathology and Jaspers: A Conceptual History", *History of Psychiatry* 1992, 3(11), p. 320.

[③] C. Walker, "Karl Jaspers and Edmund Husserl—I: The Perceived Convergence", *Philosophy, Psychiatry and Psychology* 1994, 1(2), p. 122.

就是最重要的证据。雅斯贝尔斯在1912年的时候，就提出了精神病理学的现象学进路，而他明确承认这种进路源于胡塞尔："在心理学研究领域，胡塞尔迈出了走向现象学的第一个关键步骤，他的先驱是布伦塔诺及其学派，以及李普斯（Theodor Lipps）。"[1]

雅斯贝尔斯在《普通精神病理学》中阐释现象学的方法论时也说，他接受了胡塞尔的描述现象学，但不接受胡塞尔的本质直观现象学。"在黑格尔那里，'现象学'这个词指的是意识、历史和思想中的精神显现整体。我们把这个词用于狭窄得多的个体精神领域。胡塞尔起初在意识显现的'描述心理学'（deskriptive Psychologie）的意义上来使用这个词（我们就是在这个意义上来使用这个词的），后来他又在'本质直观'（Wesensschau）的意义上来使用这个词，而这就不是我们在本书中的用法了。对我们来说，现象学是一种经验程序；它完全以与患者交往得到的事实为基础。"[2]

在他晚年的回顾中，雅斯贝尔斯仍然承认胡塞尔对他的方法论的关键影响。他说，在阅读胡塞尔的著作《逻辑研究》以后，他发现：他可以用胡塞尔所说的现象学，去描述患者对于精神疾病的经验。胡塞尔的现象学是一种意识现象学，而雅斯贝尔斯认为精神疾病患者的内在经验就是意识现象。在雅斯贝尔斯看来，既然胡塞尔现象学是当代最有效的描述意识现象的进路，那么精神病理学领域中的各种异常意识现象（精神分裂症、抑郁症等等）也就能够通过现象学方法得到清晰的描述。因此，雅斯贝尔斯综合了现象学哲学和精

---

[1] K. Jaspers, "Die phänomenologische Forschungsrichtung in der Psychopathologie", *Zeitschrift für die gesamete Neurologie und Psychiatrie* 1912, 9, S. 393.

[2] K. Jaspers, *Allgemeine Psychopathologie*, S. 47.

神病理学，而开创了现象学精神病理学。

一、雅斯贝尔斯将现象学引入精神病理学的背景

如果要理解雅斯贝尔斯将现象学引入精神病理学的原因，首先必须考虑到精神疾病概念的发展。在前科学时期，精神疾病一度被理解为魔鬼附身的病例。近代科学（尤其是解剖学）的发展，使得人们摒弃了这种前科学概念，而尝试用科学来解释精神异常。格里辛格（Wilhelm Griesinger）提出了一个里程碑式的哲学假设——精神疾病是脑部疾病。[①] 然而，"人们发现：格里辛格的程序无法得到早期的充实，并且它不能运行，只能等待人脑病理学的发展，以便确定伴随着精神异常的解剖和生理变化。在这一点上，显然科学研究直接需要的是对现象的正确区分"[②]。

格里辛格提出的哲学假设，后来发展为了在精神病理学中占主导地位的还原主义、大脑中心范式。在19世纪末20世纪初，这一范式的主要倡导者还有梅涅特（Theodor Meynert）、韦尼克（Carl Wernicke）和尼氏（Franz Nissl）等人。梅涅特是德国著名的精神病理学家，也是弗洛伊德的老师。作为第一位把人脑研究作为跨学科工作的科学家，他在临床病理上的主要工作是脑组织及脑干的解剖和组织学研究。他在人脑皮层的分层结构、细胞构造、区域差异上的发现，是后来的脑部皮层定位学说的基础。他认为，脑部障碍是精神疾病的前提，而精神病学是一门以脑病理学为基础的科学，因

---

① 参见 K. Jaspers, *Allgemeine Psychopathologie*, S. 382。

② H. Spiegelberg, *Phenomenology in Psychology and Psychiatry: A Historical Introduction*, p. 92.

此他也是今天的生物精神病学和脑科学研究的奠基者。[1]

韦尼克是德国解剖学家和神经病理学家。今天有很多的神经生理症候群都是以他的名字来命名的。他的精神病学概念的基础是失语症症状联合体(aphasische Symtomenkomplex)。他探索了人脑皮层结构和精神紊乱表现之间的关系。他发现：在没有布洛卡(Pierre Broca)所描述的脑损伤的情况下，也会发生失语状况；语言的声音意象位于颞叶上回的第二听觉中心，而布洛卡所描述的区域只是运动语言中心。因此他相信，精神疾病是源于神经功能障碍的精神偏差；换言之，精神疾病也可以被理解为神经生理现象。[2]

尼氏是德国精神病学和神经病理学家。他发明了著名的尼氏染色法，为人们观察脑部神经组织提供了极大的便利。在精神病理学方面，他致力于探寻精神疾病与人脑解剖之间的关系。他认为，神经中心组织的病理紊乱是精神疾病的首要基础，因此人脑解剖学是精神病学的辅助学科。人的语言、视觉、运动功能，都与人脑皮层中的特定区域相关联。对精神病理学家来说，脑神经及其中心线路源头的确定，不仅具有理论的意义，更具有临床神经生理学的意义；而要完成这个任务，就必须致力于人脑解剖。[3]

梅涅特、韦尼克和尼氏的主要思想就是：精神疾病就是脑部疾

---

[1] 参见 F. Seitelberger, "Theodor Meynert", *Journal of the History of the Neurosciences* 1997,6(3), p. 264。

[2] 参见 M. Lanczik and G. Keil, "Carl Wernicke's Localization Theory and Its Significance for the Development of Scientific Psychiatry", *History of Psychiatry* 1991, 2(6), pp. 174-178。

[3] 参见 F. Nissl, "Psychiatrie und Hirnanatomie", *European Neurology* 1898, 3, S. 141-155。

第二章　胡塞尔与雅斯贝尔斯的关系　　　**67**

病。而这就是精神病理学的第三人称进路——生物学精神病理学。在当代意识哲学及科学中，第三人称进路主要指的是通过脑部进程来研究意识的方法论。"第三人称数据（third-person data）涉及的是意识系统的行为和脑部进程。这些行为和神经生理数据，提供了认知心理学和认知神经科学的传统兴趣材料。"[①]

精神病学家克雷佩林最早承担起了对精神疾病的现象区分的任务。然而，由于克雷佩林是冯特的学生，所以他的主要兴趣是各种疾病症状的客观特征（这是心理学去哲学化的一种做法），尽管他不排除患者对于其症状的主观报告。雅斯贝尔斯看到了克雷佩林现象区分程序的缺点："克雷佩林的基本视角是躯体的。他像大多数医生一样，认为躯体视角是唯一的医学视角。这种进路不仅是程序，而且是绝对程序。他著作中的心理学讨论有一部分是卓越的，并且成功地实现了他自己的意图。他把心理学讨论看作在实验、显微镜和试管让一切都变得在客观上可以探索之前的、暂时性的应急措施。"[②] 从当代意识哲学的角度来看，克雷佩林的现象区分采取的也是第三人称进路（即自然科学进路），而雅斯贝尔斯希望采取的是第一人称进路（即现象学进路）。

实际上，雅斯贝尔斯在大学里先学习法学，再学习医学，然后才开始精神病学家的生涯。[③] 当时的精神病理学研究进路主要是第

---

　　① D. J. Chalmers, "How Can We Construct a Science of Consciousness?", *Annals of the New York Academy of Sciences* 2013, 1303(1), p. 25.

　　② K. Jaspers, *Allgemeine Psychopathologie*, S. 711.

　　③ 参见 A. Jablensky, "Karl Jaspers: Psychiatrist, Philosopher, Humanist", *Schizophrenia Bulletin* 2013, 39(2), pp. 239-241。

三人称的（即自然科学式的脑部还原主义进路）。雅斯贝尔斯转向第一人称进路，标志着他从方法论上由自然科学转向了哲学现象学。尽管这种转向有雅斯贝尔斯自身的原因，但在外部对他形成重要影响的显然是胡塞尔的现象学，因为现象学是当代最重要的第一人称进路之一。①

雅斯贝尔斯将精神病理学的第三人称进路称为躯体的偏见或脑神话学（Hirnmythologien）。"这种躯体的偏见在生理学、解剖学或模糊生物学的伪装下一再出现。在20世纪初，我们发现它是这样来表达的：没有必要研究纯粹主观的精神。如果要对精神进行科学的研究，那么就必须把它当作物理功能，进行解剖的、躯体的研究。即便心理学研究偏爱暂时的解剖构造，但是，这些解剖构造变得十分魔幻（例如在梅涅特、韦尼克那里），并且成了脑神话学。"②

在雅斯贝尔斯看来，完整的精神病理学应该包括两个方面：客观维度和主观维度。而且在这两个方面中，主观维度又先于客观维度。自然科学式的第三人称进路的缺陷在于：它只关注客观维度，而忽视了主观维度，或者说它无法处理主观维度。换言之，当时雅斯贝尔斯认为：精神疾病研究中亟待解决的问题是，寻找探索主观维度的方法。

雅斯贝尔斯发现，胡塞尔的现象学恰恰提供了为精神病理学所迫切需要的、描述精神疾病主观现象的方法。"在真正的研究开始之前，必须确定作为其目标的特殊心理现象，并形成不能混淆的、

---

① 参见徐献军：《精神病理学中的第一人称进路》，载《西北师大学报（社会科学版）》2016年第10期，第102—106页。

② K. Jaspers, *Allgemeine Psychopathologie*, S. 16.

在它们及其他现象之间的相似性和差异性的清晰图景。这种表征、定义和分类心理现象的基础工作,作为独立的活动,构成了现象学。……在心理学研究领域中,胡塞尔迈出了走向现象学的第一个关键步骤。"①

二、雅斯贝尔斯对胡塞尔现象学的发展

长期以来,学界相对比较关注的是胡塞尔的现象学对雅斯贝尔斯的精神病理学的影响,但后者对于前者的发展,则相对较少被讨论。实际上,胡塞尔的现象学与雅斯贝尔斯的精神病理学之间是一种相互澄明的关系。一方面,胡塞尔的现象学在方法论上对雅斯贝尔斯的精神病理学有重要影响;另一方面,雅斯贝尔斯的精神病理学也在独特的经验维度(即精神病理维度)上阐释了胡塞尔现象学。换言之,雅斯贝尔斯的现象学精神病理学是胡塞尔现象学在病理维度上的延续。②

事实上,胡塞尔认为,现象学的目标就是:要为所有科学提供基本和一般的方法论基础。因此,他认为必须要阐明人类经验及其对象的本质特征。③尽管他认为所有的科学都需要这样的认识论基础,但他也意识到:每门科学都有它特殊的方法,而他自己除了数学以外,缺乏发展出具体科学方法的专家技能。所以,他鼓励

---

① K. Jaspers, "Die phänomenologische Forschungsrichtung in der Psychopathologie", S. 393.
② 参见徐献军:《妄想症与精神分裂的现象学精神病理学解释》,第121—129页。
③ 参见 E. Husserl, *Logische Untersuchungen, Erster Band. Husserliana XVIII*, hrsg. E. Holenstein, Hague: Martinus Nijhoff, 1975。

来自具体科学领域的专家,来建立现象学与各门科学的特殊方法及概念之间的联系,从而使得现象学延伸到具体的科学中。实际上,在胡塞尔看来,不与具体科学相结合的现象学就是不完整的现象学。

因此,胡塞尔不仅期待现象学在精神病理学领域的延伸,而且明确地承认,雅斯贝尔斯的现象学精神病理学就是对他的现象学的一种发展。1912年前后,雅斯贝尔斯把他的两篇早期论文《对错觉的分析》和《精神病理学中的现象学进路》寄给了胡塞尔。胡塞尔看后,觉得雅斯贝尔斯的现象学精神病理学正是他所期待的工作。后来雅斯贝尔斯回忆了他与胡塞尔的第一次会面。他说,胡塞尔把他当作了自己的学生。胡塞尔认为,雅斯贝尔斯在精神病理学中对现象学方法的运用是完美的,因此他希望雅斯贝尔斯继续做下去。

在胡塞尔那里,现象学描述的主要是健康人的经验;而在雅斯贝尔斯那里,现象学面对的主要是精神疾病患者的经验。这种精神疾病的现象学,正是对胡塞尔的正常经验现象学的有效补充。雅斯贝尔斯将他的现象学(即疾病经验之精神生命的主观显现)分为八个部分:对象意识,空间与时间体验,身体意识,实在意识与妄想观念,情感与情绪状态,推力、冲动和意志,自我意识,反思现象。这八个部分基本上囊括了胡塞尔现象学的基本主题。

雅斯贝尔斯将精神疾病规定为意识经验的紊乱,所以他首先依据现象学对于正常意识经验的揭示,来定义什么是精神异常。然而,对精神异常的直观,经常也能够阐明什么是精神正常。因此,精神病理学对于现象学也有构造的作用。

这里可以雅斯贝尔斯对空间和时间体验异常的分析为例。康德将空间和时间称为直观形式，而胡塞尔也继承了这种观点。康德与胡塞尔揭示了健康人的空间和时间体验，而雅斯贝尔斯揭示了精神疾病患者的空间和时间体验。具体来说，在精神疾病患者那里，空间体验的异常表现为：所有的对象变小或变大，总体空间体验的变异（将有限空间知觉为无限空间）；时间体验的异常表现为：时间感变快或变慢，时间意识的丧失，时间体验现实性的丧失，时间停滞体验，过去感和未来感消失，等等。这些空间和时间体验异常充分证明了空间和时间作为先验直观形式的重要性，即当先验直观形式发生病变时，人的意识经验以至整体人格都会发生紊乱。

结　语

胡塞尔的现象学，为雅斯贝尔斯的精神病理学提供了最基本的方法论。尽管雅斯贝尔斯也受到其他哲学家（如：狄尔泰、康德等）思想的影响，但胡塞尔对他的影响是最大的；尽管雅斯贝尔斯在精神病理学中也使用其他的方法（如：神经科学、心理学等），但现象学方法始终具有优先性。雅斯贝尔斯对现象学与精神病理学、哲学方法与临床经验的结合，催生出了一种应用现象学形态，即现象学精神病理学。现象学精神病理学首先是一种哲学进路，然而它又面向哲学之外的实际经验领域。因此，现象学精神病理学是一种哲学与科学的结合体。在今天这个学科细分越来越多的时代，现象学精神病理学具有十分重要的意义，因为它充分表现了以哲学为先导的科学进路的潜力，以及具体科学研究对于哲学的验证和构造潜力。

第二节 由现象学的直观
到精神病理学的复现[①]

我们还需要在20世纪初的方法论争论的背景中,去思考现象学与精神病理学的相互澄明关系。"在雅斯贝尔斯写作的年代,社会科学家(如:历史学家和社会学家)正在进行着一场方法论的争论:他们能否认知他们正在研究的人的经验?这场争论就是方法论的争论(Methodenstreit)。狄尔泰、西美尔(Georg Simmel)、韦伯和其他社会科学家及哲学家认为:一个人可以通过理解,去认知另一个人的精神生活。"[②] 雅斯贝尔斯接受了狄尔泰等人的观点,即将自己置换到他人的心灵世界中,或进一步通过对他人的共情(Einfühlen),去理解他人的主观世界。雅斯贝尔斯认为:精神科医生对患者的理解(Verstehen),对于精神疾病的诊断和治疗而言是非常关键的。

然而,理解的共情不能使精神病理学成为真正的科学。"我们可以欣赏这种理解;我们可以赞美它,因为它揭示了有价值的人类特质;但是我们不能承认它是'科学'。"[③] 前科学的理解是我们在日常生活中对他人的理解;但由于这种理解没有被系统化和概念化,所以它不是科学的。科学的理解必须达到严格的分类和确证的标

[①] 参见徐献军:《雅斯贝尔斯对现象学直观的阐释及发展》,载《浙江社会科学》2018年第8期,第104—109页。

[②] O. P. Wiggins and M. A. Schwartz, "Edmund Husserl's Influence on Karl Jaspers' Phenomenology", p. 23.

[③] K. Jaspers, "Die phänomenologische Forschungsrichtung in der Psychopathologie", S. 394.

准,即使我们对于他人经验的知识变得可检验和可交流。

雅斯贝尔斯认为,对他人的理解要实现科学化,就需要借助现象学的方法,因为他在胡塞尔那里看到,现象学是以精神进程为观察对象的。现象学不仅能够对不同的精神现象进行分类,而且可以细致地描述它们的特征。现象学和精神病理学有着同样的研究对象:精神进程。因此,雅斯贝尔斯希望把现象学使用的方法移植到精神病理学中。

尤其能引起雅斯贝尔斯注意的是:胡塞尔的直观(anschauen)方法。"胡塞尔探索了德语词'直观'的传统哲学意义。在传统中,'直观'表示对某种东西的直接经验。"[1]雅斯贝尔斯追随胡塞尔,采纳了"直观"的这种意义:直观就是对精神进程的直接经验。然而,有差异的是:在胡塞尔那里,直观主要面向自我的精神进程;而在雅斯贝尔斯那里,直观主要面向他人的精神进程。所以,雅斯贝尔斯使用了一个与"直观"有紧密联系但稍有区别的术语:复现(vergenwärtigen)。"现象学的任务是:让患者真正经验到的心灵状态直观地向我们复现,按照它们的相似关系来进行考虑,尽可能清晰地区分、辨别它们,并提供可靠的术语。由于我们不能如对待物理现象那样直接知觉他人的心灵,这永远只能是复现、共情、理解的事情,我们只能根据情况通过对心灵状态的外在特征的系列枚举,通过对他人心灵现象发生条件的枚举,通过感性的直觉类比和符号化,通过一种感应呈现,去知觉他人的心灵现象。"[2]

"直观"意味着直接经验,而"复现"意味着一种近似的直接

---

[1] O. P. Wiggins and M. A. Schwartz, "Edmund Husserl's Influence on Karl Jaspers' Phenomenology", p. 26.

[2] K. Jaspers, *Allgemeine Psychopathologie*, S. 47.

经验，或者说心灵感应。在自然科学中，感觉是一切知识的基础。当人们能够直接感觉到某种东西时，这种东西就具有了明见性（Evidenz）。然而，在精神科学（包括现象学、精神病理学）中，对象是内在的，无法像外在对象那样可以被直接感觉。因此，现象学提出了直观的方法，而且直观意味着对于不可见精神进程的一种"见"（Sehen）。"这种'见'不是通过感官的见，而是理解的见。即使我们在现象学中甚至只向前走了一步，我们也必须训练我们自己，并掌握这种十分特殊的、不可还原的和最终的东西：'给出给予性'、'理解'、掌握、'直观'（或'复现'）和概念化。只有这样做，我们才能取得有效的批判能力……如果一个人没有看东西的眼睛，那么他就不能从事神经组织学；如果一个人拒绝或缺乏才能，而不能复现并生动地直观心灵，那么他就不能掌握现象学。"[①]

雅斯贝尔斯把胡塞尔的直观方法和明见性观念与狄尔泰的理解方法和自我置换观念结合在一起，提出了可以被运用于精神病理学的现象学方法。他认为，精神病理学家必须积极地把他们自己置换到患者的精神生活中，并如患者那样去经验它们。当然，他也承认，精神病理学家不可能真正如患者那样去经验他们的精神生活（复现有很大的想象成分），但精神病理学家必须以患者的主观经验为研究对象。

一、胡塞尔的"直观"概念

在现象学中，通常人们所说的"直观"，德语词即"anschauen"，

[①] K. Jaspers, "Die phänomenologische Forschungsrichtung in der Psychopathologie", S. 396–397.

而与之相联系的词有：schauen、erschauen、sehen。这些词都有"直接观看"的意思，因而不同于自然科学中使用仪器进行的"观察"。胡塞尔的重要贡献，就是探索了"直观"这个词的哲学意义。事实上，"直观"是胡塞尔现象学方法论的核心概念之一。胡塞尔认为，人可以直接观看自己的意识进程。他在《逻辑研究》中强调了直观的基础方法论地位："作为通用思维统一性的逻辑概念必定起源于直观；这些概念必须在某些体验的基础上，通过观念化抽象而产生，并在新的抽象中不断得到其同一性的新式验证。……那些产生于遥远、含糊和非本真直观中的含义，对我们来说是远远不够的。我们要回到'事实本身'上去。我们要在充分展开的直观中获得明见性……用可重复的直观（或直观抽象）进行充分反复的测量，从而在不变的含义同一性中牢牢把握住意义。"[1]

进行直观还需要满足两个现象学方法论要求，即描述性与无假设性（Voraussetzungslosigkeit）。如果概念和陈述只说明了直观到的东西，那么这样的概念和陈述就是描述的。描述不能超出直观的范围，而且现象学概念和陈述必须是描述的。没有现象学的概念和陈述，指向就不能通向被直观的实体。"纯粹描述是理论的纯粹预备阶段，但描述不是理论本身。因此，这个纯粹描述的领域是各种理论科学的预备。"[2] 基于描述这个要求，胡塞尔还把现象学称为描述心理学。与描述原则相联系的是无假设性原则。"真正具有科学性的认识论研究，正如人们经常强调的那样，必须满足无假设性的

---

[1] E. Husserl, *Logische Untersuchungen, Erster Band*, S. 10.
[2] Ibid., S. 24.

原则。然而，在我看来，这种原则指的就是严格地排除所有非现象学事实的宣称。每个认识论研究都必须在纯粹现象学的基础上进行。"[1] 胡塞尔所指的"假设"，就是有关事实的理论假设（尤其是自然科学的理论假设）。他强烈地要求：科学研究必须摒弃没有直观基础的理论设定，而从直观出发，这样才能回到事实本身。对现象学家来说，在意识中无法被直观到的东西，就不在考虑的范围内。

康德曾经提出，感性直观有两种纯形式，即时间与空间；感性直观不仅从属于范畴，而且具有先天性。胡塞尔在此基础上，进一步阐释了本质直观、范畴直观与先天直观。本质直观超越了感性直观，因为本质直观不仅排斥了人有关外部实在的基本假设，而且不以个体为对象，而以"单个体验中的种类体验本质以及它们所包含的（即先天的、观念的）本质状态"[2] 为对象。范畴直观体现了胡塞尔对康德哲学的重大发展，因为胡塞尔的范畴直观打破了康德对质料与形式的二分。人们在面向对象时，必须将感性直观与范畴直观相统一，因为感性知觉本身也是通过范畴直观而获得的，或者说，范畴直观体现了意识活动结构的高级复杂性以及直接被给予性。范畴不是纯粹的形式或质料，而是诸如一、多、关系等对象内容。先天直观不与感性数据相关联，而与世界真理相关联，因此它对于科学有基础性的意义。先天直观还是感性直观成为可能的前提。例如，一个人在知觉桌子之前，需要绕着桌子走动，才能看到为立足点所遮蔽的东西。这种绕着桌子走动的要求，就是先天直观。更

---

[1] E. Husserl, *Logische Untersuchungen, Erster Band*, S. 24-25.
[2] Ibid., S. 456.

具体来说，先天有三种执行领域：先于个体认识的可直观性，指示规则的可直观性，对象变换领域的可直观性。①

二、雅斯贝尔斯对现象学"直观"概念的接受与阐释

胡塞尔的"直观"概念具有高度的哲学思辨性与抽象性，尽管其中包含着可为精神病理学采用的因素，但都不是直接可用的。尽管胡塞尔原本希望通过现象学直观方法，使哲学回到事实本身，或者说回到生活世界本身，然而，由复杂术语构建起来的哲学大厦反而疏远了事实或生活世界本身。另外，胡塞尔也始终没有阐明现象学直观到底应该如何进行——这也是让后来的海德格尔与施密茨都感到不满的地方。但胡塞尔也不是没有察觉到这个缺点。因此，当胡塞尔看到雅斯贝尔斯在精神病理学中对于现象学的应用时，他是喜出望外的，因为他发现雅斯贝尔斯实际上把他的现象学直观方法具体化了。雅斯贝尔斯不仅吸收了胡塞尔对于直观基础作用的强调（"我们认识的源泉总在于鲜活的直观……非直观的方法论抽象是令人痛苦的"②），而且进一步在精神病理学中落实了直观原则。这主要表现在以下方面。

1. 对现象学描述原则的遵从

雅斯贝尔斯首先遵从了胡塞尔现象学的描述原则，并提出：精神病理学中的现象学就是对患者心理之主观显现的描述。现象学在胡塞尔那里主要是对可能性的描述，而在雅斯贝尔斯那里主要是

---

① 参见 W. Szilasi, *Einführung in die Phänomenologie Edmund Husserls*, S. 26—50。
② K. Jaspers, *Allgemeine Psychopathologie*, S. 32—33.

对事实性(尤其是异常事实性,即精神病理体验)的描述。"在黑格尔那里,'现象学'这个词指的是意识、历史和思想中的精神显现整体。我们把这个词用于狭窄得多的、个体心灵体验的领域。胡塞尔起初是在意识显现的'描述心理学'的意义上来使用'现象学'这个词的(我们就是在这个意义上来使用这个词的),后来他又在'本质直观'(Wesensschau)的意义上来使用这个词,而这就不是我们在本书中的用法了。对我们来说,现象学是一种经验程序;它完全以与患者交往得到的事实为基础。"①

胡塞尔与雅斯贝尔斯在描述方法运用上的区别在于:胡塞尔描述的是自己的意识体验,而雅斯贝尔斯描述的是他人(主要是精神疾病患者)的意识体验。然而,在胡塞尔那里,他人也是自我与世界构造中的关键要素,所以来自他人的意识体验描述也是现象学的重要组成部分。或者说,对于自我与对于他人的描述是相互补充的。在雅斯贝尔斯那里,进行现象学描述并确定患者真正体验到了什么的方法有三种:"(1)专注于患者的姿势、举止、表达运动;(2)探索患者的问题,并让患者在医生的引导下去表达他们自己;(3)书面的自我描述很少是良好的,但总是非常有价值的,并且即使人们不认识作者,书面的自我描述也是可用的。……好的自我描述具有特殊的价值。"② 雅斯贝尔斯特别强调:如果患者受过良好的教育,并且有较高的智力水平,那么他们所提供的自我描述对于现象学家以及医生来说都是非常有价值的——因为相对于现象学家以及医生来说,

---

① K. Jaspers, *Allgemeine Psychopathologie*, S. 47.

② K. Jaspers, "Die phänomenologische Forschungsrichtung in der Psychopathologie", S. 398.

患者本人对于他们自己的疾病才有直接的意识体验,而现象学家以及医生对患者的认识总是间接的。只有患者的自我描述,才能达到现象学直观的直接性要求。因此,在《普通精神病理学》的第一部分,雅斯贝尔斯采纳了大量来自患者(其中有很多卓越的学者与艺术家)本人的疾病体验描述,并依据这些描述来确定精神疾病的主观本质。例如,德国精神病学家基舍(Dietrich Georg Kieser)就提供了一个对于听力幻觉的自我描述:"与其说是可怕,还不如说这是如此让人惊讶,如此让人屈辱……同样的一个词,经常会无间隔地响彻 2 至 3 个小时。……不间断发出的声音经常只是在近处,但有一半的声音来自一小时路程之外。这些声音是从我的躯体中发射出来的,而且还有最多种多样的嘈杂声和呼啸声,尤其是在我走进房屋、村庄或城镇时,因此很多年来我都是独居的。我的耳朵一直在响,并且经常是响得如此强烈,以至于很远的地方都能听到。"[①]

2. 对现象学无假设性要求的落实

在胡塞尔那里,直观必然意味着无假设性,即排斥有关意识的各种理论假设,而专注于意识体验本身。雅斯贝尔斯则对这项原则做了进一步的辨析,而区分了偏见(Vorurteilen)与前提。"错误的偏见是固定、有限的前提;但人们把这种前提绝对化了,并几乎没有注意与意识到它们;人们可以通过阐释去解除它们。真正的前提存在于作为研究者的观察与理解能力之条件的研究者的存在当中;人们可以通过澄清去把握真正的前提。"[②] 他主张:精神病理学研究

[①] K. Jaspers, *Allgemeine Psychopathologie*, S. 62–63.
[②] Ibid., S. 19.

应该克服偏见，但同时应该是有前提的。事实上，胡塞尔的现象学不可能是没有任何正确前提的，而且现象学要排除的只能是错误的偏见。当现象学与精神病理学相结合时，现象学原则就是精神病理学的一个前提。因此，现象学直观之无假设性原则，在精神病理学中就是要排除六种偏见。事实上，克服这六种偏见的做法，就是达成直观的路径。

第一种是哲学偏见，即认为从一个原则出发去进行演绎，比对细节的考察更有价值；这种偏见的另一种形式是认为：对个体体验的盲目堆积要胜过思考。对哲学偏见的克服，要求精神病理学家不采取任何态度地沉浸到心理的事实中。第二种是理论偏见，即以理论图式去把握事实。对理论偏见的克服，要求精神病理学家学会发现总是在影响我们的理论偏见，并练习去纯粹地做出发现。第三种是躯体偏见，即把精神事实当作躯体事实，把心灵当作躯体而对之进行解剖的、躯体的研究。对躯体偏见的克服，要求精神病理学家把心灵现象与躯体现象分离开来，把人本身与人的神经机制区分开来。第四种是心理学与理智主义偏见。心理学偏见就是，只把心理学视为理解心理学，即只通过因果机制（躯体进程）去说明精神疾病。理智主义偏见就是过度强调理性关联，并主张人的所有行为都以有意识的理由为动机。对心理学与理智主义偏见的克服，要求精神病理学家必须去直观人类意识体验的无限丰富性。第五种是比喻偏见，即通过各种比喻去谈论心灵（例如：心理是意识流，心灵联系是化学联系）。对比喻偏见的克服，要求精神病理学家必须记住：比喻就是比喻，而不是心灵本身。第六种是医学偏见，即只把量化研究作为科学，而否定纯粹质性的研究，并且只把测量、计算与曲线图等作为科学研究的方法。对医学偏见的克服，要求精神病理学家必须知道：量化研究只适用于可直接知觉的对象，而心灵是不能直接知觉的；只坚持感性知觉的精神病理学，会成为没有精神或没有心灵的病理学。[1]

现象学直观的核心要求之一，就是直接去观照意识或心灵本身。而要确保这种直接性，就必须克服上述六种偏见。另外，尽管胡塞尔主张无假设性，但显然现象学不是毫无前提的（如果真的抛弃一切前提，那么现象学就将陷入虚无主义；悖论在于：无假设性，也是一种前提）。而且当现象学进入精神病理学中时，现象学的直观原则也就成了精神病理学的前提之一。"精神病理学家要依赖他的体验与观察能力、他的广度、他的开放性和充实性。在那些睁着眼但又无视患者世界的人与那些从参与的敏感性出发去进行清晰知觉的人之间，存在着重大的区别……研究者与医生必须在内在的世界中获得直观。"[2]

三、雅斯贝尔斯对现象学直观方法的发展

现象学家与精神病理学家的共同点在于：他们都要对精神进程进行有意识的理解，并以清晰的术语来呈现这种理解。他们的差异在于：现象学家面向的是自身的意识进程，而精神病理学家面向的是他人的意识进程。因此，雅斯贝尔斯必须对现象学直观做出修改或发展，才能使之适用于精神病理学。

---

[1] 参见 K. Jaspers, *Allgemeine Psychopathologie*, S. 14–18。
[2] Ibid., S. 19.

1. 由现象学直观到复现

雅斯贝尔斯将"直观"发展为了"复现"。"无疑,科学把握的第一步是辨识、定义、区分和描述特定的心灵现象(它们由此而得到复现,并且通常通过特定表达得到描述)。我们的出发点是对患者心灵现象的复现:患者实际上经历了什么,他真正体验到了什么,事物是如何在他的意识中被给予的……我们事实上应该只去复现在患者意识中真正存在的东西;任何未在他的意识中被给予的东西,都不在我们的考虑中……这种特殊的现象学无前见性,不是人们从一开始就拥有的东西,而是要经过漫长的批判工作和许多(经常无成效的)在构造和方法论方面的努力之后才能费力获得的。"[1] 直观是对自身意识进程的直接观看,而复现只是一种间接的直观,因为任何对于他人意识进程的观看,都只能是间接的、类比的、想象的,但重点在于这种面向他人意识进程或主观体验的现象学态度。正是这种现象学态度,使雅斯贝尔斯截然不同于其他自然科学导向的、只关注神经进程或客观症状的精神病理学家。

基于直观的复现,是雅斯贝尔斯现象学精神病理学的核心之一,因为这种复现就是精神病理学家对于患者精神疾病体验的直接观看。另外,复现相当于在自然科学中起基础作用的观察。区别在于:复现用的是心灵之眼,而观察用的是躯体之眼。"但是现象学家必须考虑的东西不只是他与他人一起见到的东西,还有他在与患者的交往和对话中,以及在自己的复现中一起见到的东西。这种'见'

---

[1] K. Jaspers, "Die phänomenologische Forschungsrichtung in der Psychopathologie", S. 394.

不是感官的见,而是理解的见。即使我们在现象学上甚至只向前走一步,我们也必须训练我们自己,并掌握这种十分特殊的、不可还原的和最终的东西。"

尽管胡塞尔曾经强调了主体间性的作用,但他并没有构造出独立的主体间性现象学,因为在他那里,主体间性仍然是隶属于自我的——他人是由自我构造出来,并作为自我的镜像而存在的。相比之下,精神病理学更为需要主体间性现象学,因为精神病理学首先必须处理医生与患者之间的交流问题。雅斯贝尔斯现象学精神病理学的起点就是对于患者的事实经历、独特体验、意识经验、情绪心境的复现。要复现的只是在患者的意识中被给予的东西,而所有的流行理论、心理学假设、纯粹的偏见都必须被搁置。因此,精神病理学家需要进行现象学的训练,以便能够对患者的心灵做出无偏见的、直接的、如其所是的把握。在现象学复现中起着关键作用的是对个体案例的完全沉浸,或者说是内直观(innere Anschauung),因为对于单个案例的深度沉浸,从现象学上来说经常可以揭示出无数案例中的普遍性。"现象学还会运用对患者直接体验的简明直观,以便使同样的东西以多种多样的方式得到再认识。这要求在具体的案例上,内在地展示纯粹现象学的直观材料。这些材料能在新案例的研究中,向我们提供标准和方向。"[①] 正是在这种对普遍性的探寻中,雅斯贝尔斯由描述现象学进入了本质现象学,尽管他曾经声称要拒绝胡塞尔的本质现象学。

2. 由描述现象学到理解心理学

雅斯贝尔斯把精神病理学分为两部分:理解心理学与说明心

---

① K. Jaspers, *Allgemeine Psychopathologie*, S. 48.

理学。说明心理学以自然科学为基础,探寻的是精神疾病的因果关联,例如,眼睛病变与视幻觉的联系。理解心理学以狄尔泰、韦伯和西美尔的精神科学传统为基础,探寻的是心理中可理解与有意义的关联。"心灵事件就以我们可以理解的'方式',从心灵事件当中'产生'出来。被侵犯的人会变得愤怒,并且会采取防御行为,而被欺骗的人会变得多疑。我们在发生上理解了心灵事件的彼此生成。因此,我们理解了体验反应、痛苦的发展、错误的产生,理解了梦与妄想、感应作用的内容,理解了在其独特本质关联中的异常人格,理解了生命的命运,理解了疾病本身以及心灵的广阔发展要素的自明方式。"[1]

雅斯贝尔斯希望胡塞尔的描述现象学能够服务于他的理解心理学,因为通过现象学方法,精神病理学家把患者的疾病状态复现为了直观的、事实体验的、主观的心理被给予性,而他们可以在此基础上寻找心理的可理解关联。人总是通过有意识的经验,与生命意义、整体知觉或格式塔层次上的世界进行联系的;这些有意义与可理解的认知,反过来又会影响人脑的神经结构与功能。简而言之,理解心理学探寻的是心灵事件之间的关联,而说明心理学探寻的是心灵事件与神经事件的关联。现象学所起的基础作用是揭示心灵事件的意义(主观觉知),而这些意义可以将不同的心灵事件串联起来。另外,现象学对自然科学局限性的批判,也有助于理解心理学摆脱源于自然科学的客观主义及还原主义认识论的局限,从而使精神病理学成为理解心理学与说明心理学共存的综合学科。

---

[1] K. Jaspers, *Allgemeine Psychopathologie*, S. 251.

尽管在如今的精神病理学中，实验与观察是主导性的方法，但值得思考的是，源于自然科学的实验与观察非常适用于外部世界中的可见物体，但不适用于内在世界中的不可见存在（人的心灵）。人显然不同于石头，因为人是有心、有精神或者说有意识的，而石头没有。胡塞尔与雅斯贝尔斯都曾经提醒人们：自然科学是有局限性的，即它不适用于所有的存在，尤其是不适用于人类的心灵世界。现象学直观只考虑在意识中被给予的东西，而且只有以这些东西为基础，人们才能理解心灵事件之间的关联。我们期待在未来的精神病理学研究中，现象学方法可以发挥更大的作用；或者说，现象学家能够更多地参与到精神病理学的理论构造与临床实践中。现象学与精神病理学的结合，是让理论哲学成为治疗哲学的重要途径。胡塞尔与雅斯贝尔斯提供了治疗哲学的思想与实践准备，而今天中国的哲学工作者还需要与心理学、医学领域的临床治疗师一起，探索治疗哲学的道路。

第三章 雅斯贝尔斯：现象学精神病理学的开端

雅斯贝尔斯[①]是德国伟大的哲学家与精神病理学家。他于1908年在德国海德堡大学医学院获得医学博士学位，然后在海德堡大学精神疾病专科医院工作。他的导师是尼氏（尼氏是精神病学领域最重要的权威之一克雷佩林的继承者）。雅斯贝尔斯不满于当时精神医学界对于精神疾病的研究方法，因而致力于去寻找新的精神病理学研究方法。《普通精神病理学》第一版（1913年）是在海德堡大学精神疾病专科医院写出的。当时在尼氏的领导下，这家医院著名的精神病理学家威尔曼斯（Karl Wilmanns）、格鲁勒（Hans Gruhle）、韦策尔（A. Wetzel）、洪堡（A. Homburger）、梅耶-格劳斯（William Mayer-Gross）一起展开了鲜活的精神病理学研究。在热烈的讨论气氛中，适用于精神病理学的现象学与理解心理学方法产生了。尽管

---

① 1913年，雅斯贝尔斯在海德堡大学哲学系取得授课资格。1914年，他在哲学系取得了心理学教师的资格。这个职位后来变成了一个永久性的哲学教职，而且他也没有再回到临床实践中。1921年，在他38岁的时候，他又由心理学转到了哲学。他不仅扩展了他在精神病学中发展出来的哲学主题，并且成了一个世界性的哲学家。1937年，由于他的妻子是犹太人，他被迫退休。1938年，他又被纳粹禁止出版。直到1945年，他与妻子才摆脱了被关到集中营的风险。1948年，他前往瑞士巴塞尔大学任教。一直到1969年去世为止，他一直在哲学及精神病学界享有盛誉。

《普通精神病理学》中的现象学与理解心理学部分是这本书的特色所在,但实际上这本书包括的范围非常广——几乎包含了精神病理学的绝大多数主题,并且目前仍然是有关精神病理学的最为综合性的著作。这本巨著在德国斯普林格出版社一共出了九版,每一版都经历了极大的修改和增补,以至于从最初版的 400 多页,扩展到了最终版的 748 页。2013 年是《普通精神病理学》第一版出版 100 周年。哲学界、心理学界、医学界等在世界范围内掀起了纪念雅斯贝尔斯的巨浪,数以百计重新评估《普通精神病理学》之当代意义的论文与著作发表。[①] 由此可见,这本巨著在目前仍然没有过时,而且完全可以作为我们研究现象学与精神病理学之间相互澄明关系的指南。

在雅斯贝尔斯看来,精神病理学的初始基础是现象学,而现象学的任务是阐明第一人称视角下的、患者的心理体验,或者说是患者的主观经验。因此,他把现象学放在了《普通精神病理学》的第一部分。"我们的起点是:去复现患者的事实经历、独特体验、意识经验、情绪心境。在这里:首先被完全排除的是联系、作为整体的体验、辅助的推测、基本的思想、理论的假设。我们应该复现的只是事实上在意识中存在的东西,而所有事实上在意识中未被给予的东西,就是不存在的。我们必须搁置所有流行的理论、心理学构造、纯粹的解释和前见,我们必须只依赖:我们在意识的事实此在中所能理解、分辨和描述的东西。"[②]

雅斯贝尔斯要求精神病理学家,在患者自我陈述的基础上,对

---

① 参见赵旭东、徐献军:《雅斯贝尔斯的"理解心理学"对当代心理健康服务的意义》,载《心理学通讯》2018 年第 1 期,第 58—64 页。
② 同上。

患者的心理做出无偏见的、直接的和如其所是的把握，从而能够坚持现象学的态度。在精神病理学的现象学中，精神病理学家要通过对个体案例的完全沉浸，而得到无数案例中的普遍性。"现象学靠的不是无数的案例，而是对个体案例尽可能完全的内直观。"[1] 如果说组织学的要求是解释人脑皮层中的每个神经纤维，那么现象学家的要求就是解释在患者的自我陈述中呈现的每个心理体验。对患者直接体验的现象学直观，将为实际案例提供标准和方向。具体来说，现象学家要做的是："1. 独立地去考察个别现象，如：不实知觉、情绪状态、冲动兴奋。2. 阐明意识状态的特性；我们可以按照意识状态的类型，把它与之前考察的现象做特别微细的区分，并在与心理的联系中区分意识状态的意义。"[2]

第一节　精神病理学的范围

正如英国精神病学家卡庭所说，精神病理学是对异常的人类经验、表征、行为和表达的研究。[3] 实际上，精神病理学是一个伞形概念，因为它没有独一无二的研究内容和方法论。正是基于其"伞形"的特点，精神病理学才成为一门兼容并包的学科。与精神病理学有紧密联系但又有差异的学科有：精神病学、心理学、躯体医学和哲学。因此，与精神病理学相关的工作者有：精神科医生、内科医生、心理学家、心理治疗师、生物学家以及哲学家。

---

[1] K. Jaspers, *Allgemeine Psychopathologie*, S. 48.
[2] Ibid., S. 49.
[3] 参见 J. Cutting, *A Critique of Psychopathology*, Berlin: Parodos Verlag, 2012, p. 1.

一、精神病理学与精神病学

人们经常会混淆精神病理学（Psychopathologie）与精神病学（Psychiatrie）。实际上，这是两个截然不同的学科。精神病学是一项职业，而精神病理学是一门科学。精神病学工作者是精神科医生，而他们要面对的是需要诊断和治疗的患者，是鲜活的个体、个别的案例。精神病理学的工作者是精神病理学家，而他们以科学为目的，要面对的不是个体，而是普遍性；另外，精神病理学家寻找的是有关精神病理的普遍概念与规则。例如，精神科医生想要寻找某种精神疾病的具体治疗方法，而精神病理学家要去追问"什么是精神疾病"。精神病学家寻找的是有用的治疗工具，而精神病理学家寻找的是真理——当然，精神病学家所追求的工具，也会在精神病理学家的工作成果中产生。精神病学中的专家意见，既不能言传，也无法在教科书中呈现，而更多地要在个体交流中被感受到。精神病理学则要确立可以通过语言交流的、定义清晰的科学概念。精神病学的对象是症状及其背后无法被意识到的神经事件。精神病理学的对象是患者实际意识到的"病理"精神事件。

二、精神病理学与心理学

心理学研究正常的心理或心理事件，而精神病理学研究异常的心理或心理事件。因此，精神病理学常常被称为异常心理学或变态心理学（abnormal psychology）。心理学研究对于精神病理学来说是必需的，但心理学研究又常常达不到精神病理学的要求，因为精神病理学要从事很多心理学在"正常"维度不能把握的东西。"学术心理学过多地局限于基本进程,而这些基本进程在精神疾病中几乎不会出现障碍,而只会在脑神经和脑组织损伤中出现障碍。精神病理学家需要的是有广阔视域的心理学;这种有广阔视域的心理学可以从千年的心理学思想中为精神病理学家提供滋养,而且这种心理学也在学术界开始被再次确立。"[1] 尽管精神病理学应该从心理学中分离出来,但是由于"精神疾病"概念不能明确地得到定义,所以心理学与精神病理学在原则上又是不可分的,是相互包含和促进的。

三、精神病理学与躯体医学

精神病理学的对象是患者实际意识到的心灵进程(条件、原因和结果),而这些心灵进程必然与躯体医学(somatische Medizin)的对象(即躯体进程)相联系。在每一个生命身上,躯体(Körper)与心灵(Seele)都是密不可分的。一方面,躯体进程(例如:消化、月经、心跳)是依赖心灵进程的(例如:紧张时心跳会加快,心情差时胃口会不好等)。另一方面,哪怕是最高级的心灵进程,也在一定程度上与躯体进程相联系(例如:在脑部供血不足时,思考功能会受到抑制)。因此,精神病理学与躯体医学是密切联系着的。对于患者的心理治疗,通常需要专门的医学训练,因为对于躯体功能的认识(尤其是神经生理学)是洞察心灵进程的基础。躯体医学所包含的神经病学、内医学和生理学,是精神病理学的基础科学。

但我们不能因此就把精神病理学等同于躯体医学,或者说不能

---

[1] K. Jaspers, *Allgemeine Psychopathologie*, S. 3.

把心灵进程还原为躯体进程。实际上，随着神经病学、内医学和生理学的深入发展，心灵进程就消失了，只留下了躯体进程。只关注躯体进程的精神病理学，就失去了本来的研究对象（精神或心灵）。另外，随着意识哲学（如：唯心主义的思考）的深入发展，躯体进程也消失了。"完全没有直接的附属躯体进程，与自发产生的妄想观念、自发的情绪和错觉相关联。"① 或者说，我们必须把神经疾病与精神疾病相区别。神经疾病是神经病学的对象，而它与具体的、可定位的脑损伤相联系；精神疾病才是精神病理学的对象，而它不能与具体的、可定位的脑损伤相联系，只能与人脑及其与环境之间的交互失常相联系。② 如果在100年前雅斯贝尔斯写作《普通精神病理学》时，精神病理学的任务之一是摆脱神经病学与医学所遵循的"精神疾病就是脑部疾病"的教条，那么在今天，生物学精神病学的强势地位仍然提醒我们：精神病理学的任务之一仍然是要摆脱上述教条。"我们唯一的科学任务，不是在一直围绕脑的情况下的、神经病学式的系统构造（这种构造总是虚幻与肤浅的），而是发展从精神病理学现象本身出发的问题与难题、概念与联系的研究视角。"③

四、精神病理学与哲学

在传统上，"精神"是哲学的研究领域。在哲学中，与"精神"相关的术语有：心灵、灵魂、意识、心理等；哲学意义上的"精神"，

---

① K. Jaspers, *Allgemeine Psychopathologie*, S. 3.
② 参见 T. Fuchs, "The Challenge of Neuroscience: Psychiatry and Phenomenlogy Today", *Psychopathology* 2002, 35(6), p. 322。
③ K. Jaspers, *Allgemeine Psychopathologie*, S. 4–5.

不仅指个体的精神,而且常常具有存在论的意义(如:柏拉图所说的"灵魂"、笛卡尔所说的"心灵"、黑格尔所说的"绝对精神"、王阳明所说的"心")。然而,随着近代科学的兴起,哲学对于精神的研究,与自然科学对于精神的研究,逐渐走上了不同的道路。现代意义上的精神病理学至少可以追溯到 19 世纪末,而且与医学紧密相关。

相比于精神病学、心理学、躯体医学与精神病理学的关系,哲学与精神病理学的关系相对较远一些。但哲学中的方法论思考,对精神病理学来说有着特殊的意义。我们要讨论的不只是精神病理学的具体观点,而且是精神病理学所运用的各种方法。例如,精神病理学所使用的实证方法就源于经验主义哲学。尽管人们常常不加怀疑地使用实证方法,但如果精神病理学家们要得到真正清晰的、有认识论基础的概念与洞见,就必须在哲学层面上进行方法论的思考(例如:对实证方法本身合理性与局限性的思考)。"对于精神病理学家的具体认识来说,基础的哲学研究是没有正面价值的。精神病理学家不能自然而然地从哲学中学到他肯定可以采纳的科学。但是,哲学研究首先有反面的价值。那些可以仔细思考批判哲学的人,就可以避免无数错误的问题、多余的讨论和起阻碍作用的偏见(它们经常在精神病理学家的非哲学头脑中运转)。其次,哲学研究对于实践中的精神病理学家的人类立场以及认识中的动机澄明,有着正面的价值。"[①]

---

① K. Jaspers, *Allgemeine Psychopathologie*, S. 6.

第二节 异常心理中的主观经验

雅斯贝尔斯认为，现象学精神病理学的研究对象就是病理心理的主观经验，而这一部分也是他的《普通精神病理学》的第一部分和基础性部分。这一部分具体包含以下主题：对象意识，空间与时间体验，身体意识，实在意识与妄想观念，情感与情绪状态，推力、冲动与意志，自我意识，反思现象（上述八个主题属于异常心理的个体现象），以及作为异常心理之整体现象的意识状态（包括：注意与意识萎缩，梦与睡眠，入睡、苏醒与催眠，精神病的意识变异，幻想体验）。

一、对象意识

在精神病理学和心理学中，最广义的"对象"就是我们用内在的心灵之眼或外在的感官之眼所看到、把握或认识的一切——包括所有现实或非现实、可阐明或不可阐明的东西。外在感官的对象出现在我们的知觉中，而内在心灵的对象出现在我们的心理表象中。通常的知觉和心理表象包括三种要素：感觉材料（如：颜色、形状等）、时空框架与意向性活动（对某种东西的意指或构造）。但在现象学的意向活动中，我们可以直接把他人的知觉与心理表象作为对象，即在没有直接看到对象的情况下，阐明他人的知觉与心理表象的意义。这就是雅斯贝尔斯所说的"复现"，即要去揭示患者意识中的对象是如何以异常的方式被给予他们的。

1. 知觉的异常

精神疾病患者的知觉异常，包括感觉的强度变异、感觉质的变异、联觉的异常。

在感觉的强度变异中,听觉、视觉都发生了变异——声音变得更响了,颜色变得更亮了。例如,一名精神病态患者(Psychopath)写道:"我有时候会感到异常的听觉放大……在正常状态下几乎听不到的声响,对我来说绝对是非常清晰与响亮的。我不由自主地保持着完美的静止,因为床上用品与软垫的沙沙作响使我非常不舒服。床头柜上的怀表就好像塔楼上的大钟一样;甚至于我已经熟悉的、对我没有打扰的、车厢与火车行驶的声响,也迸发出了像山崩一样的声音。"[1]一名精神分裂症患者说:"当我正对着阳光大声说话时,阳光褪色了。我可以安静地看着阳光,并且阳光不会让我感到目眩。在我还是健康的时候(正如他人那样),直视阳光几分钟都完全是不可能的。"[2]

在感觉质的变异中,患者的颜色知觉变得不同于患病之前。例如:原先是白色的东西,现在变成了红色。精神病学家西尔克(Alfred Serko)在服用酶斯卡灵[3]之后陷入的精神恍惚中观察到:所有现实的知觉对象上,都笼罩着丰富多彩的颜色——各种各样原先不起眼的客体,竟然具有了鲜活的颜色,使整个世界仿佛童话王国一般。

在联觉(Mitempfindungen)的异常中,原先不相关的感觉串联在了一起。例如,一名精神分裂症患者叙述道:"我所听到的或在我近处发出的、如此轻微的、带有人们在活动时发出的噪声的每个词,在

---

[1] K. Jaspers, *Allgemeine Psychopathologie*, S. 52.
[2] Ibid.
[3] 酶斯卡灵(Meskalin)是从生长于墨西哥的仙人掌植物中提取的一种生化碱(致幻剂)。人在服用酶斯卡灵后,会产生神奇的精神错觉。西尔克通过服用酶斯卡灵来获得类似于精神病的感觉。

我感觉起来就像是对我头脑的打击,并使我感到头痛。这种疼痛感就像头部被猛拽了一下——颅顶骨质的一部分好像遭到了撕扯。"[1]

2. 知觉特征的变异

一些精神病态患者抱怨他们所知觉到的世界变得不一样了,或者说他们感觉到世界远离他们而去。"对我来说,所有的对象都是如此地新,以至于我为我所看到的事物取了名字:我一次次地触摸着它们,以便确定它们是现实存在的。疾病使我无法找到道路的方向,尽管道路事实上和原来是一样的。事实上,未知的环境增加了陌生感;我惊恐地抓住我朋友的手臂;我感到:当我暂时不能看到我的朋友时,我就会失去他。所有的对象似乎都在无限远的距离外移动着(不同于生动的距离虚假知觉),自己的声音似乎就从无限远处传来,他人好像完全不能听到我的声音了。"[2]但患者知觉中的感性材料部分没有发生紊乱,因为他们还是可以看到原先看到的所有的东西。发生紊乱的是他们的时空框架,即他们没有了时空感。精神障碍最终会使患者无法触及现实的世界,而只能生活在不实知觉当中。例如,恐惧症患者会把他们的恐慌情绪体验为现实的存在。

另外,患者对于他们的感知也会变得异常敏锐和精细。例如,一名急性精神病患者在多年当中体验到了同情感的异常提升。"在他看来,艺术作品是深刻的、丰富的、感人的,就像令人陶醉的音乐一样;人们显得比之前更为复杂了,而且他相信:他能以更加多种多样的方式去理解女人的心。文学作品会让他失眠。"[3]但有的时

---

[1] K. Jaspers, *Allgemeine Psychopathologie*, S. 53.
[2] Ibid., S. 54.
[3] Ibid., S. 55.

候,患者也会变得难以理解他人的心理。

3. 不实知觉

在之前的知觉异常中,患者没有看到新的非现实对象,但在不实知觉(Trugwahrnehumung)中,患者知觉到了新的对象。这里首先要区分错觉(Illusionen)与幻觉(Halluzinationen)。错觉是对现实知觉改造以后产生的虚假知觉;幻觉则是重新产生的如幻知觉。就幻觉来说,还要区分真幻觉与伪幻觉。因为幻觉在精神疾病诊断中具有重要地位,所以真伪幻觉的区分是极其重要的。真幻觉是生动的虚假知觉,而伪幻觉缺乏知觉的生动性(即客观性)特征。伪幻觉实际上是特殊的、引人注意的表象。①

知 觉	表 象
1. 知觉是生动的(具有客观性特性)	1. 表象是如画的(具有主观性特征)
2. 知觉出现于外部客观空间中	2. 表象出现于内在的主观表象空间中
3. 知觉有特定的轮廓,在我们面前的呈现是充分的,并且具备所有的细节	3. 表象没有特定的轮廓,在我们面前的呈现是不充分的,并且只有个别的细节
4. 在知觉中,个别的感觉要素具有充分感性的鲜活性,例如:颜色	4. 在表象中,尽管有时候个别元素具有充足的知觉性,但大多数元素是不充分的表象。有些人甚至会把一切都表象为灰色的
5. 知觉是持续的并且能够以这种方式轻松地得到留存	5. 表象是消解、分散的,并且必须总是得到新的确认
6. 知觉是不由自主的,不能随意产生并被改变。知觉与被动性情感相联系	6. 表象是自主的,可以随意产生,并发生改变。表象是通过积极性情感产生的

---

① 参见 K. Jaspers, *Allgemeine Psychopathologie*, S. 59。

雅斯贝尔斯对知觉与表象、真幻觉与伪幻觉的现象学区分,在精神病理学上是非常重要的。我国著名的病理学家许又新先生在他所著的《精神病理学》"幻觉"一节中,就参考了雅斯贝尔斯对真伪幻觉的区分。[①]

4. 表象能力的异常

患者的表象能力会出现异常。这种异常不是表象本身的异常,而是他们不能把某种东西表象化,或者说他们的意识无法呈现出对于某种东西的表象。例如,"患者抱怨说:'我无法想象:我看起来是怎么样的,我的丈夫与孩子看起来是怎么样的……当我看一个对象时,我知道它是怎么样的,但当我闭上眼睛,我就不知道它是怎么样的了。然后,情况就好像是人们应该想象到空气看起来是怎么样的。您(医生先生)可以在心里想象一个对象,但我不能去想象对象。我觉得我的思想完全是黑暗的。'福斯特在他的研究中发现:这个患者实际上可以根据回忆进行叙述,并且她对于颜色等是极端敏感的"[②]。显然,这时患者的知觉能力仍然是正常的,但她的知觉世界远离了她。这使得她的知觉与表象都不能充分地形成。知觉与表象的形成,可能需要一些"先天的"东西(雅斯贝尔斯只说需要一些"额外的"东西,而没有具体说它们是什么)。

伴随表象能力的异常,患者的记忆能力也会出现障碍,因为记忆是对过去的知觉和表象的复现。记忆能力的障碍,也不同于正常记忆中的幻觉。"一名精神分裂症患者在偏执焦虑急性阶段的消

---

① 参见许又新:《精神病理学》,北京:北京大学医学出版社,2018年,第45—47页。

② K. Jaspers, *Allgemeine Psychopathologie*, S. 64.

退期讲述说:自过去数周以来,她想起来如此多的、她之前在爱弥儿(Emil)(她的爱人)那里所经历的事:'就好像有人曾经告诉我的那样。'她已经完全忘记了这些事。后来,'在我想起如此多事的时候',她几乎说出了时间。……'有一次,我好像骑在一个扫帚柄上……有一次,我感到:好像是爱弥儿把我抱在怀里,而且当时吹起了令人害怕的风……有一次,我陷入了泥潭,并且被拉了出来。'最近,她必须与爱弥儿一起去散步;她清楚地知道灯笼下发生了什么,但她不知道她是怎么回家的。"[1] 患者混淆了异常表象的虚幻内容与正常记忆中的鲜活体验。患者异常表象中的内容根本不是事实,而是完全重新创造出来的东西或经过改造的现实场景。

5. 鲜活的意识

上述对象意识障碍,主要是感性直观能力的障碍。除此以外,还存在着非感性直观能力的障碍,即意识障碍。"一名患者感到:总是有人在旁边或非常怪异地在他后面。当他站起来时,那个人也站起来;当他走时,那个人也走。当患者转身时,那个人也转到患者后面,因此患者看不到那个人。那个人总是保持在同一位置,只是有时候会更近或更远一些。患者看不到、听不到、感觉不到、触摸不到他,但患者非常确定这个人就在那里。尽管患者的体验是强烈的,并且他会暂时产生障碍,但他最终判断:那儿实际上没有人。"[2] 这种病理意识的出现完全是原发的,并且非常地确定和鲜活,很容易让人感觉是真的。因此,雅斯贝尔斯将这种对象意识障碍称为鲜活的意识(Leibhaftige

---

[1] K. Jaspers, *Allgemeine Psychopathologie*, S. 65.
[2] Ibid., S. 66—67.

Bewusstheiten)。鲜活的意识还可以发展为原发性妄想体验。

二、空间与时间体验

空间与时间总是存在于感性认识进程中。几乎所有感性对象的构造，都离不开空间与时间。因此，康德将空间与时间称为先天直观形式。我们通常不能直接把空间和时间作为对象，而要把空间和时间与其他对象放在一起进行知觉。空间与时间不仅在正常的心理进程中存在，也在异常的心理进程中存在，而且发生病理紊乱的部分往往是空间与时间本身。尽管我们的心理进程离不开空间与时间，但空间与时间本身是什么，是两千多年来的哲学家们一直在追问的问题。围绕精神疾病的现象学这个目标，我们将从异常的空间和时间体验出发，去认识空间与时间。

1. 空间体验变异

尽管患者的空间体验发生了变异，但他们仍然可以根据记忆，把变异以后的空间体验与正常的空间直观进行比较。

谵妄、癫痫、急性精神分裂性精神错乱以及精神衰弱症等的患者都会感觉到：所有的对象，要么是变大了，要么是变小了，要么是变形了。"一名被诊断为精神分裂的患者说：'有时候，我看到：身边的一切都非常大；人们看起来像巨人；所有的东西以及距离，在我看来就像是在巨大的望远镜里一样。例如当我向外看时，我好像总是在用野外双筒望远镜看东西一样。一切东西看起来都很远、很深、很清晰。'"[1]

---

[1] K. Jaspers, *Allgemeine Psychopathologie*, S. 68–69.

有的患者产生了无限的空间感(空间界限似乎消失了)。"一名精神分裂症患者报告说:'我还是能看到房间。空间似乎延伸至无限,并且就像是空洞的一般。我感觉自己迷失在了空间的无限性中,而空间的虚无性威胁到了我。这种虚无性是对我本身空虚性的补充……旧的现实空间似乎就像另一个空间的幻肢一样。'"①

空间也具有"情感性",因此还有的患者体验到了空间的情感意义的变异。"一名精神分裂症患者说:'我看每样东西时,都像是透过望远镜去看的;它们看起来变小了,并且变远了,然而事实上没有变小,而只是在心里感觉起来是变小了……彼此好像没有联系了。颜色更暗淡了,因此意义也更暗淡了……一切都很远,而这更像是心理感觉上的遥远……'"②

2. 时间体验变异

正如海德格尔已经揭示的,所有的生命都是时间性的;反过来说,时间也深刻地定义了每一种生命存在。庄子也说:"小知不及大知,小年不及大年。奚以知其然也?朝菌不知晦朔,蟪蛄不知春秋,此小年也。楚之南有冥灵者,以五百岁为春,五百岁为秋。上古有大椿者,以八千岁为春,八千岁为秋,此大年也。"(《庄子·逍遥游》)不同的时间延续尺度,也在很大程度上规定了不同生命形态之间的差异。

时间也是现代神经科学的重要研究主题。③在神经生理的层面

---

① K. Jaspers, *Allgemeine Psychopathologie*, S. 69.
② Ibid.
③ 参见徐献军:《现象学对于认知科学的意义》,杭州:浙江大学出版社,2016年,第63—64页; F. J. Varela, "The Specious Present: A Neurophenomenology(转下页)

上，时间客体呈现为当下，而时间视域中的时间有三种尺度：(1)基本或元素事件(1/10 尺度：从 10 到 100 毫秒)；(2)大范围整合的松弛时间(1 尺度：从 0.5 到 3 秒)；(3)描述—陈述层次(10 尺度：大于 3 秒)。

第一种尺度与不同感觉系统的融合间隔有关，即一种刺激从被察觉到消失所需要的最小时间距离(因每种感觉模块而异的阈限)。这些阈限的基础是神经发射的内在细胞节律和突触[1]整合的时间间隔。这些事件的时间是 10 毫秒(即产生中间神经元[2]的节律)到 100 毫秒(大脑皮层锥体神经元中，诱发或抑制突触潜力的神经序列)。这些事件所需要的时间数值是 1/10 尺度的神经基础。在宏观行为上，这些基本事件引发了微认知现象，如：知觉时刻、中心振荡、符号记忆、兴奋循环、主观时间量子。

微认知现象的整合，形成了第二种尺度上的神经活动，即大范围整合的尺度。相应地，持续 30 至 40 毫秒的微认知现象跃升到了充分构成、规范运作的认知行为上。神经科学主要通过细胞集群或神经集合来描述这些认知行为(包括：知觉、动机、记忆等)。处于不同的大脑区域的细胞集群遵循交互法则(即以交互方式联系在一

(接上页) of Time Conscious", in J. Petitot, J. F. Varela, B. Pachoud, and J.- M. Roy eds., *Naturalizing Phenomenology: Issues in Contemporary Phenomenology and Cognitive Science*, Stanford: Stanford University Press, 1999, p. 271。

[1] 突触即一个神经元与另一个神经元相接触的部位。它是神经元之间在功能上发生联系的部位，也是信息传递的关键部位。突触前细胞借助化学信号，将信息转送到突触后细胞者，称化学突触；借助于电信号传递信息者，称电突触。在哺乳动物中进行的突触传递几乎都是化学突触；电突触主要见于鱼类和两栖类。

[2] 中间神经元是在神经元之间起联络作用的神经元。它们结成了中枢神经系统内的复杂网络。

起),来产生特定的认知行为。而这些行为需要两种时间:交互决定和松弛时间。

第三种尺度就是日常即时意识经验的时间尺度,即能够持续3秒以上的知觉行动层面。内时间意识问题在神经生理层面上就是大尺度整合问题:"关键不在于理解个体神经成分,而在于诸神经成分之间动态联系的本质。……(神经现象学的)进路是测量不同神经元之间同步振荡的瞬时模式。这些同步性模式规定了瞬时神经整合的时间性框架,而它关联着经验的当下时刻的持续。"[1]

现象学精神病理学所指的时间是时间体验——它不是神经生理学上的时间尺度,而是整体的时间意识。"我们的时间体验包括:对我们存在持续性的原初意识;如果没有时间上的一如既往性,那么我们就无法意识到时间的流逝。时间流逝意识就是原初延续性体验(柏格森的"绵延"、闵可夫斯基的"生命时间")。时间体验也是方向体验、向前体验;在这种体验中,当下意识就是一种存在于作为记忆的过去与作为计划的未来之间的实在。最后,也存在着无时间性的时间体验、永恒当下存在的体验、所有生成超越的体验。"[2]

时间体验包括:对瞬间时间进程的体验、对过去时间的体验、与过去及未来相联系的当下意识、未来时间意识,以及时间停滞、时间交汇与时间崩溃体验。

在对瞬间时间进程的体验变异中,患者会体验到时间的加速或变缓、时间意识的丧失、时间体验现实性的丧失、时间的停滞。"一

---

[1] E. Thompson, *Mind in Life: Biology, Phenomenology, and the Sciences of Mind*, Cambridge, MA: Harvard University Press, 2007, p. 330.

[2] K. Jaspers, *Allgemeine Psychopathologie*, S. 70.

名抑郁症患者有这样的感觉：时间不想往前走。尽管这种体验没有之前案例中的基本特征，但这种体验中的标志性感觉是自我以及时间锁定在了一起：'指针完全在空走，钟完全在空转……这就是一年中丢失的小时，而那时我是不能工作的。'时间倒流了。尽管抑郁症患者看到指针在向前运动，但对他来说，实际的时间好像没有随着指针在走，而是完全停滞了。'世界是不能前进与后退的唯一片断，而其中就有我整个的焦虑。对我来说，时间已经没有了，而指针是如此地轻。'在恢复以后的回顾中，患者说：'一月与二月过去了，而对我来说，一月与二月就像没有了一样。我不相信：时间事实上仍在前进。正如我们总是在工作而不能工作那样，我感觉一切都倒流了。我无法结束。'"①

在对过去时间的体验变异中，患者感觉到过去变得无比漫长，或者说时间似乎延长了。"在急性的、体验丰富的精神病之后，一名偏执症患者（Paranoiker）写道：'总体上，我的回忆印象是这样的，对通常人来说3到4个月的时间，对我来说好像非常漫长；一个晚上就像100年一样长。'"②

在与过去及未来相联系的当下意识变异中，患者产生了时间的不连续感、加速流动感、过去的收缩感。例如，"一名精神分裂症患者报告说：他马上就从天上摔了下来。时间好像空了。他意识不到时间的过程、时间的连续性（闵可夫斯基）。博曼（Bouman）的一名患者（科萨科夫综合症）在由一家精神病院转到另一家精神病院

---

① K. Jaspers, *Allgemeine Psychopathologie*, S. 71.
② Ibid., S. 71-72.

时,突然感到他从一个地方换到了另一个地方。两个瞬间是直接连在一起的,其中没有时间间隔。……'世界跑了起来;当秋天来到时,春天就再次来到了,因此时间走得比过去快。'……患者(精神分裂症患者费舍尔)觉得长达 29 年的过去,就像是最多只有 4 年一样长,而在这期间的时空都缩短了"①。

在未来时间意识变异中,患者感到未来似乎消失了。一名抑郁症患者报告说:"我不能往前看了,而且未来好像不存在了。我总是觉得,一切都属于现在,而明天基本上没有了。"② 尽管患者仍然有关于未来的时间概念,但他们体验不到未来。

另外,在时间体验变异中,患者还会体验到时间的停滞、交汇与崩溃。一名精神分裂症患者说:"思维停止了,一切都停止了,时间好像消失了。当我们站在地上看着自己时,我自己就像是没有时间的生物,完全清晰与透彻……我就像是与我的过去分离了一样。我就好像是没有存在过一样;我就像是虚无缥缈的一样。一切都交织在了一起,但无法把控。一切都收紧了、混乱了,并聚集了起来……就像木棚塌了一样……或者就像有深度视角空间的绘画,摊平并且弹在了一起。"③

实际上,健康人也会有类似于精神疾病患者的异常时间体验,而且正常与疾病的区分并不是那么地确定无疑,而总是处于波动中。另外,精神疾病患者的异常空间与时间体验说明:空间与时间不是客观的外在或内在框架,而是患者私人世界的组成部分;这些

---

① K. Jaspers, *Allgemeine Psychopathologie*, S. 72.
② Ibid.
③ Ibid., S. 73-74.

异常体验是理解精神疾病患者私人世界的重要钥匙。也许每个人都有不同的空间与时间感觉。如果说爱因斯坦的相对论揭示了宇宙中不同地点的时间流速是不一样的，那么精神疾病患者的体验就揭示了：每个私人世界的时间流速也是不一样的。

三、身体意识

身体是我们此在的地点和媒介。身体具有双重性：身体可以是我本身（主体身体），也可以是我的对象（客体身体）。海德（Henry Head）与席尔德（Paul Schilder）曾经区分了身体图式（不受注意地存在着）与身体意象——身体图式相当于主体身体，而身体意象相当于客体身体。客体身体与主体身体的区别在于：(1) 客体身体是意向性的、可表象的，它既是对身体的有意识表征，又是一系列关于身体的信念；主体身体则是先于或外在于意向意识的身体运作，并且是难以表征的。(2) 客体身体被体验为一个被拥有的身体、一个属于正在体验着的主体的身体；相反，主体身体是以潜个体、下意识的方式发挥作用的。即使在有意识的身体运动中，用来保持平衡的身体姿态调适也不在意识的控制中，而且许多肌肉组做着我意识不到的自动图式调适。(3) 就某一时刻对身体的某一部分的意识来讲，客体身体包括对身体部分的或清晰的表征；相反，主体身体总是作为一个整体来发挥作用。[①]

然而，主体身体与客体身体是可以相互过渡的。客体身体是源

---

① 参见徐献军：《具身认知论：现象学在认知科学研究范式转型中的作用》，杭州：浙江大学出版社，2009年，第123—124页。

于主体身体的。根据胡塞尔现象学的意向性理论,客体身体是意向活动中的身体,而主体身体是意向活动本身。胡塞尔强调的是客体身体,而梅洛-庞蒂强调的是主体身体。受胡塞尔影响的雅斯贝尔斯也更强调客体身体一些。但正如福克斯所指出的,客体身体层面上的紊乱源于主体身体本身的紊乱。

身体意识的紊乱,包括幻肢现象、神经病学紊乱、体感幻觉、自窥症等。雅斯贝尔斯在《普通精神病理学》中从精神病理学与描述现象学两个方面出发,还不能够充分解释身体意识的紊乱。在现象学上,更成熟的解释来自梅洛-庞蒂[1]和施密茨[2]。

1. 幻肢现象

患者在被截肢后,感到已经被截去的肢体仍然存在。这是因为在截肢后,习惯的身体图式或者说主体身体仍然存在着。视觉中的肢体已经不见了,但身体感受中的肢体仍然存在。"已经失去的腿在所有的躯体运动中都可以感受到。当这名截肢者站着时,已经失去的腿就在膝盖处延伸开来;当他在坐着往后弯时,已经失去的腿舒适地与所有肢体一起疲乏地延伸着。有关现实性这个问题,患者自然知道:这条腿已经没有了,但他让它具有了特殊的、'它的'现实性。"[3]这是因为:身体图式或者说主体身体超越了对于身体的视觉表征。身体的视觉表征是自然科学的研究对象,而且是可划分

---

[1] M. Merleau-Ponty, *Perception of Phenomenology*, London/New York: Routledge, 2014.

[2] H. Schmitz, *Leib und Gefühle: Materialien zu einer philosophischen Therpeutik*, Paderborn: Junfermann Verlag, 1992.

[3] K. Jaspers, *Allgemeine Psychopathologie*, S. 75.

的；身体图式或者说主体身体是现象学的研究对象，而且是不可划分的。正是这种不可划分的整体性，使得被截去的肢体部分仍然可以被感受到。

2. 神经病学紊乱

患者的身体定向能力出现了紊乱。患者丧失了在身体表面认出刺激地点和肢体位置的能力。例如，患者不能用手找到鼻子、嘴巴和眼睛，不能区分身体的左右定向。这种定向紊乱，还会导致眩晕感（旋转眩晕、附落感受以及其他眩晕感）。雅斯贝尔斯说他不能在现象学上知道这种身体意识是如何发生变异的，因此他完全把这种变异归于神经病学的障碍。"从神经病学上来说，这种不确定性源于躯体的原因（尤其是源于前庭器官）。从神经机能上来说，这种不确定性会在与心灵置换的联系和冲突中增长。"[1] 施密茨的新现象学较好地解释了这种身体意识的变异。身体首先是一种身体激动（Leibliche Regung）。"每个人都能感受到疼痛、饥饿、干渴、恐惧、快感、惬意、清新、疲劳、吸气和呼气，这些就是身体激动的例子，而身体激动就存在于可见和可触的本己身体部位上，但身体激动不是可见和可触的。"[2] 身体激动是有方向的，即从身体的狭窄进到宽广，例如，"看"就是一种从狭窄进到宽广的身体激动。我们可以在呼吸时体会到身体的狭窄和宽广。吸气时，宽广占据优势；呼气时，狭窄占据优势。狭窄占优势时，我们称之为紧张；宽广占优势时，我们称之为扩张。身体的狭窄与宽广构成了身体的定向空间，

---

[1] K. Jaspers, *Allgemeine Psychopathologie*, S. 76.

[2] H. Schmitz, *Leib und Gefühle: Materialien zu einer philosophischen Therpeutik*, S. 39.

而身体的地点空间就以身体的定向空间为基础。流畅的四肢运动的前提就是：不通过位置和距离关系，就在身体的定向空间中把方向确定下来。因此，患者身体定向能力的紊乱，源于身体由狭窄进到宽广的动力机制的紊乱。

3. 体感幻觉

有的患者会有虚假的温度知觉（脚底板有火辣辣的、难以忍受的灼热感）和虚假的触觉（冷风吹在身上的感觉，非常像蠕虫和昆虫在身上爬的痒痒的感觉）；患者感觉自己就像羽毛一样轻；患者还会在自己根本没有说过话的情况下，感觉自己说话了。在身体此在的变异感中，患者的生命感受也发生了变异：患者感觉自己就像一个肥皂泡、肢体像是玻璃做的等。精神分裂症患者会在没有他人在场的情况下，感觉到自己发生了性行为。体感幻觉会采取各种奇异的形式。"我的头与躯体分开了，并且悬浮在半米高的空中。我觉得我的头正在滑翔，但它仍然属于我。为了控制自己，我高声地说话，我听到背后有些远的地方有声音传来……更为特别与奇怪的是变形。例如，我的脚变成了钥匙的形状，变成了螺旋形、涡卷形；下颌骨变成了钩状、条状，肺好像融解了。"[1] 雅斯贝尔斯认为，这些体感幻觉不单纯是神经病学障碍，其中也包含着生命感受和意义体验的变异。

4. 自窥症

自窥症（Heautoskopie）患者会把他们的客体身体当作第二个身体，即多重身体感。"一名精神分裂症患者（斯陶登迈尔）说：'晚

---

[1] K. Jaspers, *Allgemeine Psychopathologie*, S. 77.

上，当我进出公园时，我尽可能鲜活地表象：除了我以外，还有三个人。相应的面孔幻觉逐渐产生了。然后，我面前出现了三个穿着完全相同的、速度也相同的"斯陶登迈尔"。当我停下来时，他们也会停下来；当我伸手时，他们也会伸手。'"[1]

自窥症的病因非常广泛，包括：癫痫、脑瘤、迷路性眩晕、精神分裂症、抑郁症、药物中毒、创伤性分离经验、睡眠瘫痪、个体的高妄想倾向。但自窥症总体上可以分为以下四种类型[2]：

1 型　视幻象自窥症
　　　表现：主我（I）看到客我（me）（作为客体的身体或自我）的镜像。
2 型　妄想型自窥症（通常被称为离体自窥）
　　　表现：主我与客我分离，并且客我篡夺了主我的地位，或者说主我的镜像破坏了自我存在感。
3 型　离体经验（OBE）
　　　表现：从体外的位置出发，看到客我的镜像。
4 型　阴影存在感（FOP）
　　　表现：客我如同影子一样伴随着主我。

在神经科学中，自窥症是人脑神经活动的异常。瑞士联邦理工

---

[1] K. Jaspers, *Allgemeine Psychopathologie*, S. 78.

[2] 参见 A. L. Mishara, "Autoscopy: Disrupted Self in Neuropsychiatric Disorders and Anomalous Conscious State", in S. Gallagher and D. Schmicking eds., *Handbook of Phenomenology and Cognitive Science*, pp. 592–605。

学院的神经科学家洛佩兹（Christophe Lopez）等人认为：自我意识的两个基本机制是身体所有感与具身感；身体所有感起到自我归因的作用，而具身感有自我定位的功能。在2型与3型自窥症中，由于前庭和体觉信息加工受损，身体所有感与具身感都发生了损伤。在4型自窥症中，具身感和身体所有感发生了分离；只有身体所有感发生紊乱（即将自我归因于幻觉身体），而具身感仍然是正常的。这种紊乱的身体所有感，源于异常的感觉运动加工（而非受损的前庭和体觉信息加工）。在1型自窥症中，自窥幻觉以及损伤都不存在或者说很轻微。[①] 类似地，瑞士日内瓦大学医学院的神经科学家布兰科（Olaf Blanke）等人主张：自窥现象涉及本体感受、默会信息、视觉信息整合的失败（个体空间的解体），以及导致个体空间（前庭）与外个体空间（视觉）分离的前庭失能。[②]

在现象学看来，自窥症就是主我与客我交替互换的断裂。在1型和2型自窥症中，自我结构中主我与客我的交替互换，停滞在了客我状态，而不能切换回主我状态。在3型自窥症中，情况刚好相反：自我无法从主我视角切换到客我视角，即不能从能动的身体切换到被动的躯体。另外，根据现象学对身体图式与身体意象的区分，自窥症可以被理解为身体图式与身体意象的前意识绑定的中断。对于它们的神经关联研究也揭示了：这3种自窥症涉及的脑神

---

① 参见 C. Lopez, P. Halje, and O. Blanke, "Body Ownership and Embodiment: Vestibular and Multisensory Mechanisms", *Clinical Neurophysiology* 2008, 38(3), pp. 149-161。

② 参见 O. Blanke, L. Theodor, S. Laurent, and S. Margitta, "Out-of-body Experience and Autoscopy of Neurological Origin", *Brain* 2004, 127(2), pp. 243-258。

经区域是不一样的。①

自窥症的神经科学与现象学研究是可以互补的。神经科学揭示了自窥症的神经基础,而现象学揭示了自窥症的现象学感受。

四、实在意识与妄想观念

妄想是精神障碍或心理疾病中的基本现象。因此,精神病理学的基本问题就是:什么是妄想?从现象学出发,我们想要探索的就是:妄想体验是什么?

与妄想相对的是实在意识(Realitätsbewuβtsein)。实在意识根植于现实体验(Wirklichkeiterleben)。康德曾说,100个想象中的塔拉,不同于100个事实上的塔拉。在这里,康德就区分了现实与非现实。现实体验具有以下三个要素:(1)鲜活的知觉性,(2)在我之外存在,(3)能够阻碍我。妄想是实在意识的变异——患者不能做出正确的实在判断(如幻肢现象),并在错觉中感知到错误的鲜活性。

1. 妄想的现象学定义

妄想是错误的实在判断的结果,因此思考与判断是妄想的前提。总体上,我们可以区分两类妄想:(1)类妄想观念——从感情、震惊、疾病、罪感以及其他体验出发,从意识变异等错误知觉或知觉世界的异化体验出发,是可以理解的妄想;(2)真正的妄想观念——在心理学上无法进一步回溯、从现象学上来说是最终的东西

---

① 参见徐献军:《现象学对于认知科学的意义》,第106—107页。

的妄想。① 在类妄想观念中,人们还有怀疑;但在真正的妄想观念中,所有的怀疑都消失了。

韦斯特法尔(Carl Westphal)认为所有的妄想都是可理解的,因此真正的、不可理解的妄想是不存在的。他显然只考虑了妄想中的可理解联系,而忽视了妄想中难以理解的东西。还有的人认为,妄想的前提是智力低下所致的批判力不足。然而,健康人(甚至包括智力超常者)同样会有妄想观念,而低能者却没有妄想观念。智力不能决定妄想是否会产生,而只会决定妄想以何种形式呈现。从现象学来看,妄想具有特殊的、真正的病理元素。因此,现象学要寻找的是原发性妄想体验。

2. 原发性妄想体验

原发性妄想体验是很难把握、理解与复现的体验方式。令患者恐惧的不确定感使他本能地去寻找可以依靠的支撑点,以便获得安慰和支持——原发性妄想就在这种情况下产生。在对妄想体验的复现中,我们发现:患者的思考是对于意义的思考;患者的知觉不是对外部刺激的反应,而是对意义的知觉。原发性妄想就是意义意识的变异。"原发性妄想体验就类似于对意义的观看。意义意识发生了根本的改变。对于变异意义的直接与不由自主的认知,就是原发性妄想体验。"② 原发性妄想包括妄想知觉、妄想表象与妄想意识。

2.1 妄想知觉

妄想知觉在一开始时是模糊的意义体验。这时的知觉还没有

---

① 参见 K. Jaspers, *Allgemeine Psychopathologie*, S. 80。
② Ibid., S. 83。

清晰的意义。当患者把知觉内容体验为与本人是有联系的时候,意义妄想就产生了。"在患者看来,所有人都'好像要对他说些什么';'对我来说就是这样的,我相信:一切都在戏弄我;曼海姆发生的一切,都是为了戏弄我、哄骗我'。街上的人们显然总是在谈论患者。路人的特定话语,总是在针对患者。在报纸、书籍中,到处都有与患者相关的事物,涉及他的生活史,并且警告和侮辱了他。"[1] 进一步,患者还会在完全现实的知觉中发现想象的联系,或者说,患者会把想象的联系或意义附着于现实的知觉之上。例如,一名精神分裂症患者说:"当我有坏的想法时,我感觉太阳就出不来。我一有好的想法,太阳就重新出现了。然后我认为汽车开反了方向。当汽车开过时,我根本听不到声音。我认为地上肯定有橡胶。大型的货车没有发出叮叮当当的声音。当汽车一靠近我的时候,我就觉得:自己好像散发出了能让汽车立刻停下的某种东西……我把一切都与自己相联系,就好像它们都是为了我而存在的。人们没有看我,而且他们似乎想说:我坏到不能看了。"[2]

2.2 妄想表象

在生活记忆突然呈现出不同以往的色调和意义时,妄想表象就出现了。(知觉内容没有变,但知觉的意义改变了。)"一名患者写道:'有一天晚上,我突然地、完全自然与自明地产生这样的想法:L太太可能是我最近这些年必须承受的这些可怕事情的原因(心灵暗示影响等)……我当然不能把我这里所写的东西当作坚定的主张。

---

[1] K. Jaspers, *Allgemeine Psychopathologie*, S. 84.
[2] Ibid.

但是,请您公正与客观地检查一下我在这里所写的东西。我所写给您的东西极少源于反思,而是突然地、完全意外与自然地产生的东西。我有这样的感觉:我恍然大悟,为什么我最近这些年的生活总是以这种完全特定的方式在运行。'"①

2.3 妄想意识

妄想意识是急性精神病中常见的元素。在妄想意识中,患者会把具有鲜活性的进程当作他本身的体验,即把原来不属于他的东西归于他自身。"一个女孩正在读《圣经》。她读到了拉撒路(Lazarus)的死而复生。她立刻感觉自己是马利亚(Maria),马大(Martha)是她的姐妹,而拉撒路是她患病的父亲。她把她所读到的所有进程的鲜活性(情感——不一定是感性的鲜活性),当作了她自己的体验。"②

从现象学上来看,妄想体验中的感性内容不是妄想的,只有感性内容的意义(关联对象)是妄想的。"所有的原发性妄想体验都是意义体验,所以不存在单独的妄想念头。……在妄想中,早期意义妄想的基本特征是'无根的关系设定'(格鲁勒)。在没有动机的情况下,意义突然被插入心理的关联中。然后,在新的关联中出现的是总在感觉中反复的意义体验。"③

3. 妄想的不可纠正性

患者在产生妄想之后,会把妄想当作真实,拒绝所有其他经验和根据,并消除一切怀疑。这就是妄想的不可纠正性。尽管健康人的错误观念也经常是不可纠正的,但这种错误观念的基础与患者妄

---

① K. Jaspers, *Allgemeine Psychopathologie*, S. 86.
② Ibid.
③ Ibid., S. 87.

想的基础是不一样的。"健康人的谬误,就是共同的谬误。这种确信的根源在于:所有人都相信这些谬误。纠正不是源于论据,而是源于时代变迁。个体的类妄想谬误,是所有信念(人们所相信的东西)的产物;在心理学上,不可纠正性就是内在地对于世界的真正洞见的坚守不移性。真性妄想的不可纠正性,源于人格的变异。我们到目前为止还没有描述人格的本质,更谈不上在概念上表达人格的本质,但我们必须假设人格的本质。"① 健康人错误观念的基础是共同的信念,或者说,当大多数人或某个共同体都坚持一种信念时,这种信念就会被当作正确的(即使它原本是错误的)——例如,在"二战"之前与期间,大多数德国人对纳粹主义深信不疑。患者真性妄想的基础是非共同的信念——他们是无权力的少数人或者说没有结成具有行动力的共同体。患者人格的变异,使他们缺乏充足的行动力或者说不能结成有力的共同体。患者无法使他们的信念成为共同的信念,即无法将私人信念上升为主体间信念。原发性妄想观念的根基不在于是否正确,而在于是否具有共同性。"当我们弄清:真正妄想观念的标志,就存在于原发性妄想体验与人格变异中,那么我们就会明白:妄想观念也可以是正确的内容,而不再是妄想观念(例如,现在发生了世界大战的观念)。这种正确性是偶然的,并且极少是现实(在嫉妒妄想中是最常见的)。正常与正确的思维以正常经验为基础,因此适用于他人;妄想观念源于他人无法经验到的原发性妄想体验,并且是无法证实的。"②

---

① K. Jaspers, *Allgemeine Psychopathologie*, S. 87—88.
② Ibid., S. 88—89.

4. 妄想的运作

具有妄想的患者，首先必须是具有思考能力的。这种思考，有时候以非系统的、模糊的方式进行（如在急性精神疾病患者那里），有时以系统的、清晰的方式进行。在妄想思考中，患者的批判力并没有消失，而是会服务于妄想。另外，妄想思考的前提是患者的知觉能力。简而言之，妄想系统包含：思考能力和知觉能力。妄想并非是完全非理性的。实际上，妄想的运作需要整个理智人格的运作。尽管妄想在外人来看是难以理解的，但妄想在其本身的联系中是具有可理解性的。尽管有些妄想是十分令人恐惧的，但妄想对于患者本人来说也具有抚慰和支撑的作用，可以缓解患者的自我冲突以及自我与世界的冲突。妄想可能是患者维持或构造心灵世界的（无效）努力。

5. 真正的妄想与类妄想的观念

真正的妄想"源于原发病理体验或者在说明中把人格变异作为前提的妄想观念"[1]。与真正的妄想相对的是类妄想的观念，即我们可以从非原发病理体验或非人格变异去理解的观念，并且我们可以把这类观念回溯到感觉、冲动、愿望和忧愁。"类妄想的观念包括由错误知觉、忧郁和躁狂妄想观念（犯罪、贫穷、虚无妄想等）以及首先是超价观念（überwertigen Ideen）引起的瞬息即逝的混乱。"[2]尽管精神疾病患者与健康人都会有超价观念，但超价观念与真正的妄想是不一样的。超价观念是与现实相统一的、从人格与情境出发

---

[1] K. Jaspers, *Allgemeine Psychopathologie*, S. 89.
[2] Ibid.

可理解的观念,而真正的妄想与现实相悖,也不能从人格与情境出发得到理解。真正的妄想以精神疾病进程为基础。

雅斯贝尔斯没有具体说明作为妄想基础的精神疾病进程,而当代的精神病理学认为,这种进程可能是失常的超多巴胺状态。英国伦敦皇家学院精神病学院院长卡普尔(Shitij Kapur)提出:神经层面上失常的超多巴胺状态,导致了现象学层面上的对个体经验要素的异常突显(aberrant salience)分配,而抑制多巴胺的抗精神病药物可以控制妄想;妄想就是患者想要把这些异常突显经验变得有意义的认知努力,而幻觉反映了对内在表征的异常突显的直接经验。[①]多巴胺的核心作用是调解环境事件以及内在表征的突显。人与世界进行交互的要点在于:不对所有的刺激都做出反应,而是从中筛选出相关的刺激做出反应。筛选或者说过滤原则是刺激的突显性。从外在因素上来讲,突显性涉及客体的格式塔;从内在因素上来讲,突显性与主体的目标、信念、历史等因素相关。导致精神疾病的异常突显的特点在于:它们在没有持续刺激的情况下仍然持续存在,而这使得患者脱离了现实的世界。[②]

6. 形而上学的妄想

有时候,患者的妄想具有形而上学的意义,并且健康人也会有这类妄想。形而上学的妄想是超越对错和真假的,即不能由经验实在来得到判断。这种妄想还具有哲学和宗教的意义。"精神分裂症

---

① 参见 S. Kapur, "Psychosis as a State of Aberrant Salience: A Framework Linking Biology, Phenomenology, and Pharmacology in Schizophrenia", *The American Journal of Psychiatry* 2003, 160(1), pp. 13-23。

② 参见徐献军:《妄想症与精神分裂的现象学精神病理学解释》,第125—126页。

患者的世界末日体验反映了自我的动摇。然而,这种体验是很难理解的。世界末日体验是患者的深层宗教体验内容——数千年来关于人类实存的象征真理。在我们想要理解世界末日体验时,我们只能将它看作这样的宗教体验,而且不只是颠倒的心理学和精神病理学现象。宗教经验仍然要由其本身来得到理解:经验者是否是一个拯救者或精神疾病患者,或二者都是呢?"[1] 精神病理学家或精神科医生都无权去判定形而上学妄想的对错。在现象学上,人们只有去探索形而上学妄想的体验是什么样的,以及它是如何产生的。精神分裂症患者的世界末日体验反映的是整个人类的脆弱性,而非病理现象。精神分裂症患者(如:凡·高)有可能比健康人更为敏锐地意识到了人类存在的有限性和不完善性,从而祈求一种强大的外在力量的救赎。这种对于他力的期许,与对自身力量的不自信相关。对他力拯救的期待(希求得到上帝的拣选、获得净土世界佛的接引等),是宗教经验产生的一个源泉。

五、情感与情绪状态

尽管目前双相情感障碍(bipolar affective disorders)的诊断率相比于过去高了很多(尤其是在大学里),但人们很少去追问"情感"(Gefühl)到底是什么。精神科医生和心理咨询师要寻找的是治疗双相情感障碍的具体方法,而只有精神病理学家和哲学家才会去追问:什么是情感?双相情感障碍所包含的两种基本情感是:抑郁和躁狂。抑郁障碍包含了悲伤、空虚、易激惹、疲劳感、负罪感、无

---

[1] K. Jaspers, *Allgemeine Psychopathologie*, S. 90.

价值感等心境；躁狂发作包含了思维奔逸、持续高涨、自尊膨胀等心境。

雅斯贝尔斯对情感进行了仔细的现象学定义与区分。现象学意义上的情感，相比于美国精神病学协会制定的《精神疾病诊断及统计手册》(DSM-5)中所提及的情感[1]，要丰富得多。首先，在"情感"的定义上，雅斯贝尔斯说："所有未发展的、模糊的心理意象，所有难以把握的、难以分析的东西，都可称为'情感'；一言以蔽之，'情感'就是人们甚至不知道如何去言说的东西。每个人都有无兴致的情感、某种东西是不正确的情感、房间极为狭窄的情感、清晰的情感、痛苦的情感等。"[2]

此外，他从现象学出发对情感做了如下区分。(1)按照存在方式，情感可分为：作为自我意识的情感（悲伤）和作为对象意识的情感（凄凉）；对立的情感状态（快乐与痛苦、紧张与放松等）；无对象和内容的情感与有对象和内容的情感。(2)按照情感指向的对象，情感可分为：幻想情感、现实情感、价值感（自豪与自卑、爱与恨）。(3)按照生命层级的起源，情感可分为：感觉情感、身体情感、心灵情感（快乐与不快）、精神情感（极乐感）等。

情感不同于感情(Affekt)、心境(Stimmung)与感觉(Empfindungen)。情感是个体特有的心理进程；感情是强烈但持续时间极其短暂的情感，而且伴有显著的躯体进程；心境是长期情

---

[1] 参见 American Psychiatric Association, *Diagnostic and Statistical Manual of Mental Disorders: DSM-5. Fifth Edition*, Washington/London: New School Library, 2013, pp. 123–139。

[2] K. Jaspers, *Allgemeine Psychopathologie*, S. 90.

感状态的心情。从情感到感情，再到心境，强度与持续时间是逐级上升的。情感也不同于感觉。情感是完全自我的状态，而感觉是自我身体状态与周遭世界的混合产物（如：对颜色、声音、冷暖的感觉）。但情感与感觉有时候也会重叠在一起，如：饥饿、干渴、疲劳、性兴奋。这就是现象学家斯图普夫（Carl Stumpf）所说的情感感觉（Gefühlsempfindungen）。

雅斯贝尔斯认为，在异常的情感状态中，要区分的是可理解的情绪状态（Gemütszuständen）与不可理解的情绪状态。不可理解的情绪状态只有通过意识之外的因果进程（躯体进程）才能得到说明，而不能在意识范围内得到理解。

1. 身体情感的变异

身体情感的变异经常会在精神疾病中出现，例如：患心脏病时的焦虑、患哮喘病时的憋闷、患脑炎时的困倦、患传染病时的不适感等。"一名循环性抑郁症患者说：'胃部与颈部总是很憋闷。它们就好像根本不能动，而是牢固地站在那里。我的意思是，我必须宣泄，因此我的肺部是如此痛苦。'另一名患者叙述了这种肺部与腹部的压迫感，并且说，'这太惨了'，或者说肺部是另一种感觉：'我的身体里面非常痛苦。'除了生命的悲惨，通常还有其他的生命不适感。"①

2. 机能情感的变异

抑郁症患者最经常的抱怨是自身力量或机能不足的感觉。这种无能或低能感，部分地可能是现实的（由抑郁状态导致的机能或

---

① K. Jaspers, *Allgemeine Psychopathologie*, S. 92.

活力下降，甚至会使患者无法起床），部分地是无缘由的（患者仍然保有较好的机能或活力，只是在主观感觉上的能力不足）。"不再为真实世界所需、不能进行每个必需的行为、不能做决定、不能决断、不熟练的意识、不能思考、不能理解、失忆的情感，是很多异常状态的源头。在这些异常状态中，根本没有相应的现实无能，但经常存在事实上的温和无能。这种抱怨经常与客观抑制一起，成为主观抑制。"①

3. 情感缺失

患者的对象意识仍然正常，但外界发生的一切事物对患者来说都是一样的。患者对一切都漠不关心。这就是情感缺失。患者就像照相机一样，仍然可以反映环境中的客体，但没有了意义体验。由此，患者没有了行动的动力和意志。DSM-5将这种情况称为"情感淡漠"(apathy)——重度抑郁的症状之一②；在精神分裂症的阴性症状中，还有"社交淡漠"(asociality)——社交兴趣的缺乏③。进食障碍中也有情感缺失：患者对身体损伤会持漠不关心的态度。

4. 无情感的情感

周期性精神疾病患者、抑郁症患者都会出现情感的失落现象，即不再有情感。这种现象不是情感缺乏，而是令人痛苦的情感失落感。"患者抱怨说，他们既不能感觉到快乐，也不能感觉到痛苦。他们不再爱他们的亲人了；所有人对他们来说都一样。在吃饭时，他

---

① K. Jaspers, *Allgemeine Psychopathologie*, S. 93.
② 参见 American Psychiatric Association, *Diagnostic and Statistical Manual of Mental Disorders: DSM-5. Fifth Edition*, p. 221。
③ 参见 ibid., p. 88。

们不能产生满足感,他们也不会在意糟糕的饮食。他们感到无聊、空虚与死亡,而且没有了此在快乐。他们抱怨说,他们没有内在的参与,没有兴致。一名精神分裂症患者说:'我什么都没有了;我是如此冰冷,就像一块冰;我又是如此拘谨,就像冻住了一样。'"[1] 患者不仅极度痛苦,而且有显著的躯体症状。

5. 对象情感的变异

人的对象意识,都带有情感性特征。有的时候,患者的对象情感是如此令他们痛苦。"在握住木头(有人给我有毒的铅笔)、羊毛、纸时,触觉情感是不舒适的,而且我的四肢都有烧灼感。当我站在镜子面前时,我有同样的'烧灼感'。镜子'散发出来的东西',腐蚀并侵袭了我(因此我躲着镜子)。……另外,各种颜色(鲜花等)的讨厌光度,感觉起来像是恶魔或有毒的色彩——它们具有令人痛苦的辐射……"[2] 有时候,患者的对象情感又是如此令他们快乐。"在其他时候,有关对象的正面情感显得特别强烈。在显著的寂静中,患者对于环境有清晰的、情感丰富的直观:一切都富有意义、庄严与美妙。患者未经思考地享受着有关似乎在远去之世界的神圣印象(在低烧、周期性状态、鸦片起效时)。自然是壮丽的,就好像黄金时代。现实风景给人的印象就像是托梅(Josef Thoma)或冯·马利斯(Hans von Marees)的画。阳光是无可比拟地那么美(一切都发生在急性精神病的初期)。"[3] 另外,患者对于他人的共情能力也会发生剧烈变化——要么是极具共情能力,要么是极其缺乏共情能力。

---

[1] K. Jaspers, *Allgemeine Psychopathologie*, S. 93.
[2] Ibid., S. 94.
[3] Ibid.

6. 无对象的情感

在无对象的情感产生时，它们会去寻找或制造对象，或者说将它们附着于某种对象上。在抑郁状态中，患者会出现无对象的焦虑；在躁狂状态中，患者会出现无内容的亢奋或欣快感；在青春期早期，患者会出现模糊的性兴奋。

6.1 焦 虑

在现象学上，人们把有对象的畏惧（Furcht）与无对象的焦虑（Angst）相区分。焦虑与身体状态中的狭窄相联系。心绞痛时的焦虑、迫切需要大量新鲜空气时的焦虑、头痛焦虑等，都是与身体局部位置相关联的焦虑。焦虑的无对象性，会让患者无从入手去解决，因此也就无法摆脱。重度的焦虑会导致患者对自身以及他人的暴力伤害。在临界情境（Grenzsituation）中，人类会陷于实存焦虑（existentielle Angst）。"但只要最终的情境存在，尽管这种情境隐藏在日常中或不受重视，但它不可避免地决定了生命的整体（例如：无可回避的死亡、罪责、斗争）。我们将这种情境称为临界情境。人之真正所是与可以成为，最终源于对临界情境的经验、获得和超越。"[1]临界情境即便在日常生活中也往往被忽视，但在人生中有不可避免的终极情境（即生命的使命——只要人还活着，他或她的使命就没有结束）。实存焦虑是一种哲学意义上的焦虑，即在面对生命的有限性（如：寿命、天赋）与无限性（人始终无法将自身真正完善化）的冲突、面对无可回避的生命使命时所产生的焦虑。因此，实存焦虑超越了精神病理意义上的焦虑，而且很可能是精神病理性焦虑的源头。

---

[1] K. Jaspers, *Allgemeine Psychopathologie*, S. 271.

6.2 躁动感

无对象的躁动感(Gefühl der Unruhe),是一种想要做些什么但又做不出什么的情感。因此,这种躁动感不同于双相情感障碍中的躁狂感。在轻度的躁狂感中,人们不仅可以工作,而且可以更好地工作。但在无对象的躁动感中,人们根本无法工作。正如一名精神分裂症患者所说的:"世上没有什么比这更折磨我的了。我不能走出这个区域。我想要离开,但做不到,而情况总是变得更糟了。我想要打碎一切。但我不相信自己;我从小的东西开始,然后是其他的东西。然后,我只想打我自己。当我只把玻璃扔到地上时,一切东西都自己过来了。控制力也下降了。我很难克制自己,所以我有时候会想:该结束了吧。"[1]

6.3 异常的快乐感

异常的快乐感具有无法对象化的意义,并且包括纯粹的感性快乐,以及宗教的狂喜。精神分裂症患者就具有异常的快乐情感:"薄云把我抬了起来,好像每时每刻都有精灵从薄云的边缘更多地分离出来,而且我心中有无名的狂喜与感激……我开始了全新的、天国的生活……我感到难以言说的欢快,而我好像完全神化了……我感觉自己非常好,并且很满足……当时我的状态是令人嫉妒的……在我心中,我真的品尝到了天堂的滋味……我的声音突然变得完全明朗与清晰起来,而我一直在歌唱。"[2] 陀思妥耶夫斯基细致地描述了他在癫痫发作前体验到的心醉神迷。"我感到,天掉到了地上,

---

[1] K. Jaspers, *Allgemeine Psychopathologie*, S. 95.
[2] Ibid., S. 96.

并且吞没了我。我觉得上帝就是威严的、深刻的真理;我被上帝征服了。我喊道:上帝是存在的;我不知道后面发生的事。你猜不到:在癫痫发作前片刻与美妙的幸福情感。我不知道这种幸福持续了多少时间,但我相信:这是生命中所有的欢乐都难以匹敌的。"①类似地,服用精神物质(如:鸦片、酶斯卡灵)也会让人产生上述陶醉感。

但我们必须把精神疾病患者的异常快乐感,与宗教修行体验中的异常快乐感相区分。"异常"并非只有精神病理的意义,也有超出正常水平的意义。例如,在佛教的静虑体验中,就有这类异常的快乐情感。"初静虑中,寻、伺,为取所缘;三摩地,为彼所依;喜,为受境界;乐,为除粗重。"②修习初静虑,可以让人获得非身体的、非感性的快乐。"喜者:谓正修习方便为先深庆适悦,心欣踊性。……乐者:谓由如同调适故,便得身心无损害乐,及解脱乐;以离彼品粗重性故,于诸烦恼而得解决。三摩地者:谓于所缘审正观察,心一境性。"③

六、推力、冲动与意志

在心理学中,推力(Drang)、冲动(Trieb)与意志(Wille)都属于人的行为动机,而且三者会相互竞争。"推力(如它的抢夺冲动的目标本能)首先会寻找客体,冲动追求的是它的客体,而意志会设

---

① K. Jaspers, *Allgemeine Psychopathologie*, S. 97.
② 弥勒:《瑜伽师地论》,北京:宗教文化出版社,2010年,第223页。
③ 同上书,第226—227页。

定它想要的客体。"[1] 从现象学的角度来说，还可以做出如下区分：无内容和无方向的推力，在无意识中指向目标的自然冲动，以及有意识的意志活动（能意识到行为的目标、手段和结果）。与推力、冲动与意志相关的心理疾病包括：推动行为、意志阻滞和意志失落。

1. 推动行为

在心理学中，人们经常把冲动与推动（Impulse）混淆起来。实际上，二者是截然不同的。"当冲动动势没有扩大、没有斗争、没有决定，但在人格的隐藏控制中走向解除时，人们就说这是冲动行为。当这种现象不受阻碍、不可抑制、不可控制时，人们就说这是推动行为。"[2] 异常的推动行为，经常发生在急性精神病、意识混浊与未分化的发展状态中。"一名精神分裂症患者，报告了在他发病第一阶段的显著推动行为：'我曾经去参加一个群体集会。在回家的路上，我突然凭空产生了一个想法：你必须穿着衣服到河里面去游泳。这不是我可以解释的强迫，而是巨大的、强烈的推动，以至于我没有时间考虑，而是直接跳了进去。当我发觉那是水，而且这是胡闹时，我重新爬上了岸。这件事让我想到了好多。这是在我身上首次发生的难以说明的、完全偶然与完全陌生的事。'"这种病理状态中的冲动动势（即推动），会迅速让患者采取行为。

2. 意志阻滞

典型的意志阻滞是冲动动势的主观抑制（兴趣贫乏、快乐寡少、动机停滞等），以及意志冲动的主观抑制（无能感、无决断力感）。

---

[1] K. Jaspers, *Allgemeine Psychopathologie*, S. 99.
[2] Ibid., S. 98.

DSM-5认为:意志阻滞属于精神分裂症的阴性症状。"阴性症状占精神分裂症发病中的很大一部分,但在其他精神病性疾病中不那么明显。精神分裂症有两个阴性症状特别明显:情绪表达下降和意志薄弱。情绪表达的下降包括面部表情的表达、眼神交流、言语语调(韵律)以及手、头和脸部动作的表达减少,而这些动作通常会给言语带来情感上的强调。意志缺乏(avolition)是主动发起的有目的活动的减少。个体可能会坐很长时间,并对参加工作或社交活动几乎没有兴趣。其他阴性症状包括失语、快感不足和社交淡漠。贫语症(alogia)表现在言语输出的减少上。快感缺乏症是由积极的刺激导致的愉悦感体验能力的下降,或者是先前经历的愉悦感降低。社交淡漠是指对社交互动明显缺乏兴趣,这可能与职业有关,但它也是社交机会有限的表现。"[3]

3. 意志失落

更为严重的障碍是意志失落,即意志的完全丧失。典型的表现就是急性精神病中的被动感和从属感。患者在完全清醒的状态下,既不能说话、不能运动,也没有体验。"患者躺在床上。她听到门上有辘辘声与敲击声。'某种东西'进来了,并来到床上。她感觉到了它,并且感觉自己不能动弹。这种东西来到她的躯体上,就像一只手在脖子上一样。她非常害怕,并且非常清醒。但她不能喊叫,不能起来,就像被绑住了。"[4] 癔症患者也有类似的情况:他们会在完全的清醒状态下,突然进入意志不能引发躯体运动的状态;或

---

[3] American Psychiatric Association, *Diagnostic and Statistical Manual of Mental Disorders: DSM-5. Fifth Edition*, p. 88.

[4] K. Jaspers, *Allgemeine Psychopathologie*, S. 99.

者说,他们无法运用躯体。

雅斯贝尔斯认为,这不是精神病障碍,而是意志不能作用于躯体运动了,因为在躯体运动的现象学体验中,运动是需要意志冲动的。"为了让我们的肢体运动起来,我们需要把意志指向肢体,因此被意识到的侵袭点不是神经与肌肉,而是对肢体表面的意志,尽管是先于这个运动的、肢体的所有其他点的点(例如:在对手指表面的抓握中)。"① 但雅斯贝尔斯也不清楚的是:意志冲动与身体的接合点,具体是在哪里出现了障碍?当然,心身的接合点本身在哲学上一直以来就是难题。

尽管意志失落会导致患者的无力感(不同于通常生理疲劳导致的无力感),但在一些急性精神病中,患者也会体验到力量感的反常上升。"奈瓦尔叙述说:'我有这样的想法:我变得非常大,并且我可以通过电流的力量战胜靠近我的一切。让人感觉滑稽的是:我可以控制我的力量,并饶过之前抓我的士兵的性命。'一名精神分裂症患者写道:'所有和我讲话的人,都无条件地相信我,并执行我的盼咐。没人会对我说谎;大多数人都不相信他们自己的话。我对环境有难以描述的影响。我想我的目光可以让他人变得美丽,而且我在我的病房里追求这种魔力。整个世界的美好与灾难都取决于我。我可以让世界变好与变糟。'"

七、自我意识

自我意识的紊乱是精神疾病紊乱的重要类型,而且自我意识也

---

① K. Jaspers, *Allgemeine Psychopathologie*, S. 100.

是现象学与精神病理学的核心交集之一。自我意识与对象意识相对,是对于自我本身的意识。在对自我意识的定义上,雅斯贝尔斯与胡塞尔是一致的。雅斯贝尔斯将自我意识概括为四种形式:对自身活动的意识、纵向同一性意识、横向同一性意识、与外部及他人相对的意识。在精神病理学中,自我意识发展的最终形式是人格意识,即意识的人格化(Personalisation)。

1. 自我活动意识的变异

自我活动意识的变异,主要是意识的去自我化和去人格化。首先是此在意识的变异,它包括:知觉世界的异化、本己躯体感觉的消失、表象与回忆的主观无能、对情感压抑的抱怨、意志进程的自动化意识。瑞士作家与哲学家阿米尔[①]在他的日记中对此在意识变异做出了杰出的描述:"我感觉自己是匿名的、非人格的、目光僵硬的,就像死人一样;我的精神是模糊与普遍的,就像虚无或绝对一样。我是悬而未决的,我就像从来没有存在过一样。"[②]这是一种极为特殊的现象。与笛卡尔的"我思故我在"体验正好相反,患者体验到了"我思但我不在"。

其次是执行意识的变异。当健康人在思考时,他能意识到是他在思考,但在患者那里,他会突然意识到:不是他在思考,而是他不能控制的东西在思考。典型的例子是强迫症患者的思考——他完

---

① 阿米尔(Henri-Frédéric Amiel, 1821—1881年)于1849年担任了瑞士日内瓦大学的美学与法语文学教授。从1854年开始直到去世,他一直是哲学教授。让他闻名于世的是人们在他去世后发现的海量日记(1839—1881年,有17000页)。他在日记中所表现出来的思想的清晰性、反省的精确性、细节的准确性、实存视角的沮丧性、自我批判的倾向性,引起了巨大的轰动。他的日记影响了托尔斯泰、佩索阿、冯·霍夫曼斯塔尔等人。

② K. Jaspers, *Allgemeine Psychopathologie*, S. 102.

全控制不住强迫的思维；他很想停下不去想，但始终做不到。在临床上，抑制脑神经活动的药物（如：文拉法辛）有助于使强迫思维变得平缓一些，因为药物减慢了人体的新陈代谢，同时减缓在强迫思维发作时极度兴奋的脑神经活动。但单纯药物的使用，不能治愈强迫症。只有通过心理治疗，让患者真正明白，强迫思维就像一个突然闯入脑海的陌生力量，患者越是想要驱赶它，它就会越强，只有当患者能够接纳强迫思维（不论它们是多么可怕与讨厌），把强迫思维作为自己的一部分时，强迫思维才有可能平缓下来。

精神分裂症患者的思维，在一定程度上类似于强迫症患者的思维，然而前者所感受到的外力制造感要更为强烈。精神分裂症患者不仅感到无法控制他的思维，而且感到自己被外在力量控制了。"值得注意的是：'呼喊奇事的出现（我的呼吸肌肉……被动发生运动），以至于我必须特别努力地压制这些肌肉，我才能停止呼喊……这在突然的冲动中不总是可能的，或者说只有在不停地保持注意时才是可能的……有时候这种呼喊是如此迅速与频繁重复，以至于对我来说变成了几乎难以忍受的状态……因为喊声中有我的叫嚷，所以其中自然也有我的意志。只有未发出的呼喊，在事实上是纯粹强迫与自动的……我的整个肌肉受控于某种影响，而这种影响只是源于由外而来的力量……阻碍我弹钢琴的困难，是难以描述的。手指的瘫痪，眼睛方向的变异，按键的错误，我的手指肌肉的过早运动造成的速率上升……'类似的体验是在内意志行为领域中的'外力制造思维''思维消退'等类似的东西（舒尔伯）。"[①] 相比之下，强迫

---

① K. Jaspers, *Allgemeine Psychopathologie*, S. 103-104.

症患者仍然没有被外在力量控制，他们只是在用尽全力地抵抗外在力量的控制。在思维受外力控制这一点上，强迫症和精神分裂症似乎没有质的差异，而只有量的差异。

雅斯贝尔斯所描述的执行意识变异（尤其是思维被夺或插入），在现代精神病学中被称为精神分裂的"一级症状"，而这也是欧洲的精神科医生在诊断精神分裂症时的主要依据。当代神经科学对于执行意识变异的最重要解释是中央监控（central monitoring）系统模型。由于患者的中央监控系统不能收到自己所引发的行为信息，所以患者会认为这些行为是由外在力量引起的。中央监控系统失能的原因是患者不能有意识地反思他们自己的精神活动（即元表征机制的异常）。患者并非不能执行复杂的行动，而是不能充分意识到这些行为的来源是自己。[1] 元表征机制异常的神经生理机制是：发起行为的脑前额区域与表征当前及预期肢体状态的顶叶区域之间的联系中断。由于这种中断，这些区域又会发生过度的神经活动，以试图重建联系。[2]

2. 自我统一体验的变异

在健康人的自我意识中，自我是统一的。然而，在患者那里，他们体验到了自我的分裂，即有两个自我（人格双重化）。雅斯贝尔斯认为，双重自我体验属于精神分裂症的症状，然而 DSM-5 不再

---

[1] 参见 J. Mlakar, J. Jensterle, and C. D. Frith, "Central Monitoring Deficiency and Schizophrenic Symptoms", *Psychological Medicine* 1994, 24(3), pp. 557-564。

[2] 参见 C. D. Frith, S. J. Blakemore, and D. M. Wolpert, "Explaining the Symptoms of Schizophrenia: Abnormalities in the Awareness of Action", *Brain Research Reviews* 2000, 31(2-3), pp. 357-363。

把双重自我体验归入精神分裂症,而是把它作为独立的精神障碍,即解离性身份障碍(Dissociative Identity Disorder)。"人格解体的特征是:两个或多个不同的人格状态,而这种特征在某些文化中可能被描述为拥有的经验。同一性的解离包括:自我感和自主感的显著不连续,伴随着情感、行为、意识、记忆、知觉、认知和/或感觉运动功能的相关变异。这些体征和症状可能会被他人观察到或个人报告出来。"[1]

但雅斯贝尔斯的贡献是,他在现象学上仔细地复现了双重人格的意识体验。他使用了来自苏林神甫的古老自我叙述。[2]这些叙述要比 DSM-5 更能帮助人们理解自我统一体验的变异(如:人格双重化)。"事实是如此广泛地说明:我所信仰的上帝,由于我的罪,而让在教堂里看不到的事情发生了;在驱魔后,魔鬼离开了着魔者的躯体,然后冲到了我的躯体里,把我丢到了地上,并且就像一种能量一样,让我急剧运动了数小时。我无法描述后来我经历了什么,以及这种精灵是怎么与我合二为一的,然而它没有夺去我心灵中的意识与自由,因为他就像另一个我一样在起作用;我好像有两个心灵,一个心灵处于躯体的所有与使用之外,并且似乎被赶回到了角落之中,而另一个心灵不受控制地在起作用。两个精灵在同一个躯体上争斗,而心就像是分裂了一样。"[3]

---

[1] American Psychiatric Association, *Diagnostic and Statistical Manual of Mental Disorders: DSM-5. Fifth Edition*, p. 292.

[2] 让-约瑟夫·苏林(Jean-Joseph Surin, 1600—1665 年)是一位法国耶稣会神秘主义者、传教士、虔诚的作家和驱魔人。他因参与 1634—1637 年的法国卢丹(Loudun)驱魔而被人们铭记。

[3] K. Jaspers, *Allgemeine Psychopathologie*, S. 104.

苏林神甫的双重人格感,还使他产生了双重的情感(平静—暴怒与厌恶、快乐与温情—诅咒与恐惧、快乐—愤怒)。这种情况非常类似于患上精神分裂症以后的荷兰画家凡·高(凡·高患病以后的画作有了明显的双重情感特征)。"与此同时,我在顺从上帝时感到了深深的平静,而且我不知道心中与上帝作对的、可怕的暴怒与厌恶从何而来(将我与上帝分离的愤怒,会让所有人都感到惊讶);我同时还感觉到了巨大的快乐与温情(魔鬼在痛苦的抱怨与叫嚷中享受着这种快乐与温情)。我感觉到了诅咒与恐惧,我好像被他心的怀疑之刺给戳穿了;这个他心似乎就是我的心灵,而他心在对我的痛苦之源头的嘲笑与诅咒中不受阻碍地爆发出了完全的信任。我口中的叫喊声有规律地从两边传出,而我只能费力地区分这时存在的是快乐还是强烈的愤怒。在圣事临近时,我产生了强烈的颤抖;这既像是对圣事的摆脱,又像是源出于对圣事的崇敬;但我不能停止圣事。当我在心灵的冲动中在嘴上画十字时,另一个心灵十分迅速地不让我这么做,并且把我的手指放到牙齿之间,好让牙齿咬掉所有的愤怒。在这种激动中,我几乎不能轻松与安静地祈祷任何东西;当我的躯体四处打滚,并且牧师就像撒旦一样诅咒我时,我感受到了难以描述的快乐;成为撒旦不是由于对上帝的愤慨,而是由于我罪的不幸。"[1] 患者仍然知道自我只有一个,尽管在体验中有两个。这种矛盾的体验是很容易让人崩溃的,因此相关的描述非常稀少。

自我的分裂不仅会在横向时间维度中发生,还会在纵向时间维度中发生。在纵向时间维度中,患者会失去过去自我与现在自我之

---

[1] K. Jaspers, *Allgemeine Psychopathologie*, S. 105.

间的同一性。正如精神分裂症患者舒尔伯所说:"当我回首往事时,我发现:只有现在自我的一部分体验到了一切。在1901年12月23日之前,我都不能用今天的我来进行描述。曾经的我,就像一个侏儒一样,住在我里面。如果从第一人称角度来说的话,这对我的情感来说是不舒服的,对我的存在感来说是痛苦的。我可以使用对立的意象,并意识到:'侏儒'一直到1901年12月23日都是占据统治地位的,但他的角色已经不起作用了。"[1]

3. 自我与外在世界之间清晰区分的取消

在健康人的自我意识中,自我与外在世界之间存在着清晰的区分。然而在患者那里,这种清晰的区分消失了。患者自我的弱化,使得他们觉得自己就是外在世界中的某种对象。"很快,你的痛苦、你的思念或你的忧郁,都写在了树上;树的瘟疫与树的摇晃都成了你的瘟疫与你的摇晃,而且你很快就成了树。盘旋在蓝天中的鸟也是如此;鸟首先表征了翱翔于人世的永恒渴望;但是,你本身就已经是鸟了。我认为:你就坐在那里抽烟。你的注意力不能长时间地集中在蓝色的云朵上(云朵在你的烟管上飘然而去)……通过特殊的方程式,你成了你——你感觉自己泄漏了,你成了你的烟管(在烟管里,你感觉自己就像烟叶一样被压缩在一起),并有了吸食自己的稀有能力。"[2]

有的时候(如在精神分裂症中),患者甚至认为自己的思维已经传播到了外在世界中,所以其他人总是知道了他们的想法。"我相

---

[1] K. Jaspers, *Allgemeine Psychopathologie*, S. 105.
[2] Ibid., S. 106.

信:我无法隐藏我最近这些年来的经验。所有的思想都被猜到了。我发现:我不能把思想当作我独有的。"[1]DSM-5把这种现象称为思维广播(thought broadcasting)——它属于精神病性的妄想。[2]

4. 人格意识的变异

雅斯贝尔斯认为,人格意识(Persönlichkeitsbewuβtsein)就是充满内容的自我意识。在现象学上,人格意识的变异有如下三种基本特征。

(1)人格自然而然地将很多异常的冲动动势体验为自己的冲动动势,例如:施虐狂与受虐狂。"根据弗洛伊德的理论,受虐狂源于早期的罪感,例如:早期的清洁要求。而根据其他的理论,受虐狂与死亡焦虑相联系。施虐狂源于情绪上的自我认可和他人认可(包括爱,例如:儿童逆反心态阶段的自我主张尝试)与暴力一起出现,因此人们误以为一切都是通过暴力达到的。要克制施虐狂和受虐狂的话,人们必须以不同的方式学习尊重自我和尊重他人。"[3]

(2)自身的人格发生了变异。患者体验到了崭新的意识,或者说他们的人格发生了强烈的变化。"一些患者说:他们的所思、所感、所受都与过去不一样了,因此他们经历了深刻的变化。其他患者把急性精神病后的变化,感觉为主观上让人愉悦的:相比于过去,他们变得更中立、更不会激动、更不太会'动心'、更健谈、在举止

---

[1] K. Jaspers, *Allgemeine Psychopathologie*, S. 106.

[2] 参见 American Psychiatric Association, *Diagnostic and Statistical Manual of Mental Disorders: DSM-5. Fifth Edition*, p. 820。

[3] O. Höffe, M. Forschner, C. Horn, und W. Vossenkuhl hrsg., *Lexikon der Ethik*, München: C. H. Beck Verlag, 2008, S. 268.

上更不羞怯且更肯定。"[1]

(3) 最为不稳定的人格意识,来自急性精神病患者。患者在精神病性的妄想中,会赋予自身各种角色。更严重的是,他们会坚信自己就是他们所想象出来的人格。"在类似的精神病中,患者把自己当作弥赛亚、神的存在、精灵、历史人物。例如,在偏执精神病中……患者把自己当作闻名于世的发明者;患者进行了丰富的发挥,并且长时间地坚持这么认为。这时出现的是部分的幻觉变异,因此患者仍然能意识到他们过去的身份:他们还是同一个人,但他们现在是弥赛亚等了。"[2]

5. 联觉人格形象的产生

在双重和多重自我体验中,患者感受到的自我或人格幻象是单通道的——声觉、视觉、体感、意识等。当这些不同的感觉和意识通道联结在一起时,患者就会构造出完整的人格形象(Personifikationen)。化学教授斯陶登迈尔[3]在他的精神病理体验中描述了他所构造出来的人格形象。他认为,这些人格形象是从他的有意识人格当中分离出来的无意识部分。"个别的幻觉逐渐清晰呈现,并且频繁再现。最终产生了形象,例如:更重要的视觉意象有序地与相应听觉表象相联结,以至于浮现的形态开始与我说话,给我建议并批评我的行为,等等。这种人格形象的整体性格与一般缺陷是:它们总是一再把它们仅仅在表象或模仿的东西当作事实,相应地,它们也在诚恳地说话与

---

[1] K. Jaspers, *Allgemeine Psychopathologie*, S. 107.
[2] Ibid.
[3] 斯陶登迈尔(Ludwig Staudenmaier, 1865—1933 年)是德国化学家。他是德国慕尼黑大学化学博士和教授。从 1879 年开始,他就患上了精神疾病。

行事。我努力了很长时间才把这些人格形象勾勒出来。这里只是一些例子：若干年前，在我参观军事训练时，我反复看到侯爵直接从近处出现，并且听到了他的说话声。过了一会，我有了完全清晰的幻觉，就好像侯爵又对我说话了一样。一开始，我不去理会这些频繁出现的声音，而过了很久，这些声音就再次消失了。但是最后，我产生了总是更加频繁与更加清晰的情感，就好像相关的人格就在我旁边一样；视觉意象也变得更清晰了，而且它们首先没有变成幻觉，因为它们与自我的内在声音联结在了一起。随后，其他侯爵的人格形象即德国皇帝的人格形象，也以类似的方式出现了，然后是已逝者（如：拿破仑一世）的人格形象。与此同时，我逐渐被这种独特与上升的情感征服——我是一个大国的统治者与管理者，我的胸膛在几乎没有我一起参与的情况下波澜起伏，我的整个躯体姿势引人注意地绷直并且像军人一样——这证明相关的人格形象马上对我产生了重要的影响；例如：我听到内在的声音庄严地说道，我是德国的皇帝。"[1]

健康人能够清晰地把自身与想象出来的人格形象区分开来，并且不太会受这些人格形象的影响。然而，斯陶登迈尔不仅可以与从意识当中分离出来的人格形象进行语言交流，而且深受它们的影响（甚至与它们相同一）。这是真正的病理现象：患者无法区分现实的自我与想象的自我。

八、反思现象

反思即人在自我意识中返观自身的现象。反思本身是人类的

---

[1] K. Jaspers, *Allgemeine Psychopathologie*, S. 107–108.

一种高级思维活动,也是非常重要的哲学研究方法。但在精神病理现象中,非自然的反思往往会造成心理障碍。"首先,反思中的意图会导致虚假——癔症的表情与内在心境会呈现类似于现实体验的外表;其次,反思中的意图会让本能以至身体功能无序化;再次,反思中的意向,在反思与意志的基础上,会导致特殊的心灵体验(强迫显象)。在上述三种情况中,反思与意图对于本身完全是非意愿现象的产生来说是必不可少的。"[①] 尽管哲学家也经常做非自然的反思,但哲学家可以放下这种反思而回到现实生活中。与之相反的是,精神疾病患者的非自然反思是被迫的、很难放下的。与反思相联系的精神病理现象主要有:本能与身体功能障碍、强迫症等。

1. 本能与身体功能障碍

我们有很多基本的身体功能,是在本能的无意识引导之下进行的。如果原本在无意识层次进行的身体功能上升到有意识的反思层次,那么身体功能就会遇到障碍,例如:走路、勃起等。对患者来说,他越是注意它们的过程,他的焦虑感就会越强,而身体功能的障碍也会越大。疑病症的产生也与对身体健康的反思相联系。患者越是关注身体健康,就越是会注意一些微小的细节(例如:将微小的伤口、轻微的不适、陌生的接触等与严重的疾病相联系),从而在关心身体的过程中迷失自我。

2. 强迫症

与反思现象相联系的典型精神病理现象是强迫症。强迫症包括强迫思维与强迫行为。健康人的反思是自愿和可控的,而强迫症患者

---

① K. Jaspers, *Allgemeine Psychopathologie*, S. 110.

的反思是非自愿和不可控的。患者无法决定去反思什么,也无法停止反思。患者一边进行反思,一边又不认可反思的合理性。这种矛盾使强迫症患者陷入了极大的痛苦中。"意识中不禁会反复出现一种表象、想法、记忆和问题;典型的例子就是对旋律的追踪。或者说,不只有个别内容,而且有思考方向,例如:想要去数所有东西的癖好,拼写姓名的癖好,反复考虑难以解决和愚蠢问题的癖好(苦思癖好)等。"[1]

在正常的反思中,人的心理有着基本的平衡,即使存在对立的倾向,人们仍然可以自由地在它们之间切换。但在强迫的反思中,患者完全失去了控制,而永久对立的倾向会来回拉锯;由于没有一种倾向可以取得主导地位,患者始终无法与一种倾向同一,而只能与其做着永恒的斗争。"埃玛(Emma)已经历了很多心境疾病阶段。她总是能够完全康复。最近若干星期以来,她又病了,想家了,并且很痛苦。在医院里,有两个男人戏弄了她,挠了她的头与腋窝。她不能接受这样:'我不能在医院里被调戏。'她马上就产生了这样的想法:这两个男人侵犯了她,而她可能会怀孕。这种没有根据的想法总是一再地支配着她。我们来列举一下她所说的:'整整一天,这样的想法在我脑子里转来转去:他们不能如此无耻。''有时候,我把这种想法放下了,但它总是会回来。'她的想法总是围绕着这个事情。她确信:她怀孕了。然后她马上说:'我不能肯定,我总是处在怀疑中。'"[2] 患者越是想通过反思活动去介入这种思维进程,就越是焦虑。实际上,对患者有帮助的是从事非反思的、繁重的体力活动。

---

[1] K. Jaspers, *Allgemeine Psychopathologie*, S. 112.
[2] Ibid.

第三节　异常心理中的整体现象：
五种意识状态

雅斯贝尔斯认为，上述八种现象（对象意识，空间与时间体验，身体意识，实在意识与妄想观念，情感与情绪状态，推力、冲动与意志，自我意识，反思现象）属于异常心理中的个别现象。除此以外，异常心理还有五种整体现象：注意与意识萎缩，梦与催眠，入睡、苏醒与催眠，精神病的意识变异，幻想体验。而这种五种整体现象都是意识状态。胡塞尔现象学是一种意识现象学，而且它考察的是健康人的意识；相比之下，雅斯贝尔斯的现象学精神病理学也是一种意识现象学，但它考察的是精神疾病患者的意识。二者之间不仅可以相互澄明（人们知道了正常，才能知道什么是异常；反之亦然），而且可以相互补充（二者共同组成了完整的意识现象学）。"意识"是胡塞尔现象学最核心的概念——意识生命和活动是哲学的根本出发点，也是所有对象构造的基础（世界就是意识相关项的总体）。在胡塞尔那里，意识有两个最基本的含义：作为内感知的意识与作为构造者的自我意识。作为内感知的意识，即在意识活动中对意识活动本身的意识（内向的意识）；作为构造者的自我意识，即构造出对象的意识（外向的意识）。[①]

"意识"在雅斯贝尔斯的精神病理学中也是一个核心概念。雅斯贝尔斯对精神病理学研究对象的规定，就体现了这一点。"精神

[①] 参见倪梁康：《胡塞尔现象学概念通释》，北京：生活·读书·新知三联书店，1999年，第87—88页。

病理学的对象是实际意识到的精神事件。我们想知道：人体验到了什么？人是如何进行体验的？我们想要去认识心灵事实的范围。我们要去研究：人的体验及其所依赖的条件与原因、体验中的关系、体验客观化的方式。"[1] 由于雅斯贝尔斯在写作《普通精神病理学》之前主要阅读的是胡塞尔的《逻辑研究》，所以雅斯贝尔斯主要吸收了胡塞尔在《逻辑研究》中提出的"内向意识"概念，而没有涉及"外向意识"概念。"'意识'这个词，首先指的是真实的体验内在性（与可研究的生物学事件的外在性相反），其次指的是主客划分（主体意指他所知觉、表象与思考的对象），再次指的是对自己意识的认知（自我意识）。……我们把当下心理的整体称为意识。它包含三种元素：体验的内在性以及在昏厥、麻醉、无梦睡眠、昏迷、癫痫的痉挛发作等状态中的意识缺失，以及意识丧失。但在任意的内在体验方式中，我们都会说到意识，即使在对象认知的清晰性变得混浊、自我意识变得虚弱或完全不存在时，我们也会说到意识。"[2]

DSM-5 没有像雅斯贝尔斯这样，把意识作为非常重要的主题。DSM-5 只是提到了作为症状的意识丧失（the loss of consciousness）、意识障碍（disturbances in consciousness）和变异的意识（altered consciousness）。意识丧失是重度或轻度血管性认知神经障碍[3]、恐慌症[4]、焦虑症[5]的症状；意识障碍是焦虑性戒断谵妄（anxiolytic

---

[1] K. Jaspers, *Allgemeine Psychopathologie*, S. 2.
[2] Ibid., S. 115.
[3] 参见 American Psychiatric Association, *Diagnostic and Statistical Manual of Mental Disorders: DSM-5. Fifth Edition*, p. 624。
[4] Ibid., p. 213。
[5] 参见 ibid., p. 229。

withdrawal delirium)的症状[1]；变异的意识状态是精神状态变异的特征，而且它的范围是由木僵（stupor）到昏迷[2]。对现象学的忽视，使得 DSM-5 没有详细描述意识状态障碍的主观维度，而雅斯贝尔斯的现象学精神病理学很好地弥补了 DSM-5 的这个缺点。

一、注意与意识萎缩

1. 注意（Aufmerksamkeit）就是在总体意识状态中的明亮意识。意识状态的层级是，由最清晰的意识，经由意识混浊，再到意识丧失。注意就在靠近最清晰意识的这一端。雅斯贝尔斯认为，完全的注意以及注意的缺失都会导致感官错觉（Sinnestäuschungen）。在由完全注意导致的感官错觉中，人们需要将注意力转向别的地方，感官错觉才会消失；反之，在由注意缺失导致的感官错觉中，人们需要将注意力保持在中等水平，感官错觉才会消失。"例如，一些感官错觉只有在注意层级的低层才有可能出现。当完全的注意转向这些错误的感觉时，它们就会立刻消失。患者痛斥道：声音'是难以把握的'，是一种'地狱的幻象'（宾斯旺格）。其他的感官错觉（尤其是在渐渐消退的精神病中），只能在最清晰的注意中才能被体验到。当注意转向别的地方时，这些错误的感觉就会消失。……如果研究者通过让患者讲话与回答，使他们的注意力保持在较为中等的水平上，那么感官错觉就很少会出现；当注意力下降时（被放任的患者总是会有这种倾向），各种各样的错觉与场景的虚假知觉

---

[1] 参见 American Psychiatric Association, *Diagnostic and Statistical Manual of Mental Disorders: DSM-5. Fifth Edition*, p. 559。

[2] 参见 ibid., p. 710。

就会出现。反过来,当研究者迫使注意力聚焦到视觉领域中时,这个领域中就会出现大量的偶然错误。"①

2. 在心理由波峰来到波谷时,我们就会观察到意识萎缩(Bewuβtseinsschwankungen)。正常的意识萎缩发生于疲劳时,而病理的意识萎缩会发生于癫痫发作时;后者的萎缩幅度要远大于前者。癫痫会导致意识的完全中断。"患者突然不能回答、呆若木鸡、丧失理解力。过了一会(数分或数秒后),他们停了下来,然后马上重新开始。人们在事后非常频繁地查明:当时患者主要是在暗中留心和注意着他们充耳不闻的东西。"② 人们还会在精神病态、急性与慢性精神病患者那里观察到接近意识完全丧失的意识萎缩。"我感觉自己总是由意识丧失中回过神来,过了一会又陷入了意识丧失……在这期间,意识进一步地变异了。在无体验的意识缺失期间,仿佛出现了第二个意识。我把这第二个意识体验为我自己的其他时间延续。"③

3. 意识混浊包括各种形式的意识昏暗、混浊、窄化、空虚。这些意识混浊形式,会出现在强烈的感情、焦虑状态、重度忧郁、躁狂状态和疲劳状态下。这时,由于意识活动能力的大幅下降,人们很难提起精神和做出判断。病理性的意识混浊,最终会发展为慢性的异常意识状态。"临床上常用的是狭义('意识混浊'概念),指的是以知觉清晰度降低为主而没有附加症状(如精神运动性兴奋、言语不连贯、错觉幻觉、一过性妄想)的意识障碍。"④

---

① K. Jaspers, *Allgemeine Psychopathologie*, S. 117.
② Ibid., S. 119.
③ Ibid.
④ 许又新:《精神病理学》,第 183 页。

4. 在有些精神病理情况下，意识会进入超乎寻常的清晰和明亮状态中。这就是意识强化现象。施奈德认为，强迫状态中必然会有超强的意识清晰性。韦伯、荣格（Karl Jung）和陀思妥耶夫斯基都描述了作为癫痫发作先兆的、非同寻常的明亮意识。"脑中似乎燃起了火焰，生命的感觉与自我意识都提升了十倍。"①

但雅斯贝尔斯也认为，在某些非精神病理状态下，人们也会体验到超强的清晰意识。他认为，这种意识强化现象是非常神秘的。实际上，21世纪的科学也还没有能够完全解释清楚意识的强化现象，例如：人们在濒死状态下体验到的意识强化现象。"在生命回顾中，某人生命中每一个单独的细节都可以被再次经历……所有过去的事物似乎都被储藏起来了，而且一旦某人的心灵转向它们，它们就能被回忆起来。时间不再起作用：一切都存在于永恒的当下。时间与空间都是如此。……濒死体验期间所体验到的鲜活实在，非常不同于日常实在或梦。"②荷兰濒死体验研究专家范·劳美尔（Pim van Lommel）认为，强化意识的生理条件是由心脏骤停导致的人脑功能暂停，而根本原因是这时意识由粒子状态转为了波功能状态，定域意识转为了非定域意识。"在生命中，人们用感觉去进行知觉，而人脑起到了交界面的作用。在特殊情况下，人们会体验到独立于身体的非定域意识的无尽方面，而直接通过空间中的意识去进行知觉。这就是濒死体验。"③

---

① K. Jaspers, *Allgemeine Psychopathologie*, S. 120.
② 范·劳美尔：《超越生命的意识：濒死体验的科学》，徐献军译，北京：商务印书馆，2020年，第299—300页。
③ 同上书，第369页。

二、梦与睡眠

睡眠不是一般的生命进程，而是生命所必需的活动。人脑需要通过睡眠得到休息。长期的睡眠障碍（失眠、嗜睡、早醒等），经常会在抑郁症、躁狂症、双相情感障碍等精神疾病中出现。神经症患者进入睡眠的时间，也比健康人要长得多。睡眠时，意识会消散，但神经中枢仍在工作——呼吸、血液循环、新陈代谢、体温、腺分泌、对刺激的反应都会放缓或下降。我们可以区分深度睡眠与浅度睡眠。更能让人休息好的是深度睡眠。"睡眠的主要条件是外在刺激的最大化消除：昏暗、安静、心灵的平静、没有肌肉紧张的放松体位。所有刺激的排除会促进睡眠……在正常条件下，完全将刺激隔绝是不可能的。因此，疲劳材质越是降低了刺激性，人就越容易入睡。但这首先需要意识的额外自体暗示效应：我想睡着，我就会睡着。生理学预备与心理暗示因素都在起作用。"[1]

奥地利精神病学家与精神分析家海克尔（Friedrich Hacker）曾经对梦中的意识状态进行了系统的现象学说明。[2] 他的方法是：在超过一年的时间里，在从梦中醒来后，立刻记下他在梦中的意识体验是怎么样的。他发现梦中的意识体验有三个特征：(1) 梦中没有以下元素：对于过去的复现、已在事物的自明关系意识、真正的有意识活动、自我和对象的分立意识，因此人们会在梦中做出在清醒时完全不会做的事。(2) 梦中没有过去与未来，因此做梦的人只能

---

[1] K. Jaspers, *Allgemeine Psychopathologie*, S. 196–197.

[2] 参见 F. Hacker, "Systematische Traumbeobachtungen mit besonderer Berücksichtigung der Gedanken", *Archiv für die gesamte Psychologie* 1911, 21, S. 1–131。

生活在当下；日常心灵进程之间的联系也消失了，因此最异质的要素也会跳跃性地串联在一起。(3)梦中会出现清醒状态下完全没有的新表象，尽管这些表象似乎是幻觉或妄想，但它们具有如实在知觉那样的鲜活性。[①]梦中体验与现实体验最大的区别在于：做梦者在意识到自己在做梦时，甚至可以轻易地改变其在梦中所体验到的外在现实；而现实体验是与人对立的，很难改变。但是，做梦者与梦境似乎是一体的，而没有清醒状态下的自我与对象的分立性。

三、入睡、苏醒与催眠

入睡与苏醒是介于睡眠与清醒之间的中间状态。在卡尔·施奈德看来：入睡的体验是无结构的；自身的意识活动经过接受与服从而消散。越想要入睡，就越无法入睡，因为想要入睡是意识的活动，而想要入睡的意愿会强化意识的活动，从而使得意识很难消散。苏醒与入睡相反，是由无意识到有意识的唤醒过程。尽管将人唤醒的内容是多样的，但它完全是突然出现的。

催眠类似于睡眠，但又涉及意识状态的变化。催眠更像是一种为了心理治疗而进行的诱发睡眠。例如，在催眠状态下，遗忘症患者的记忆可以被唤醒。催眠充分体现了心灵对于躯体的深度影响，这种影响甚至会大到让人们以为这可能是骗局。但大量的证据表明，这种影响是真实存在的。"通过暗示说：敷上了一枚灼热的硬币，人的皮肤上会有暗示的发红和起泡，接着是形成疤痕、发烧、月经推迟；通过特定食物的暗示，会有特定的胃液分泌；通过暗示

[①] 参见 K. Jaspers, *Allgemeine Psychopathologie*, S. 121。

的感情和环境,新陈代谢会改变;催眠状态下虚假食物摄入时的胰腺分泌,可以治疗疣——这些部分地是在极少情况下才会发生的例外(因此仍然有争议,例如形成有疤痕的烧伤水泡),但部分地是容易且经常可以实现的效果。"[1] 正如雅斯贝尔斯所说,在通过自我暗示达到自我催眠的道路上,走得最远的是印度人——印度人将这种技术称为静虑或瑜伽。禅修者拉马(Swami Rama)曾经在美国曼宁格研究所接受科学检测。科学家们发现:拉马可以通过意念,去控制无意识的躯体进程。例如,在保持有意识的情况下,他可以诱发出每分钟超过300次的心跳,可以改变血压和体温,可以让脑电波进入深度睡眠模式。[2] 在催眠当中表现出来的心灵对于躯体的深刻影响,使得我们不得不去思考:躯体疾病当中是否都包含着心灵的影响呢?即使不是所有,但至少有相当多的躯体疾病是依赖心灵进程的,例如:昏厥与抽搐发作、器官的功能障碍、心灵性的原发躯体疾病(糖尿病、膜性结肠炎、哮喘等)、复杂的功能障碍(书写痉挛、排尿障碍、阳痿、阴道痉挛等)。[3] 心灵对于身体的影响(既包括对自己的身体,也包括对他人的身体)无疑是确切的,不乏文献记录了心灵对于世界的影响:根据中国古代流传下来的典籍(如:佛经),通过静虑或瑜伽,修行者甚至可以将自身与世界合一,而使世界发生如其所愿的变化,或对外物进行掌控——这就是神通。而现代人所知的特异功能(如:遥视、隔空取物等),只是一种与生俱来的、极其微弱的神通。然而,尽管说科学时代的人难以接受如神通这样

---

[1] K. Jaspers, *Allgemeine Psychopathologie*, S. 198.
[2] 参见范·劳美尔:《超越生命的意识:濒死体验的科学》,第138页。
[3] 参见 K. Jaspers, *Allgemeine Psychopathologie*, S. 199-204。

的心灵对于世界的直接影响,但是,通过技术手段实现的心灵对于世界的间接影响,是绝对难以被否认的——例如,通过核弹,人类可以对物质世界造成极大的破坏,而通过对原子能的利用,人类可以从物质世界中汲取难以想象的力量。唯一有趣的问题是:为什么现代人可以接受心灵对于世界的间接影响(科学技术),却无法接受心灵对于世界的直接影响(神通),从而将神通归为骗局?其实,科学技术也是一种神通形式,例如:飞机就是神足通的一种外化形式,而通信技术是天眼通和天耳通的一种外化形式。

四、精神病的意识变异

目前的 DSM-5 在谈及精神病中的意识变异时,基本上只涉及意识丧失,而不太关注在有意识与意识丧失两个极点之间的过渡状态。相比而言,雅斯贝尔斯对各种精神病(急性精神病、谵妄、癫痫等)中的意识变异状态有更为仔细的现象学区分。他主要区分了昏沉(Benommenheit)意识、混浊意识与变异意识。

昏沉意识是一种缺乏心灵进程的体验(知觉是昏暗的,思维活动也没有了)。"所有的心灵进程都是缓慢与困难的。与此相应的是:患者是无参与性的、麻木的、瞌睡的,并且没有自发性。当人们与患者交谈时,患者很难提起与维持注意。患者很难进行思考,非常疲乏,但在纯粹的情形下,又是有方向感的。患者容易进入无梦的睡眠,或者说作为昏迷与昏睡的、无法被唤醒的状态。"[1]

在混浊的意识(getrübtes Bewußtsein)状态下,尽管患者的心灵

---

[1] K. Jaspers, *Allgemeine Psychopathologie*, S. 122-123.

中仍有鲜活的进程(会有不实知觉,还会有幻想和感情),但心灵事件之间的联系不存在了。心灵事件的孤立化,导致了意识的崩溃。

在变异的意识状态下,尽管此时的心理是异常的,但心灵事件之间仍保有相对有序的联系。"有些状态持续数分钟到数小时,而这时的意识会发生深度障碍,因此涉事者就好像在脱离正常的观念循环中运转。在它们以及与它们相关的情感和意志激动的基础上,涉事者会做出与他思维的通常内容完全不同并且没有联系的行为。这时,进行联系以及在某种程度上采取正确行为的能力,仍然是存在的。"①

在完全的意识丧失之间,还有癫痫发作中的先兆意识状态。"外在世界消失了,内在的体验占据了主导地位,意识变得狭窄并且在一瞬间就于窄化中攀上明亮的顶峰;低落的快乐感摆脱开始时的焦虑,在清晰的思维中达到可怕与难以忍受的程度——意识丧失与发作的骤变就在这时出现。"②

五、幻想体验

意识状态的变异,在精神病的幻想体验中表现得特别丰富。精神病中的幻想体验具有六种相互矛盾的特征。(1)一些幻想体验会使意识变得混浊,但另一些幻想体验会使意识变得清晰(这时的体验与现实体验很接近);(2)一些幻想体验完全脱离了现实环境,但另一些幻想体验与现实环境是紧密相连的;(3)患者要么是他的幻想体验的旁观者,要么积极参与到他的幻想体验中(第一种体验像

---

① K. Jaspers, *Allgemeine Psychopathologie*, S. 123.
② Ibid.

是梦,而第二种体验则让人沉醉于其中);(4)幻想体验中的联系,摇摆于个别孤立的无序事件与具有连续性的有序事件之间;(5)幻想体验的内容要么具有丰富的感性内容,要么是完全苍白的(没有现实性);(6)幻想体验要么是完全统一的(患者只在他的精神病世界中),要么是对立的(患者同时处于现实世界与精神病世界中)。[①]

精神病的幻想体验是丰富多样的,尤其是急性精神分裂性精神病的体验。例如,在以下这个案例中,患者直观到了全新的意义、极乐的体验,并最终陷入了完全的意识混乱状态。"患者慢慢由抑郁与躁狂阶段进入精神病。在她从急性阶段恢复过来以后,她叙述了以下进程:'我流下了恐惧的眼泪,我完全在自己的外面,我朝远处爱我的人们呼喊。我觉得一切都围绕着我。但过了几分钟,我就忘了一切,并且喷涌而出的欢乐占据了主导地位。整个世界在我的脑中旋转,死亡与生命让我感到困惑,一切都围着我转。我很清楚地听到死者的声音,有时候是来自威尔海姆·X先生的声音。当我想到再次把重生的威尔海姆带到我的母亲那里时,我感到了难以描述的快乐(我失去了一个叫威尔海姆的哥哥)。……这个谜团对我来说太大、太混乱了,我又害怕又激动,我迫切地想要安静一下……我的哥哥吓人地向我走来,就像一座大理石雕像,他似乎完全不知道我在想什么……除了把我的状态比作喝香槟后的心醉神迷以外,我不能再做出更好的叙述了……此外还有更多的形象;我看到了一名异常美丽的女子。我觉得她像是圣女贞德,而且我必须为了爱人而战。我非常虚弱,但我仍有非人的力量。他们三个人都不能制住

[①] 参见 K. Jaspers, *Allgemeine Psychopathologie*, S. 124–125。

我，有时候我相信：他在用另外的方式战斗和影响他人。我不想空下来，我的精神力量的作用圈被封闭了，因此我想要使用我的躯体力量。我经常大哭，但我又不记得我曾哭过。我想要通过我自己的牺牲，让整个世界得到快乐，消除所有的误解；1832年是重要的预言年份，而我应该重视这一年。如果所有人都充满了像我一样的情感，整个世界必将变成天堂。我认为我就是第二个救世主，而我应该用我的爱让整个世界快乐与重要起来。我要为罪人祈祷，并去治疗患者，唤醒死者，从而擦干他们的眼泪。当我完成这些工作时，我首先会为此而快乐。……我最后的法文作品是《拿破仑在埃及》。我好像体验到了所有我曾经学过、听过与读过的东西。我认为，拿破仑现在从埃及回来了，但没有死于胃癌。我是一个令人惊讶的女孩，而且我眼中有拿破仑的名字。我的父亲也和他一起回来了。我的父亲是拿破仑的忠实崇拜者。日日夜夜都是这样，直到我被送到这里（精神病院）来……我让陪同我的人感到非常恐怖与痛苦，他们不会再放任我了，并且我也无法承受了。我撕碎了所有的东西，以便毫无保留地去进行抵抗。我撕掉蝴蝶结，因为人们经常称它为蝴蝶；我不想再拍打翅膀，并宣布我被囚禁了。我就像突然来到了陌生人当中，但您（对医生说）看起来像是一个众所周知的天才，就像我的兄弟一样可以让我无条件地信赖……您已经看到：后来我的状态是怎么变化的。我直到现在仍然感到非常陌生，所以我要费很大的劲才能让自己挣脱这个美梦，并让自己恢复理智。整个疾病在我的心境中留下了很多痕迹，而且我必须要承认一定程度上的力量丧失。我想说：我的神经已经精疲力竭了，我在与人类的交往中没有快乐，而且我也没有要做点什么的冲动、兴致与考虑。我的状态回忆太鲜活了,而没有留下巨大的沉淀。'"[1]

结　语

　　雅斯贝尔斯的现象学精神病理学是20世纪现象学与精神病理学对话的第一个重要成果。那么,在雅斯贝尔斯那里,现象学是否促进了精神病理学的发展呢?反过来问,精神病理学是否促进了现象学的发展呢?雅斯贝尔斯本人曾说,即使他没有认识胡塞尔,他的工作也不会有什么不同。这可以解释:雅斯贝尔斯对胡塞尔的引注是相当少的。雅斯贝尔斯所忠实的是现象学,而非胡塞尔的现象学(当然,雅斯贝尔斯在发展他的现象学方法时,确实参考了胡塞尔的现象学)。对雅斯贝尔斯来说,现象学不是某位哲学家的思想,而是一种在实际工作中可以运用的基本方法;现象学方法不是已经完成的,而是在生成当中的。不过,布伦塔诺和胡塞尔的现象学非常契合于雅斯贝尔斯的兴趣。布伦塔诺和胡塞尔至少为雅斯贝尔斯提供了确证和呼应,使他在学术道路上显得不那么孤单。实际上,雅斯贝尔斯在《普通精神病理学》的第一部分中发展出了一种独特的现象学形态。我们可以称之为现象学精神病理学,也可以称之为精神病理体验的现象学——这种现象学正好与胡塞尔所发展出的正常体验的现象学一起组成了更加完整的现象学。因此,雅斯贝尔斯的现象学精神病理学一方面极大地扩大了现象学的工作领域,另一方面也为精神病理学提供了更为坚实的方法论基础。换言之,在他那里,现象学与精神病理学开始表现出了良好的相互澄明关系。

---

[1] K. Jaspers, *Allgemeine Psychopathologie*, S. 128–129.

第四章 宾斯旺格:此在分析

在雅斯贝尔斯之后,对现象学精神病理学的发展以及现象学与精神病理学相互澄明关系的建立做出最大贡献的就是瑞士现象学精神病理学家宾斯旺格(Ludwig Binswanger,1881—1966年)。雅斯贝尔斯没有与胡塞尔、海德格尔等现象学家建立特别密切的个人关系。与之相反的是:宾斯旺格与现象学家们建立起了极为紧密的个人关系。宾斯旺格不仅身体力行地将现象学引入精神病理学,而且对现象学做出了创造性的发展。他可能是精神病理学家中最像现象学家的一个人。另外,由于宾斯旺格始终坚守在精神病理学实践(心理治疗)的第一线,所以他所发展出来的现象学精神病理学(他称之为"此在分析")更有说服力。

第一节 现象学在宾斯旺格精神病理学中的作用[①]

宾斯旺格出生于一个在1848年以后由德国迁入瑞士的家庭

---

① 参见徐献军:《宾斯旺格对于现象学的贡献》,载《同济大学学报(社会科学版)》2017年第5期,第2—9页。

（由于他的祖父参加了1848年的巴伐利亚革命），而这个家庭拥有心理治疗与研究的传统。他的祖父路德维希·宾斯旺格（Ludwig Binswanger）于1857年在瑞士克洛伊茨林根（Kreuzlingen）建立了拜里弗疗养院。他的叔叔奥托·宾斯旺格（Otto Binswanger）是德国耶拿大学的精神病学教授；奥托·宾斯旺格不仅是一种类阿尔茨海默氏症（即宾斯旺格病）的发现者，而且是尼采的治疗医生。[①]宾斯旺格就读的中学是德国康斯坦茨的文科中学和瑞士沙夫豪森的州立中学（他在那里学习了康德哲学）。他在瑞士洛桑、德国耶拿和海德堡大学就读的专业是医学。1907年大学毕业后，他在著名的精神病学家欧根·布劳伊勒（Eugen Bleuler）的指导下，在当时居于领导地位的瑞士苏黎世精神疾病专科医院做实习医生。尽管他曾经有机会获得大学教职（做布劳伊勒在苏黎世大学的继任者），但在1911年他还是选择回到了拜里弗疗养院做他父亲的继承者。他主持这个疗养院长达45年的时间（1911—1956年），并把这个疗养院变成了一个国际性的学术交流中心。弗洛伊德、胡塞尔、普凡德尔、舍勒、海德格尔、斯泽莱西、卡西尔（Ernst Cassirer）、布伯（Martin Buber）等人，先后访问了这里。[②]拜里弗疗养院是闻名欧洲的精神疾病治疗中心，而且有很多名人曾在这里接受治疗，例如：德国社会学家韦伯、德国演员古斯塔夫·古登（Gustaf Gründgens）、瑞士艺术家基希纳（Ernst Ludwig Kirchner）、俄国舞

---

① 参见 J. Reppen, "Ludwig Binswanger and Sigmund Freud: Portrait of a Friendship", *Psychoanalytic Review* 2003, 90(3), pp. 281–291。

② 参见 H. Spiegelberg, *Phenomenology in Psychology and Psychiatry: A Historical Introduction*, pp. 195–196。

蹈家尼金斯基（Valsav Nijinsky）。[1]

与上述哲学家们的亲身与书信交往，对宾斯旺格思想的发展产生了极大的影响。宾斯旺格没有简单地将他们的思想融合或折中起来，而是把他们的思想与精神病理学临床实践相结合，创造性地发展出了他独具风格的现象学精神病理学。20世纪40年代，他采纳了"此在分析"这个术语来概括他的整个现象学精神病理学理论与实践。"此在分析不是有关存在之本质条件的存在论，而是存在者理论，即对于实际呈现的存在形式与条件的陈述。在这种意义上，此在分析是一种有其自身方法与精确观念的经验科学，即具有现象学的精确方法及观念的经验科学。"[2]

一、临床实践与现象学的相遇

宾斯旺格接受的是精神病理学的训练，而且他在1907年就结识了弗洛伊德，并成为精神分析的最早皈依者之一。1909年，他在叔叔奥托·宾斯旺格开设于德国耶拿的诊所中，发表了精神分析的案例研究《癔症分析尝试》。[3] 他由精神分析转向现象学的特殊背景是：在1890—1920年间，精神病理学的发展进入了一个危机阶段。在这个阶段，由于自然科学进路暴露了它的一些局限性，所以

---

[1] 参见 R. Frie, "Interpreting a Misinterpretation: Ludwig Binswanger and Martin Heidegger", *Journal of the British Society for Phenomenology* 1990, 30(3), pp. 244-257。

[2] L. Binswanger, "Über die daseinsanalytische Forschungsrichtung in der Psychiatrie", in M. Herzog hrsg., *Ludwig Binswanger Ausgewählte Werke, Band III, Vorträge und Aufsätze*, Heidelberg: Roland Asanger, 1994, S. 232.

[3] 参见 L. Binswanger, "Versuch einer Hysterieanalyse", *Jahrbuch für psychoanalytische und psychopathologische Forschung* 1909, 1(1), S. 174-318; 1(2), S. 319-356。

它逐渐让位于更有解释性的进路，尤其是弗洛伊德、布洛伊尔（Josef Breuer）、克雷佩林与雅斯贝尔斯所主张的进路。[①] 宾斯旺格参与了精神病理学的方法论争论。他的研究出发点不是现象学，但他在对精神病理学基础方法的追求中，逐渐转向了现象学。

在没有接触现象学之前，宾斯旺格认为：精神分析是一种较为新式的，使用理解、移情与阐释等手段，去理解精神疾病患者主观体验的方法。他在精神分析上的工作，使他担任了瑞士苏黎世精神分析学会的主席。但他在1913年就开始意识到了弗洛伊德精神分析的局限性："只有那些具有良好道德素养、智力，以及35岁以下的人，才适用于精神分析。在疗养院当时的80个患者中，精神分析只适用于四五个人。"[②] 另外，精神分析对患者性问题的揭示（精神分析往往将患者的神经症归因于性的需求的受阻或固着），既让患者本人，也让科学家与公众感到难以接受。1959年，在谈及胡塞尔对他的影响时，宾斯旺格说：胡塞尔帮助他看到，精神分析最终是对精神疾病发生进程之先天或本质可能性的再解释，而不是原初解释。因此，精神分析不能作为精神病理学与心灵科学的最根本基础。宾斯旺格越来越倾向于认为：现象学可以作为这样的基础。[③]

另外，宾斯旺格的现象学转向也与20世纪初现象学精神病理学运动的兴起有关。1912年，斯佩希特（Wilhelm Specht）创立了《病

---

① 参见 W. Schmitt, "Das Modell der Naturwissenschaft in der Psychiatrie im Übergang vom 19. zum 20. Jahrhundert", *Berichte zur Wissenschaftsgeschichte* 1983, 6(1), S. 89–101。

② S. M. Lanzoni, *Bridging Phenomenology and the Clinic: Ludwig Binswanger's Science of Subjectivity*, Cambridge, MA: Harvard University Press, 2001, p. 92.

③ 参见 L. Binswanger, "Dank an Edmund Husserl", in H. L. Van Breda hrsg., *Edmund Husserl, 1859—1959*, Hague: Martinus Nijhoff, 1959, S. 67。

理心理学杂志》(*Zeitschrift für Pathopsychologie*)。杂志的编委会成员包括：柏格森、让内（Pierre Janet）、克鲁格（Felix Krueger）、屈尔佩（Oswald Külpe）和闵斯特柏格（Hugo Muensterberg）等。为了让精神病理学恢复活力，斯佩希特致力于寻找人脑中心——还原主义进路与精神分析的替代进路，而他强调了布伦塔诺、胡塞尔与舍勒的现象学对于病理心理学的可能贡献。[1]更为重要的影响来自雅斯贝尔斯：他在1912年就明确提出了精神病理学的现象学进路；他在1913年发表的《普通精神病理学》，更是现象学精神病理学研究开始的标志。[2]

宾斯旺格从1913年开始阅读胡塞尔的《逻辑研究》，并且很快将现象学用作有用的心理学工具，即悬搁理论（尤其是自然科学的理论）构造，而将注意力放在纯粹意识体验上的描述进路。当然，他也不是一步就走到了胡塞尔那里。他说，他的工作任务是"为精神病学家们在心理学和心理治疗方面的知觉、反思以及临床实验奠定基础"[3]。尽管传统的精神病理学是包含自然科学、心理学与精神医学等的综合科学，但宾斯旺格越来越倾向于认为：自然科学对于精神疾病本质的揭示是非常不充分的。因此，他力图在非自然科学的哲学基础上，构造出新式的主观性科学（即普通心理学）。除胡

---

[1] 参见 W. Specht, "Zur Phänomenologie und Morphologie der pathologischen Wahrnehmungstäuschungen", *Zeitschrift für Pathopsychologie* 1914, 2(1), S. 1-35, 121-143, 481-569。

[2] 参见K. Jaspers, "Die phänomenologische Forschungsrichtung in der Psychopathologie", S. 391-408。

[3] L. Binswanger, *Einführung in die Probleme der Allemeinen Psychologie*, Berlin: Springer Verlag, 1922, Vorwort.

塞尔的意向性理论以外，他还参考了：斯图普夫的功能心理学、布伦塔诺的心理活动理论、李普斯的有意识体验理论、纳托普（Paul Natorp）的重构心理学、舍勒的同情感现象学。这些哲学理论都聚焦于一个问题，即如何去把握他人的意识体验。这些哲学思想引起宾斯旺格浓厚兴趣的原因是，他的临床治疗工作，与雅斯贝尔斯的一样，迫切地需要理解患者主观体验的方法。

1922年，宾斯旺格在面向瑞士精神病学协会所做的《论现象学》报告中，提出了现象学在临床实践中的系统使用。他的讲座的主要目的是要指出：舍勒的内知觉以及胡塞尔的本质直观可以有效地呈现精神疾病现象，并帮助医生掌握精神疾病体验的本质。[1] 在他的讲座之后，另一位现象学精神病理学家闵可夫斯基陈述了心理学与现象学的忧郁型精神分裂案例研究。[2]

在讲座中，宾斯旺格首先用马尔克（Franz Marc）和凡·高的表现主义绘画来阐释现象学直观。马尔克画出了自然中不存在的马（1911年的作品《蓝马》），因为他直观到了超越个体或生物种属的马的本质或一般性的马。宾斯旺格认为，马尔克所画的马就体现了美学模式下的现象学直观（或现象学美学）。他还认为，凡·高的作品《被风吹歪的树》可用于解释胡塞尔的范畴直观。宾斯旺格认为，凡·高通过使用范畴直观，在嫩绿的谷物与沉睡的孩子之间找到了

---

[1] 参见 L. Binswanger, "Über Phänomenologie", *Zeitschrift für die gesamte Neurologie und Psychiatrie* 1923, 82(1), S. 10–45。

[2] 参见 E. Minkowski, "Etude psychologie et analyse phenomenologique d'un das de melancolie schizophrenique", *Journal de psychologie normale et pathologique* 1923, 20, pp. 543–560。

共同的东西（范畴直观以感觉为基础，但又超越了感觉）。

他又从数学与几何学出发，提出了他对胡塞尔本质直观的解释。在他看来，胡塞尔的本质直观方法就是对个别案例的普遍性的把握。上述美学、数学与几何学的直观案例，为现象学精神病理学提供了启示。在宾斯旺格看来，现象学精神病理学不能达到数学的绝对一般性，也不同于更为主观化的艺术感觉，但他认为本质直观是可用于精神病理学的有效工具（它可以帮助精神科医生去把握各种精神障碍的本质）。

宾斯旺格强调，现象学的本质直观不同于神秘的灵光一现，而是由大量可进行主体间交流的步骤组成的。探寻本质的过程，就是由个别的体验事实到更清晰与更纯粹本质的过程。对精神病学家来说，这意味着对个案的特殊投入，或将自身转入患者所陈述的意义世界中。宾斯旺格对他的听众们说：现象学方法是一种源于精神科学（Geisteswissenschaften）传统的科学。现象学精确地直观到了意识内容，并区分了概念，因此它可以提供有关意识本质的知识。现象学方法作为科学心理学与精神病学的基础，可以让人们更清晰地理解精神障碍的本质。

为了解释如何将现象学方法用于临床精神病学，宾斯旺格例举了他与幻听患者的对话。患者说："不，我没有听到讲话声，但今晚演讲厅开了，而我想去把它关上。"[1] 宾斯旺格首先展示了自然科学、描述精神病理学以及精神分析进路的解释，以便与现象学进路相比较。自然科学家会将注意力放在患者的用词上，并判断出：这是一

---

[1] L. Binswanger, "Über Phänomenologie", S. 32–33.

种奇怪或异常的说话方式,而结论就是患者得了精神分裂症。描述精神病理学家会发现:患者产生了许多视听幻觉、梦一般的意识状态、精神分裂症的体验,然后他们会在此基础上将异常的心理事件组织成等级化的自然种属系统,以便与健康心理做比较。精神分析学家会关注这个事实:演讲厅幻觉对患者有中心意义,正如患者将父亲作为说话者那样;据此来看,演讲厅不只是声音幻觉,而且是复杂的幻觉与妄想体验;它描述了患者的重要行为或场景(恋父情结)。

与上述三种进路相对,现象学精神病理学家会继续尝试复现患者的表达意向,并从词语及其意义转向对象、事物、体验。相比于去获取精神分裂症的一般本质,宾斯旺格更感兴趣的是理解患者的人格。他宣称:在他沉浸于患者的演讲厅体验中时,他可以"看到"一个在努力与黑暗的非物质力量斗争的人,因此患者就活在一个与他人完全不同的世界中。对患者来说,演讲厅体验就是他的一种生活方式,即他总是在仔细考虑紧迫的事情。①

在确立他的此在分析之前(1931年前),尽管宾斯旺格对现象学精神病理学有零星的应用,但他没有完全用现象学方法去进行个案研究。一直到他吸取了海德格尔此在分析学中的"此在"概念,他才真正把现象学方法(即此在分析)视为他成熟的精神病理学研究的关键工具(当然是与他作为精神科医生的特殊能力相结合的)。

二、基于海德格尔"此在"概念的此在分析

尽管早期胡塞尔(《逻辑研究》《纯粹现象学与现象学哲学的观

---

① 参见 L. Binswanger, "Über Phänomenologie", S. 42–45。

念》时期)与舍勒使宾斯旺格认识到了现象学直观与意向性意义分析在精神病理学中的重要性,但宾斯旺格仍然尝试寻找一种更具体的工具,使他可以去理解临床个案的人格性体验实在。他首先在海德格尔的《存在与时间》中,找到了可以用于理解精神疾病患者所展现的在世界中存在之结构变异的工具。在用海德格尔的"此在"概念取代传统的心理认知概念之后,他建立起了他自己的、作为此在人类学的现象学精神病理学(即在精神病理学的临床案例中,去探索人类的"此在")。

根据海德格尔的此在分析:"此在的'本质'在于它的实存(Existenz)。因此,这些可以在存在者身上体现出来的性质,都不是'看上去'如此这般的现成存在者的现成在手'属性',而是去存在的种种可能方式,并且仅此而已。"[1] 海德格尔将此在的存在规定称为"在世界中的存在"(In-der-Welt-sein)。[2] 在这种思想的影响之下,早期宾斯旺格的封闭在自身意识中的内在自我(即精神分析的内在自我),让位于在世界中的自我。海德格尔本人也在一定程度上意识到了他的思想的病理学价值:"以病理显现为例:它指的是身体上出现的某种变异;它们显现着,并且在这一过程中,它们作为显现的东西,揭示了某种本身没有显现的东西。"[3] 对宾斯旺格来说,海德格尔的此在分析学可以帮助他认识患者的存在。"在这个案例中,思维奔逸(Ideenflucht)要作为实存人类学现象,从存在性观念的方面得到检查,因此必须掌握这种现象的呈现,并从其

---

[1] M. Heidegger, *Sein und Zeit*, S. 42.
[2] 参见 ibid., S. 53。
[3] Ibid., S. 29.

本身去(如其所是地去)理解它。这就是所有现象学方法的基本特征。"[1] 宾斯旺格的此在或者说存在论转向,不是孤立的事件。实际上,与他同时代的精神病理学家雅斯贝尔斯、闵可夫斯基、斯特劳斯、冯·葛布萨特尔也表现出了实存主义的风格,尽管他们没有像宾斯旺格那样明确采纳海德格尔的此在分析学。

1931 年,宾斯旺格首先将此在分析应用于对躁狂症案例的系统研究(即对思维奔逸的研究)。[2] 在他的第一个躁狂症研究中,宾斯旺格检查了躁狂症患者写给疗养院工作人员以及亲属们的信件。他认为,患者潦草的笔迹、错误的语法以及交流的意图,都指示了一种私人的存在世界,但是患者没有进入或离开这个世界的自由。因此,宾斯旺格将思维奔逸看作独特的人类存在方式的表现。与之形成对比的是:生理学将思维奔逸的语言现象看作功能障碍,而心理学将它理解为联想障碍;在生理学与心理学中,患者的语言都只是潜在神经机制障碍的表现症状。但在此在人类学中,每个症状都是高度复杂结构的一部分。"如果我们用海德格尔的在世界中的存在去进行把握,而且将这种在世界中的存在解释为操心,那么我们必须从操心的存在论结构整体去理解和研究思维奔逸。"[3]

宾斯旺格在他的思维奔逸研究中,将注意力集中在了一名躁狂症患者的两封信与另一名患者的胡言乱语上。换言之,他提取了患

---

[1] L. Binswanger, "Über Ideenflucht", in M. Herzog hrsg., *Ludwig Binswanger Ausgewählte Werke, Band I, Formen Mißglückten Daseins*, Heidelberg: Roland Asanger, 1992, S. 215.

[2] 参见 L. Binswanger, "Über Ideenflucht", *Schweizer Archiv für Neurologie und Psychiatrie* 1931-1933, 27(2), 28(2), 29(1-2), 30(1)。

[3] L. Binswanger, "Über Ideenflucht", S. 215.

者日常语言的一小部分,并把它们放在存在显微镜下进行观察。躁狂的存在风格就是与事物及他人交互的贫乏,或者用海德格尔的话来说,是操心的贫乏,因为操心是在世界中存在的意义根源所在。然而,宾斯旺格不满足于单纯地将躁狂的存在风格解释为操心的贫乏,他还致力于阐明在病理生活中所表现出来的新的存在形式。患者想要解决她母亲的照料问题的努力,表现了躁狂存在风格的跳跃性;她忽略了这个事实:女管家已经照顾她母亲很多年,并且她自己不能长时间地照料母亲。在这里,患者表现出了不受限制的乐观主义(这是一种健康人在梦中转瞬即逝的状态)。这种过分乐观的存在架构,进一步释放出了具体的躁狂体验。在这里,宾斯旺格提出了他的现象学精神病理学与其他精神病理学的差异,即他的目标不只是分析具体的疾病症状或体验,而且是对"先于并且构成了在世界中存在之世界整体的、构造性的、先天的结构要素"[1]的现象学活动与体验进行分析。这也正是闵可夫斯基、斯特劳斯、冯·葛布萨特尔等现象学精神病理学家的共同点,即他们不满足于只从现象学出发去分析精神病理体验,而是想要掌握让精神病理体验得以可能的、更大的意识活动结构。他们认为,正是这些使精神病理体验得以生成的结构,才是精神病理学的真正目标。

宾斯旺格转向了一个更大的背景(现代社会),去寻找精神疾病(病理单子)的根源。在他看来,不只是精神疾病患者生活在不同于健康人的世界中,而且每个人都生活在彼此不同的世界中。在这里,他显然还受到莱布尼茨单子论哲学的影响。精神疾病象征着

---

[1] L. Binswanger, "Über Ideenflucht", S. 174.

现代人的一般困境，即缺乏在共同社会中找到真正意义根基的可能性，因此个体只能求助于单子主体性。精神病理主体的孤独（即精神病理体验的难以理解性；健康人无法理解精神疾病患者为什么会那么想、那么做），就是现代单子个体困境的极端形式。"现代自我不能在外在的、物质的、经济的和技术的反思中找到自我……要成为现实的本真自我，人必须清除外在世界的影响，以便发现和遵循本身的、深刻内在的存在关注。……宾斯旺格倡导摒弃短暂的、肤浅的活动，以便回到投入深度意义活动中的本真自我。"[1]

宾斯旺格发现，精神病患者缺乏的是独立的、创造性的和自我驱动的自我构造能力，而这种自我构造能力是使心理成为可能的因素。因此，患者困在了他的病态存在结构所导致的病理体验中，而无力改变。或者说，精神疾病是本真自我丧失的极端表现。因此，躁狂症患者尝试在混乱的喋喋不休中去寻找核心的意义或统一性，但他们总是无法成功。此在人类学就是要帮助患者去找到本真的自我，但它不能确保最终成功，因为从海德格尔的存在论来看，只有个体本身才能达到本真性，而不是由他人（医生）将本真性给予个体。

本真性的贫乏使得患者被"世界化"（Verweltlichung）[2]了，即让自己被世界所规定。在对沃斯（Lola Voss）的精神分裂症案例研究中（1949年）[3]，宾斯旺格发现患者沉溺于大量的强迫性穿着

---

[1] S. M. Lanzoni, *Bridging Phenomenology and the Clinic: Ludwig Binswanger's Science of Subjectivity*, p. 219.

[2] 参见 M. Heidegger, *Sein und Zeit*, S. 65。

[3] 参见 L. Binswanger, *Schizophrenie*, Pfullingen: Neske, 1957, S. 355-357。

以及进行仪式中。患者又由强迫转向了全面的妄想,因为她丧失了本真自我,而不得不屈从于异己的力量。这个案例就是本真自我丧失的典型。对社会群体与大众的否定性评价,正是一种存在主义哲学的观点。宾斯旺格接受了海德格尔的这个观点:与大众的共同生活,不能为个体提供最深刻、最内在的本真意义。"沉沦(Verfallen)……多半有消失在常人的公众意见中这一特性……非本真状态(Uneigentlichkeit)不是指不再在世之类的状态。它倒恰恰构成了一种别具一格的在世。这种在世的存在,完全被'世界'以及在常人中的他人共在所掳获。"[1]

宾斯旺格认为:海德格尔所描述的涣散的、失落的、沉沦的常人(现代自我),就是对他的精神疾病患者的最好注解。现代社会中让个体不再独立和深入思考的旋涡(Wirbel)运动,就是精神疾病的可能性根源。"跌落到常人的非本真的无根基状态中去。这种运动方式不断地把领会从各种本真的可能性投射中拽开,同时把领会拽入安定的自以为占有一切或一切都可得到的妄想之中。因为这种领会持续地远离了本真性,并陷入了常人之中(尽管总是在本真性的羞耻之中),而沉沦的运动就以旋涡为标志。"[2] 因此,精神病患者不只是患者,也是碎片化的现代人的极端案例。现代人不能在现代世界的虚幻实在中找到真实,就只能陷入自我与自我、他人及世界的矛盾冲突中。对真实的远离,造成了精神疾病患者的迷惑与混乱。

---

[1] M. Heidegger, *Sein und Zeit*, S. 175–176.
[2] Ibid., S. 178.

三、对癔症的哲学治疗

宾斯旺格在此在分析的基础上,进一步发展出了他的哲学治疗学。换言之,他的此在分析不只是要帮助医生去理解患者的存在结构,而且要帮助患者摆脱病态的世界设计。在20世纪30年代早期,他在疗养院使用的主要治疗方式是:共情、权威和友谊。[1] 医生首先尝试通过共情,进入患者的私人世界中;有时候,医生还要运用权威,将患者强行带入更大的世界中;医生与患者之间的友谊,或者说良好的医患关系,也有助于治疗的达成。在这种治疗模式中,现象学的主体间性观念起到了很大的作用。宾斯旺格强调,个体存在不只是单子式的自我存在,也是主体间性的存在。换言之,自我的构造是在主体间完成的。病态的自我世界,要通过正常的主体间性构造(在海德格尔的共在意义上),才能得到修正。

在1934年的"论心理治疗"讲座中,宾斯旺格通过一例癔症的治疗案例,阐释了他的哲学治疗学。在这里,他描述了医生与患者世界之间的交互动力学。他的此在分析,由精神分析的内在个体结构(自我、本我、超我),转到了现象学心理治疗的交互结构(即由患者的内在世界,转到了主体间或共在世界)。他重新解释了医患关系的意义;医患之间的非工具性(不是为了获得特定目标的)交流超越了精神分析中的移情关系,而且可以扩展到各种治疗实践中。

患者是一名26岁的意大利女性。她于1929年来到拜里弗疗

---

[1] 参见 S. M. Lanzoni, *Bridging Phenomenology and the Clinic: Ludwig Binswanger's Science of Subjectivity*, p. 278。

养院；住了两个月后，她在得到改善后离开了；然后，在冬天又回来住了两个月。最终，她被治愈了。她曾受过良好的教育，并且有广泛的阅读。在她15岁时，她开始十分大声地说话，并被诊断为癔症。宾斯旺格首先给她开了泻药，以进行通便治疗。他说，这是为了让她把压力排放到胃部，并使她在身体与情绪上放松下来；然后，他开始尝试去了解患者生命史的细节。患者讲述了她与母亲的关系，尤其是她在18岁以后就不再爱母亲了——因为她爱上了一名年轻的军官，但母亲坚决反对他们在一起。患者认为，疾病发生进程中的关键时刻是：她母亲阻止她去参加舞会，而她正准备在那里见到爱人。从那时开始，一系列头痛与其他身体疾病就开始出现了。

在这里，宾斯旺格提出了一个问题：医生是应该袖手旁观（弗洛伊德的主张是坚持中性的立场，只是倾听，甚至不加解释），还是进行干预（干预意味着一种现象学的共在）呢？他认为，医生应该带着对于患者的真正关切进入医患关系中，而不能把患者当作一个单纯的客体或被分析者。① 因此，他在患者不知情的情况下，给她母亲写信。他向她的母亲解释：患者对军官的爱与对母亲的爱发生冲突，而这种冲突正是她的致病因。他还写信给军官，询问他对于患者的感觉。在确定军官确实对她有意后，他要求军官不仅要给患者写信，还要给她的家人写信。

宾斯旺格说，他的这种干预行为正是源于新的医患关系或交往。"我们不能如传统精神分析师所认为的那样，只把这种交往理

---

① 参见 L. Binswanger, "Über Psychotherapie", in M. Herzog hrsg., *Ludwig Binswanger Ausgewählte Werke, Band III, Vorträge und Aufsätze*, S. 211。

解为复制,或者在积极的情况下,把这种交往理解为移情和反移情……患者与医生之间的关系总是独立的交往、新颖的命运联系,而不只是医患关系,而且首先是在真正的共在(Miteinander)意义上的伙伴关系。"①

四、宾斯旺格对之后现象学精神病理学的影响

宾斯旺格不同于传统的学院派思想家,因为他从来没有在任何大学任教。但他对德国及瑞士的大学产生了越来越大的影响。受他影响的人包括:曼弗雷德·布劳伊勒(Manfred Bleuler)、韦尔希(Jakob Wyrsch)、博斯、库恩(Roland Kuhn)、海夫那、基斯克、特伦巴赫、布兰肯伯格等。②曼弗雷德·布劳伊勒是著名的精神病学家欧根·布劳伊勒的儿子和实际继承人,他对宾斯旺格的此在分析持同情的态度。

对瑞士的精神病学家们来说,他们对现象学的关注,在很大程度上源于宾斯旺格的介绍。对于博斯来说,情况尤其如此。博斯和宾斯旺格有一样的教育背景(他们都曾在苏黎世的布尔格霍尔茨利医院实习,而且博斯一开始也对精神分析持同情态度)。博斯承认,宾斯旺格首先让他注意到了海德格尔,尽管他从来都不满意于宾斯旺格对海德格尔此在分析学的应用。"二战"结束后,博斯不仅与海德格尔建立起了比与宾斯旺格更为紧密的关系,而且也吸纳了海德格尔最终的哲学。在博斯的组织下,70岁的海德格尔参加了他

---

① L. Binswanger, "Über Psychotherapie", S. 215.

② 参见 H. Spiegelberg, *Phenomenology in Psychology and Psychiatry: A Historical Introduction*, pp. 104–105。

们联合举办的、面向精神病科医师的佐利克研讨会。在超过10年的时间中,海德格尔每学期都要从德国前往苏黎世一到三次。

宾斯旺格本人认为,对他的工作的最具创造性的发展来自德国海德堡大学的精神疾病专科医院。[①]自雅斯贝尔斯以来,这家医院就是现象学精神病理学的大本营。因此,从20世纪50年代开始,这家医院的三个年轻人海夫那、基斯克和特伦巴赫以富有想象力的方式实践了宾斯旺格的此在人类学。在斯皮格尔伯格看来,海夫那可能是最接近宾斯旺格的人。海夫那与宾斯旺格一样,都认为胡塞尔现象学能够为精神病理学提供实际的基础。在他们之后,现象学精神病理学的世界性权威布兰肯伯格同样深受宾斯旺格的影响。在宾斯旺格看来,精神分裂的本质是"自然体验连续性的中断"。"自然体验就是我们与事物、环境、他人(我们在与环境及事物的日常交往中遇到他人)以及我们自己和谐共存的体验,简言之,就是'居留'(Aufenhalt)(海德格尔)的意思。这种居留在事物或环境中的直接性,表现为我们能让一切顺其自然。然而,这种顺其自然不是自明或简单的活动,而是某种非常正面和积极的活动。"[②]布兰肯伯格进一步发展了宾斯旺格的这种思想,而把精神分裂症中的核心变异称为"自然自明性的失落"(Verlust der natürlichen Selbstverständlichkeit)。这种失落源于四个方面的变异:(1)患者与世界关系的变异(先验构造或被动发生能力的丧失),(2)患者时间构造的变异(过去、现在和未来连续性的断裂),(3)患者自我构

[①] 参见 H. Spiegelberg, *Phenomenology in Psychology and Psychiatry: A Historical Introduction*, pp. 105-107。

[②] J. Needleman ed., *Being-in-the-World*, New York: Harper and Row, 1968, p. 252.

造的变异(自立的缺乏或自我的虚弱),(4)主体间性构造的变异(共感的丧失)。[1]

结　语

通常,人们都将宾斯旺格看作现象学精神病理学的开拓者或者奠基者。但如果说在一开始的时候,他还明确将现象学与精神病理学相区分,那么在他的晚年,这种区分就变得非常模糊了。尤其是在他的最后一本著作《妄想——论现象学与此在分析研究》中,他已经不再像过去那样有意识地将现象学应用于精神病理学,而是不再区分二者了。"'现象学描述'这个词,指的不是妄想的'体验模式'……而是对妄想体验的构造与发生的现象学结构及其关联的描述。"[2] 在这个时候,他已经很自然地认为:对妄想的病理研究,就是对妄想的现象学研究。斯皮格尔伯格曾经提出这样一个问题:现象学必须是哲学吗？[3] 显然,宾斯旺格的回答是否定的。现象学也可以是一种精神病理学研究。宾斯旺格不是学院意义上的现象学家,但他确实是实践意义上的现象学家,因为他用他的一生向人们展示了可以怎么去做现象学精神病理学,并在这么做时,在现象学与精神病理学之间建立起一种相互澄明的关系。

---

[1] 参见 W. Blankenburg, *Der Verlust der natürlichen Selbstverständlichkeit*, Berlin: Parodos Verlag, 2012, S. 102-150。

[2] L. Binswanger, *Wahn. Beiträge zu seiner phänomenologischen und daseinsanalytischen Erforchung*, Tübinen: Neske, 1965, S. 36.

[3] 参见 H. Spiegelberg, *Phenomenology in Psychology and Psychiatry: A Historical Introduction*, p. 366。

第二节　宾斯旺格对海德格尔实存现象学的创造性解读[①]

宾斯旺格的此在分析不只是一种精神病理学进路，也是一种现象学哲学进路。尽管宾斯旺格不是一名专业的哲学家，但他在与海德格尔的亲密交流以及自身的现象学精神病理学实践的基础上，发展出了对于海德格尔《存在与时间》的创造性解读——爱的现象学。爱的关系就是我和你之间的平等互惠关系，而且个体自我的本真状态就是在这种关系中实现的。宾斯旺格的这种解读不仅与现代的主体性哲学一脉相承，而且为心理治疗提供了更为扎实的哲学基础——心理治疗师对于患者或来访者的超越肉体的、全心全意的爱，是患者或来访者获得疗愈的关键要素（这种爱很像是佛教里所说的"慈悲"）。在宾斯旺格那里，现象学与精神病理学呈现出了相互澄明的良好关系。

海德格尔的存在论是令人生畏的，对中国的研究者们来说尤其如此。首要的困难就是语言理解上的困难。海德格尔是用德语写作的，而在转译为中文时，就出现了巨大的困难。海德格尔不仅喜欢在非日常的意义上使用语词，而且喜欢使用新造词。仅"Dasein"一词，就让读者们黯然神伤。陈嘉映先生在《存在与时间》的中译本中将之译为"此在"，并且这种译法已经在学术界通行。熊伟先生和王庆节先生将之翻译为"亲在"，张祥龙先生将之翻译为"缘在"，而靳希平先生将之翻译为"此在"。由于《存在与时间》中译

[①] 参见徐献军：《宾斯旺格现象学精神病理学对海德格尔存在论的发展》，载《浙江社会科学》2020年第4期，第108—115页。

本的广为流传,"此在"似已成为通行译法。我们暂时也采用了"此在"这一译法。但随着对海德格尔的存在论钻研愈多,我们发现这一译法仍然是有些问题的。"Dasein"一词,在德语中具有动态的意蕴,而"此在"的译法容易让人产生静态的理解。实际上,"Dasein"表达的是:人超越自身的现成状态,而达到未曾有状态的特性。其次,更大的困难在于思想理解上的困难,即海德格尔到底想要阐述一种什么样的哲学思想?海德格尔很想要表达但又很难表达出来的东西是什么呢?即使人们费尽周折地去阅读海德格尔的原著(不论是德文原著还是中译本),最后往往还是无功而返。

有意思的是,宾斯旺格在临床实践中发展出来的对于海德格尔存在论的创造性解读(包括此在分析与爱的现象学),不仅具有重要的心理疗愈价值,而且有助于人们更深入地理解海德格尔存在论的实存意蕴以及局限性。尽管宾斯旺格从事的职业是精神科医生,但他不只是医生,也是一批欧洲思想家中的核心人物——他们致力于弥合哲学、精神病理学与精神分析之间的鸿沟。宾斯旺格与胡塞尔、海德格尔、舍勒、普凡德尔、弗洛伊德、布伯之间的友谊关系,反映了他非常广泛的理论兴趣。一开始,他是弗洛伊德精神分析理论的忠实信徒。但他又不满于弗洛伊德的冲动理论和心灵模型所根植其中的自然科学理论。他想从整体上理解和解释人类本身,而不是简单地将人理解为由冲动等各个部分构成的自然物体。胡塞尔让他看到了在自然科学思路以外来充分理解和解释人的可能性。[1] 但海德

---

[1] 参见 R. Frie, "Interpreting A Misinterpretation: Ludwig Binswanger and Martin Heidegger", pp. 244-245。

格尔在《存在与时间》中超越胡塞尔的尝试,对他产生了更为直接的影响。胡塞尔促使宾斯旺格由客观知觉(物理的知觉)转向了范畴知觉(日常的知觉);而海德格尔促使宾斯旺格对精神疾病经验的理解,由内向的维度转到了外向(世界)的维度。[1]

一、宾斯旺格与海德格尔的个人交往

宾斯旺格与海德格尔的个人交往,以及宾斯旺格特殊的现象学精神病理学临床实践,是宾斯旺格能够对海德格尔做出创造性解读的基础。宾斯旺格与海德格尔是由于胡塞尔的中介而建立起联系的。1928年10月,海德格尔写信给宾斯旺格,问他是否愿意为胡塞尔的半身像捐款,以庆祝胡塞尔的70岁生日。宾斯旺格热情地回答他是愿意的,并希望可以结识海德格尔。于是,两人于1929年在海德格尔的法兰克福演讲中首次会面。海德格尔随后写信说,希望两人能有更多的机会进行哲学交流,而宾斯旺格回信邀请海德格尔到他的疗养院度假(两人还发现他们是同一所文理中学的校友)。[2] 他们的书面通信有三十多封,如今保存在德国图宾根大学的宾斯旺格档案中。二人频繁的书信交流表明,即使后来产生了很大的分歧,但他们在思想上仍是可以相互理解的。

宾斯旺格发现,对《存在与时间》的阅读对他所从事的现象学精神病理学工作有着基本的方法论意义,并且能够为其提供新的概

---

[1] 参见 J. H. van den Berg, *A Different Existence: Principles of Phenomenological Psychopathology*, Pittsburgh: Duquesne University Press, 1972, pp. 129-130。

[2] 参见 R. Frie, "Interpreting A Misinterpretation: Ludwig Binswanger and Martin Heidegger", p. 246。

念基础。宾斯旺格认为,人去成为(sein)的所有具体的方式,就是人类实存的基本结构的变种或实现;精神疾病也就是人类实存的一种具体方式,并且只有作为海德格尔所说的"在世界中存在",才能得到更好的理解。这里所说的"更好",是相对于自然科学或精神分析的机械式理解而言的。

"在世界中存在"指的是什么呢?为什么这个哲学术语能够引起宾斯旺格以及其他现象学精神病理学家如此大的兴趣呢?在传统哲学中,笛卡尔将人类构想为无关联的思维实体——"我思故我在"意味着:人类主体可以是与他人、事物、世界毫无关联的孤立存在;这直接造成了主客分裂,即主体与世界、主体与他人的分裂。宾斯旺格追随海德格尔,将这种分裂称为心理学的毒瘤。"海德格尔在作为超越的在世界中存在里,不仅回溯到认识的主客分裂之后,不仅取消了自我和世界之间的鸿沟,而且确立了超越的主体性结构。他为对人类存在及其特殊存在模式的科学探索开启了新的理解视野,并注入了新的推动力。"①

宾斯旺格想要追问的是人的整体存在,而非自然科学所探寻的人的基本元素(基本知觉或基本感觉)。人本身就是一种整体,而非元素的集合。宾斯旺格相信海德格尔的此在分析学可以帮助他来追问人的存在。尽管他从事的是具体科学(即精神病理学),但他想要了解的是整体的人类意象。宾斯旺格将对在世界中存在的具体方式的结构分析,称为"此在分析"。主流的精神科医生是生物学

---

① L. Binswanger, "Über die daseinsanalytische Forschungsrichtung in der Psychiatrie", S. 234.

导向的,并且对人进行的是自然科学式的理解;但宾斯旺格将患者看作伙伴(Mitmenschen)。这就需要不同于自然科学的"实在"概念——先于主客二分的、非物理导向的"心灵实在"概念。在这一背景下,宾斯旺格不把精神疾病视为脑的疾病,而是视为超越的、在世界中存在的结构性改变。例如,自闭症就是这种存在结构的收缩。正如宾斯旺格所说,海德格尔的此在分析学为所有的精神科医生提供了相对于自然科学或精神分析来说的新基础。在此在分析的视野中,医生要通过患者与其世界的关系以及患者对其世界的构造来理解疾病本身。患者的实存方式,也就是人类实存的一种特殊表现(即海德格尔所说的非本真状态)。[1]

尽管宾斯旺格与海德格尔的学术交流让两人都感到愉快,并且宾斯旺格一度在"二战"结束以后海德格尔的困难期对他进行了资助,但随着宾斯旺格个人思想的发展,二人的分歧也越来越明显。1944年2月,宾斯旺格在他的巨著《人类此在的基本形式与认识》出版之际写信给海德格尔:"当您查看它时,我想请求您的宽容,并希望您会看到我反复强调的您的纯粹存在论意图与我的人类学努力之间的区别。如果您承认我已经借用了人类学从存在论问题中获得的新'动力',我将感到满意。希望您在每一行中都能看到我对您的感谢。"[2]

---

[1] 参见 F. Töpfer, "Liebe und Sorge. Binswangers kritische Ergänzung von Heideggers Daseinsanalytik", in T. Breyer, T. Fuchs, and A. Holzhey-Kunz hrsg., *Ludwig Binswanger und Erwin Straus: Beiträge zur psychiatrischen Phänomenologie*, Freiburg/München: Karl Alber Verlag, 2015, S. 50-69。

[2] L. Binswanger, "Letter to Heidegger, February 12, 1944(443/13-19)", quoted in R. Frie, "Interpreting A Misinterpretation: Ludwig Binswanger and Martin Heidegger", p. 250.

海德格尔对这本巨著的初始反应是相当积极的。他很高兴地看到，他的思想能够被应用于另一学科。"您的主要作品构思如此广泛，在现象上如此丰富，以至于人们应该以为任何人都可以看到，您将整个精神病理学定位在何处。但是，由于它处理的是简单的事情，因此大多数读者在开始阅读之前会忽略这一事实……仅沉迷于事实的科学既看不到问题（直接和本真的人类相遇的不起眼区域)，也看不到您从主客关系迈向在世界中存在的过程中所取得的成就。"[1]

但随着宾斯旺格曾经的学生博斯的出现，海德格尔开始变得无法接受宾斯旺格对他的哲学的解读及应用。大约从1959到1969年，海德格尔定期去瑞士苏黎世的博斯住处，与几十位精神科医生讨论他的哲学。[2] 在他的公开研讨会以及与博斯的私人讨论中，海德格尔谴责了宾斯旺格对《存在与时间》的解读。"宾斯旺格在他的巨著《人类此在的基本形式与认识》中，最明显地展现了他对我的思想的误解。在这本书中，他相信：必须用'双重存在模式'和'超越世界的存在'来补充《存在与时间》的操心和操持。但他只是证明了：他把基本实存（操心）误解为了在特定人类的阴郁或忧愁——操持行为意义上的存在者行为方式。……因此，在作为操心的在世界中存在当中，同样源始地奠基着爱者、恨者以及实际的自然科学家等这样的存在者的行为方式。当人们不愿像宾斯旺格那样将存在论洞见与存

---

[1] M. Heidegger, "Letter to Binswanger, February 24, 1947", quoted in M. Herzog hrsg., *Ludwig Binswanger Ausgewählte Werke, Band III, Vorträge und Aufsätze*, S. 339-340.

[2] 参见 M. Heidegger, *Zollikon Seminars*, Evanston: Northwestern University Press, 2001, p. x。

在者事物相混淆时,就不需要说到'超越世界的存在'。"①

面对海德格尔的批评,宾斯旺格的回应是谦卑的。他承认自己对基本存在论有误解,尽管他认为这是"创造性的误解"。②这种退让源于,宾斯旺格自己也没有充分意识到他反对《存在与时间》的重要性。宾斯旺格的解读之所以重要,不仅在于它有重要的精神病理学意义,而且在于它具有重要的哲学意义——它使得自胡塞尔以来的主体间性思想脉络有了最充分的发展,并且阐明了海德格尔关于本真此在的理论的局限性。海德格尔对此在的分析,有着不可避免的自我主义或个人主义的色彩,而这对于此在的社会关系产生了消极的影响:"没有任何一条路,是由海德格尔的本真自我通向源于友谊与爱的我们性(Wirheit)的我的自我和你的自我。"③

二、对艾伦·韦斯特的此在分析

此在分析是宾斯旺格尝试摆脱生物学精神病理学与精神分析的重要努力。1944年,宾斯旺格运用海德格尔的此在分析学,分析了艾伦·韦斯特案例。艾伦·韦斯特来自一个拥有很多杰出人物以及精神疾病患者的犹太家族。她小时候是一个非常活泼但又固执的孩子。她还承受着一种说不清楚的压力。从17岁开始,她有了显著的情绪变化,并从虔诚的宗教徒变成了完全的无神论者。她充满了热情、渴望和快乐。但从20岁开始,她陷入了怀疑与恐惧,有了被抛

---

① 参见 M. Heidegger, *Zollikon Seminars*, pp. 286-287.
② 参见 L. Binswanger, "Grundformen und Erkenntnis menschlichen Daseins", in M. Herzog hrsg., *Ludwig Binswanger Ausgewählte Werke, Band III, Vorträge und Aufsätze*, S. 4.
③ 参见 ibid., S. 218.

入她难以理解之世界的感觉。此后,她逐渐产生了抑郁症、巴塞多氏症、厌食症、暴食症和癔症。32岁时,她接受了第一次精神分析治疗。33岁时,在多次自杀尝试后,内科医生建议她停止精神分析治疗,并转到宾斯旺格主持的拜里弗疗养院。宾斯旺格、欧根·布劳伊勒和霍赫(Alfred Hoche)对她进行了会诊。诊断的结果是精神分裂症,并且没有明确可靠的疗法。在患者的要求之下,宾斯旺格等人同意她出院。在她回家后的第三天晚上,她服毒自杀了。显然,宾斯旺格的此在分析没有治愈艾伦·韦斯特,但也不是一无所成:其成就在于他更好地理解了艾伦·韦斯特的精神病感受。

宾斯旺格在世界、死亡和时间等存在论维度上分析了艾伦·韦斯特。首先,贯穿她的整个生命历程的是对人际世界和周围世界的反抗,而这反映了她与世界之间关系的紊乱。她在世界中存在的自我,既没有独立性,也没有本真性。她为了实现她的此在,就必须用双脚稳固地站在大地上,然而她终究没有通过这种方式解决她与世界之间的矛盾。对她来说,整个世界都是威胁。她既害怕变胖,又有越来越强的食欲——害怕变胖反映了外在世界对于她的要求,而越来越强的食欲反映了强烈的不安感;只有通过进食,她才能缓解对于世界的不安;在获得真正的安全感之前,减肥是很难做到的。这种矛盾的恶性循环使她根本无法适应现实世界,而只能期待彼岸世界。

其次,此在分析不满足于用心理学来分析她的自杀行为,而尝试将死亡与本真的存在方式相联系。这是对海德格尔的"向死而在"的现象学精神病理学应用。死亡不只是消极的。当此在包含着令人绝望的折磨时,死亡反而具有了克服绝望的积极意义。因此,艾伦·韦斯特的自杀,是她想要真正地成为她自己的方式。"只有在她决定死时,她才第一次找到了她自己,并且选择了她自己。死亡的快乐是她的实存诞生的快乐。然而,只有通过放弃生命,此在才能实存,因为这里的此在是悲剧性的此在。"[①] 宾斯旺格对于死亡积极意义的看法,不仅与海德格尔"向死而在"的思想有密切联系,而且与弗洛伊德的"死亡冲动"思想有类似之处。然而,在"向死而在"和"死亡冲动"背后的是更为深层的人类渴求,即对痛苦止息的渴望,也即佛教所说的"涅槃"。事实上,死亡之后不是涅槃,只是一期生命的结束以及相应痛苦的停止;但只要人还在轮回中,人就还是无法达到涅槃——所有痛苦的止息。艾伦·韦斯特自杀的重要性在于:它反映了人类渴望通过死亡去摆脱痛苦的徒劳愿望,而这也是自杀的基本动机。

再次,对此在分析来说非常重要的是时间化的实存形式。实际上,闵可夫斯基与斯特劳斯就已经证明了:与压抑或生命力衰退相联系的生命时间紊乱,是内源性抑郁症的基础。艾伦·韦斯特那里也出现了生命时间的变异——她的内在时间发展停滞了,而这使得她的未来无法到来。她只能通过自杀来摆脱时间性的紊乱。"首先当艾伦·韦斯特已经决意于外在的死亡、自杀时……她就会再次拥有时间,而不需要贪婪地填充她的时间,并且能再次从甜食中获得莫大的享受。"[②]

宾斯旺格对艾伦·韦斯特的分析体现了一种现象学精神病理学的努力,即根据先于心身分离、意识与无意识分离的人类实存模

[①] L. Binswanger, "Der Mensch in der Psychiatrie", in M. Herzog hrsg., *Ludwig Binswanger Ausgewählte Werke, Band III, Vorträge und Aufsätze*, S. 137.

[②] Ibid., S. 148.

式,去理解患者的语言、行为和态度的背后现象。与此相对的是生物学精神病学将精神疾病还原为脑的疾病的努力,以及精神分析将现象归属于假设的冲动、意象、无意识等的努力。宾斯旺格的此在分析有两个优势:一、它让有关实存结构的洞见为临床的分析调查提供了线索。例如,精神分裂症不能只被理解为对正常或平均状态的偏离,而应该被理解为一种特殊的在世界中存在的方式。二、它强调了探索语言现象的必要性。在艾伦·韦斯特的个案中,宾斯旺格搜集了她不同寻常的语言表达,例如:自我叙述、梦的记录、日记等资料。分析者要去寻找患者语言表达背后的东西(世界设计),去理解患者生命的各个部分是如何成为一个整体结构的。只有通过分析患者在世界中存在的方式,人们才能理解所谓"神经症"或"精神病"的真正意义。生物学精神病理学的还原方法,大大缩减了精神现象的内容,而此在分析弥补了这个缺点。另外,此在分析也满足了精神病理学更深入地追寻精神疾病症状的本质和起源的要求。"现在首先要做的不是定位人脑中单一的精神症状,而是要追问:在哪里以及如何通过在世界中存在的变异,去定位精神上可认识的基本紊乱?症状……被证明是扩大的心灵变异,以及总体的实存形式或生命风格变异的表现。"[①]

三、宾斯旺格对《存在与时间》缺陷的克服

如果说此在分析是宾斯旺格现象学精神病理学发展的第一阶

---

① L. Binswanger, "Über die daseinsanalytische Forschungsrichtung in der Psychiatrie", S. 257.

第四章 宾斯旺格：此在分析

段,那么爱的现象学就是它的发展的第二阶段。尽管这种爱的现象学没有在现代哲学中占据显著地位（因为宾斯旺格没有接受过作为专业哲学家的训练,也没有以哲学为职业,而首先以精神科医生为职业),然而,现代哲学的主体间性思想在他那里得到了最充分的发展——胡塞尔的自我中心主义、海德格尔《存在与时间》中的个人主义在他那里得到了最好的克服。爱的现象学所指明的人类实存的基本形式——爱的相互关系——不仅是人类日常交互的基础,也是宾斯旺格心理治疗的核心所在。

1. 海德格尔对主体间性哲学的忽视

宾斯旺格针对的是海德格尔《存在与时间》中的此在的操心结构。"操心"是一个容易让人误解的概念,因为海德格尔所谓的"操心"指的不是如担忧这样的情感状态,而是一个存在论的结构性概念。操心是"此在存在论结构整体的形式实存整体"①。操心统一了此在存在方式的各个结构方面,而且此在与自己、世界以及他人的关系都是通过操心建立的。海德格尔还指出:"本真性与非本真性的两种存在模态……都基于：此在是由向来属我性（Jemeinigkeit）规定的。"② 此在的首要特征是我性（Ichheit）。当此在预料到其自身死亡的不可避免性和无可替代性时,此在就理解了它的本真存在感。③ 在向死而生、死亡无法由他人替代时,此在才能意识到自身在本质上是单独存在的,而本真状态就是这种个体性和独存性。与之相反的是,此在的非本真状态是匿名的"常人"（das Man)。"最

---

① M. Heidegger, *Sein und Zeit*, S. 192.
② Ibid., S. 42-43.
③ 参见 ibid., S. 259。

本己的可能性是无所关联的……死亡不只是中性地属于本己的此在，而且要求此在是个体。在先行中得到理解的死亡的无所关联性，把此在个体化到它本身上来……这种个体化表明，在涉及最本己的存在可能时，一切寓于所操心者的存在，以及与他人的共在都是无用的。只有当此在是由它本身出发达到可能性时，此在才能够成为本真的自己。"①

但海德格尔也并非没有考虑到与他人的共在关系，即海德格尔也提出了共在理论。此在被抛到世界上，并存在于公共世界中。但正如海德格尔的学生洛维特（Karl Löwith）所指出的，在海德格尔那里，共在理论是从属于此在的我性和本真实存的孤独性的——与他人的共在很容易使此在陷入"常人"的非本真状态。本真此在的个体化甚至排除了本真的人际关系。②

宾斯旺格扩展了洛维特对海德格尔的批评。他承认，他是从人类学出发，而海德格尔是从存在论出发的。但即使是这样，海德格尔仍然有这样的问题：他没有充分考虑到对话中的我—你（I-Thou）关系对于实现本真自我的重要性。尽管海德格尔也承认人类的社会性、人与他人的共在，但他的共在理论与本真性理论是互相矛盾的："海德格尔一再强调：实存、世界、共在和共此在（Mitdasein），都是在世界中存在的原始构造。然而，对他来说，实存重点完全是作为自身整体存在能力的自我状态，而与他人的共在首先是由此才

---

① M. Heidegger, *Sein und Zeit*, S. 263.
② 参见 K. Löwith, "Das Individuum in der Rolle des Mitmenschen", in K. Stichweh hrsg., *Samtliche Schriften, Band 1: Mensch und Menschenwelt*, Stuttgart: J. B. Metzler, 1981, S. 9–197。

可能的。"① 换言之，此在的向来属我性与共在是很难协调的。尽管此在总是与他人共在着，但在向着本真状态时，此在必须要与其他人分离开来（本真性是要从与他人的共在中解脱出来）。这样一来，与他人的共在就在本真状态中被去除了。

在宾斯旺格之后，特尼森（Michael Theunissen）和哈贝马斯也对海德格尔的缺点做出了类似评论。特尼森强化了宾斯旺格提出的论点：对于海德格尔而言，本真性是在相对他人而言的孤独状态中实现的；如果海德格尔坚持本真此在的个体化，那么他就无法坚持与他人的共同此在。"在其最本己的存在中，本真的自我与胡塞尔的超越自我一样孤独。死亡的无所关联性将其阴影投射在每个交往上，并且在良知的声音中，让聆听的此在理解到：在最终的分析中，它是孤独的。"② 哈贝马斯则认为，海德格尔仍然没有避免胡塞尔现象学的唯我论色彩："在《存在与时间》中，海德格尔构造的主体间性与胡塞尔在《笛卡尔的沉思》中的构造没有任何不同：在每种情况下，此在都是我的存在，构成共在，就像超越的自我构成了我和他人共享世界的主体间性一样。"③

由于海德格尔的基本存在论中缺乏让人满意的主体间性理论，宾斯旺格转向了布伯的对话哲学。海德格尔的此在分析学最终将本真的此在个体化为孤独的"向死而在"，而布伯强调关系的存在论优先性。换言之，对于海德格尔而言，共在问题位于他的此在分

---

① L. Binswanger, "Grundformen und Erkenntnis menschlichen Daseins", S. 113.
② M. Theunissen, *The Other*, Cambridge: MIT Press, 1984, p. 192.
③ J. Habermas, *The Philosophical Discourse of Modernity*, Cambridge: MIT Press, 1985, pp. 149-150.

析学的边缘;而对于布伯而言,关系或对话的问题是他整个哲学的核心。海德格尔更多考虑的是工具性的我—它关系(此在是在一个器具世界中的),而布伯关注的是具有相互性的我—你关系。我—它关系实质上是主客关系,而我—你关系是两个平等主体间的关系。海德格尔强调本真此在的个体性,而布伯则坚持认为:只有在我和你的对等关系中才能理解和实现本真的自我;人与人之间的关系构成了个体自我;在我—你关系中,双方都不是手段,而是目的。[④]

2. 宾斯旺格的爱的现象学

在对《存在与时间》进行批判以及布伯对话哲学的基础上,宾斯旺格发展出了爱的现象学。在这种现象学中,互爱的关系模式成为人类实存的最高和最原始形式。此在不是孤独的,而是以我—你关系为基础的、爱的相互此在(liebenden Miteinandersein)。这种爱显然不是通常意义上的性爱,而是存在论意义上的爱。梅洛-庞蒂很好地阐释了这种爱的本质:"去爱,就是不可避免地进入与另一个人不可分割的情境。从那一刻起,一个人与其他人联合在了一起……一个人不是他在没有爱时所是的人;角度仍然是分开的,但它们是重叠的。人们不能再说'这是我的,这是你的';角色不能绝对分开。最终,与他人一起生活至少是有意的。……爱将我从孤独的自我中分离出来,转而创造了我和他人的融合。"[⑤]

在宾斯旺格那里,"爱不是在两个实存深度之间的桥梁,而是

[④] 参见 R. Frie, *Subjectivity and Intersubjectivity in Modern Philosophy and Psychoanalysis*, Lanham: Rowan and Littlefield, 1997, pp. 89–91。

[⑤] M. Merleau-Ponty, "The Child's Relation with Others", in J. Edie ed., *The Primacy of Perception*, Evanston: Northwestern University Press, 1964, pp. 154–155.

一种独立的、源始的、在故乡和永恒意义上的人类实存方式——我和你最初就出生于此"[1]。这意味着，在我和你的相遇中构成的我们性是个体的我和你出现的条件。这种与人相对和相伴的关系是一种存在论关系，也是我和你实现本真化的前提。宾斯旺格认为，爱的双重模式具有独特的意向结构，即胡塞尔的先验自我与海德格尔的此在分析学都无法解释的意向结构，因为爱的现象不是悬浮在先验自我的稀薄空气中的，而是基于人类实存的现象的。为了表达爱的经验，宾斯旺格的现象学以各种方式借鉴了诗歌和文学中的爱的表达，例如勃朗宁、莎士比亚、歌德、里尔克等人的爱情诗。

宾斯旺格将双重的爱的结构与海德格尔的操心结构进行了对比，以便说明爱所具有的独特的空间与时间特征，以及人类在爱中的独特体验。爱是我与你的相遇，而这产生了独特的空间性模式。海德格尔曾描述了上手事物以及在世界中存在的空间性。此在的操心活动揭示了上手事物的场所，而在世界中存在具有去远与定向的性质。在这里隐藏的是此在的身体，因为身体是此在的操心与寻视活动的出发点。海德格尔的空间性，与胡塞尔的一样仍是自我中心的。[2] 宾斯旺格则指出，爱创造了不同的空间性模式，因为爱的空间是主体间的。

当我和你彼此相遇时，二者不是像物一样为彼此腾出空间，而是一起构建了一种新的空间。尽管我和你仍然具有独特性，但彼此的单独空间已经被新的空间包围住了。因此，爱的空间是包容性

---

[1] L. Binswanger, "Grundformen und Erkenntnis menschlichen Daseins", S. 434.
[2] 参见 M. Heidegger, *Sein und Zeit*, S. 102–111。

的,而不是排他性的。另外,爱的空间允许个体自我的扩展。"我给你的越多,我所拥有的就越多,二者都是无限的。"[①] 爱的伙伴之间是互惠互利、相互增益的。爱是无限给予和接受的,是双重构造的(这超越了胡塞尔的单重构造意向性)。由此,爱的关系创造了无限的空间感。这时,他人存在提供的是"故乡"的感觉,而不是消极感。相应地,爱在时间性上表现为永恒。"爱不关乎时间的长度,而关乎瞬间和永恒。"[②] 当然,这不意味着爱可以延续无限长的时间,而是意味着日常时间性的改变。我的时间与你的时间交织在一起,超乎了各自的有限性。爱的时空特征超越了个体的有限性。因此,当以爱的方式实存时,人类的此在不仅如海德格尔所说的那样是在世界中的存在,而且是超越世界的存在(Über-die-Welt-hinaus-sein),即超越了个体的有限世界,而进入了新的世界。

爱的双重模式是人际关系的理想形式,而这意味着人类并不总能实现这种实存方式。很多时候,爱会被仇恨、奴役、压迫等不平等关系所取代。尽管如此,爱仍然是值得追求的、本真的此在方式。宾斯旺格所谓的爱,还超越了作为生物学本能的情爱(它是为了性欲的满足)。爱的现象学的核心是价值的相互赠与。爱的双方互相实现了彼此的价值与自我理解,因此爱也是自我实现的一种方式。[③]

对于海德格尔来说,本真状态是远离他人(常人)的。因此,海德格尔否定了主体间的互惠可能性。与海德格尔相反,宾斯旺格在

---

① L. Binswanger, "Grundformen und Erkenntnis menschlichen Daseins", S. 65.
② Ibid., S. 36.
③ 参见 R. Frie, *Subjectivity and Intersubjectivity in Modern Philosophy and Psychoanalysis*, pp. 95–100。

我—你关系或爱的双重模式中指出,本真的自我是通过爱的关系实现的。"我和你不是以我本人或你本人的此在为基础的,而是以我们本人的此在为基础的;换句话说,是以作为我们的此在为基础的。在这里,自我性仅来自我们。我们比我自己和你自己更早。"① 本真的自我不是孤立的,而是通过他人实现的。这种主体间性思想也大大超越了胡塞尔(在他那里,自我仍然是先于他人的)。他人不是像物一样的客体存在,而是像我一样的主体存在。自我和他人、我和你都获得了同等的价值,并在互动中实现了本真性。

简言之,海德格尔对于人际间爱的关系(自我通过他人达到本真状态)的忽视,是他的哲学的一个严重缺陷。宾斯旺格的爱的现象学不仅是对海德格尔《存在与时间》的重要补充,而且是现代主体间性哲学发展的最高峰。它不仅超越了胡塞尔主体间性哲学的单向性,而且克服了海德格尔哲学的个体性。

四、基于爱的现象学的心理治疗

宾斯旺格所发展出来的爱的现象学,实际上是一种主体间性哲学,即强调主体间性的优先性(我们先于我和你)。因此他提出的心理疗法是:创造一种环境,使心理疾病患者可以摆脱受限的个体世界设计,而进入更广阔和自由的我们性维度中。② 医生与患者之间的良好交互关系是治疗的主要手段。"本质上涉及的不只是'医务人员'对他的科学对象的态度,而是他与患者的关系。这种关系同

---

① L. Binswanger, "Grundformen und Erkenntnis menschlichen Daseins", S. 112.
② 参见 J. Gulley, *Ludwig Binswanger's Existential Psychology*, A Dissertation for the Degree of Doctor of Philosophy, University of Arkansas, 2003, pp. 199-203。

样植根于操心和爱。因此,作为一名精神科医生,至关重要的是他超越了所有事实知识……不仅在初次面谈或检查时,而且在整个治疗过程中……如果治疗师面向的是与他的同伴的相遇和相互理解,并且着重于理解人类的整体性,即处于人类存在论潜力的广泛性中,那么精神科医生的存在就超越了人的纯粹'理论'的存在论潜力,并直接指向超越本身。"①

心理治疗师与患者之间的"相遇和相互理解",是一种强烈的共在方式。心理治疗的重点是让患者进入主体间的维度,作为我们而去实存,从而克服其作为我时的局限性。这要求心理治疗师和患者都要超越自我,建立互惠的对话关系。这种关系使治疗师不只是将患者看作客体,并对疾病做出客观的解释,而且是与患者一起构造出新的共同体(我们)。正是这种共在,才能将患者带出精神疾病的特殊和孤立世界。"除非医生能成功唤醒患者内心深处的灵性火花,才能使这种精神有最轻微的呼吸,否则任何人都无法获得真正的健康。"②宾斯旺格所描述的灵性,就是主体间的灵性,或者正如他在其他地方所描述的那样,是"宗教的我与你的关系"③。我们性是获得真正健康的必要组成部分,而治疗师的核心工作就是要与患者建立起互信和互惠的主体间关系。

精神疾病患者往往沉溺于自我的孤立世界而不能自拔,从而

---

① L. Binswanger, "Heidegger's Analytic of Existence and Its Meaning for Psychiatry", in J. Needleman ed., *Being-in-the-World*, pp. 219–220.

② M. Foucault and L. Binswanger, "Dream and Existence", in K. Hoeller ed., *Studies in Existential Psychology and Psychiatry*, New Jersey: Humanities Press, 1993, p. 99.

③ L. Binswanger, "Freud and the Magna Charta of Clinical Psychiatry", In J. Needleman ed., *Being-in-the-World*, p. 183.

脱离公共的世界。治疗师就是"私人世界和公共世界之间的明智调解人"①。或者正如宾斯旺格所进一步指出的那样:"以实存分析为导向的治疗师,力求使抑郁的患者摆脱其大而空的地下世界,并且……把扭曲的精神分裂症患者从他生活和行动的自闭症世界中带入共享的世界。"②

这既是对治疗目标的描述,也是对治疗方法的描述,因此与所有心理治疗方法都是一致的。但是,它表达了宾斯旺格关于治疗师作为两个自我世界之间调解者的观点,并且凸显了宾斯旺格关于我们性如何成为治疗要素的观点。在主体间性的视域中,治疗师使用什么样的治疗方法都不重要;重要的是与患者之间建立起爱的联系。这其实也是很多心理疗法起效的实质。无论采取什么疗法,只要患者能够与治疗师之间建立有效的关系(平等的、开放的、互信的、互惠的关系),患者就能够从这种关系中获得心理支撑以及疗愈。即使是在使用药物治疗的情况下,以关系为基础的药物治疗也比没有关系作为基础的药物治疗有更好的效果。

结　语

宾斯旺格对海德格尔哲学的创造性解读,绝不是如他本人所说的那样的"误读",而是合乎现代主体间性哲学发展逻辑的创造性解读。自近代的笛卡尔以来,人就被理解为孤独的沉思者。"我

---

① M. Foucault and L. Binswanger, "Dream and Existence", p. 99.
② L. Binswanger, "Existential Analysis and Psychotherapy", in F. Fromm-Reichmann and J. L. Moreno ed., *Progress in Psychotherapy*, New York: Grune & Stratton, 1956, p. 146.

思故我在"意味着自我对世界及他人的构造,而这造成了主客分裂。现代的胡塞尔和海德格尔都着力克服这种主客分裂。但胡塞尔的意向性学说只解决了我—它的分裂,而忽视了我—你的相互意向性;他的主体间性哲学仍然只是单向的自我哲学。海德格尔通过在世界中的存在克服了自我与世界的分裂,但无法将本真性理论与共在理论相协调,从而将他人推入了常人的领域中,造成了我与他人的分裂。相反,宾斯旺格通过我和你的爱的关系,很好地解决了人与人之间的分裂。我们先于我和你,而且自我是通过他人实现本真性的。爱的关系就是我和你之间的平等互惠关系。这种爱的现象学是现代主体间性哲学发展的最高峰。它不仅具有重要的哲学意义,而且具有重要的心理治疗意义。治疗师与患者之间的互信关系,是所有心理疗法起效的关键所在。

第五章　闵可夫斯基：对疾病生命的结构现象学分析[①]

在欧洲大陆，闵可夫斯基被认为是20世纪法国最具原创性的现象学家和精神病理学家之一。例如，法国现象学家梅洛-庞蒂在1949年的索邦讲座中，就将闵可夫斯基列为法国现象学的主要成员。[②] 美国现象学家斯皮格尔伯格说："很少有现象学的实践者，有如闵可夫斯基这样的个人投入；但令人惊讶的是，他是如此少地使用实存主义词汇。他对于在语用因果观察中被忽视现象的敏感性，是非常独特的。在这方面，他确实表现了以最小的哲学文本启发为基础的、新现象学进路的潜力。"[③] 闵可夫斯基非常不同于纯粹的哲学现象学家（如：胡塞尔和海德格尔），因为他通过精神病学的临床实践，将哲学现象学转化为了应用现象学（applied phenomenology）。

[①] 参见徐献军：《从现象学到精神病学——论闵可夫斯基的现象学精神病学》，载《浙江大学学报（人文社会科学版）》2017年第5期，第77—86页。

[②] 参见 M. Merleau-Ponty, "Phenomenology and the Science of Man", in J. Edie ed., *The Primacy of Perception*, p. 47.

[③] H. Spiegelberg, *Phenomenology in Psychology and Psychiatry: A Historical Introduction*, p. 246.

他竭力将现象学与精神病理学结合在一起,并指出:精神疾病是人类存在的变异模式,而且精神科医生应当运用现象学直观方法去认识患者的异常经验结构。他和德国的雅斯贝尔斯、瑞士的宾斯旺格一起,奠定了精神病理学中的现象学进路。他的现象学精神病理学不仅具有临床实践上的重要意义,而且具有现象学哲学理论上的重大意义。他所理解的现象学,以及他对精神分裂症和抑郁症的生命时间现象学分析都表明:现象学与精神病理学之间存在着相互构造作用——精神病理学可以让现象学避免在通向纯粹哲学的道路上离人类的实际生活越来越远,而现象学可以为精神病理学的研究指明方向。

雅斯贝尔斯的描述精神病理学认为,医生只有描述和理解患者对于疾病的主观经验(患者的意识呈现了他们如何主观地体验自己的症状),才能真正治愈患者。由此,雅斯贝尔斯将现象学与精神病学、躯体医学、心理学相结合,对精神疾病进行了描述和分类,但他没有解决各种精神症状和主观经验背后的统一性问题。相比之下,闵可夫斯基在精神分裂症与抑郁症上的工作是:通过分析精神症状和主观经验的时空框架,使得症状与经验可以更好地相互联系在一起。因此,他的精神病理学也可以被称为时空结构精神病理学。[①] "现象结构分析试图揭示精神病理性疾病的实质。假设人类经验是原子性和机械性的理论从自然科学中借用了概念,以便重建生命的统一性和连续性及其结构组织,现象结构分析则表明,只

[①] 参见 G. Northoff, "Spatiotemporal Psychopathology II: How Does a Psychopathology of the Brain's Resting State Look Like? Spatiotemporal Approach and the History of Psychopathology", *Journal of Affective Disorders* 2016, 190, pp. 867-879。

有在精神病理人格中，人格的统一性和结构才会瓦解。在健康人那里，生命的统一性和连续性是至关重要的。"[1]

闵可夫斯基在大学里的专业是医学，但在大学毕业之后，他转而去学习了3年的哲学。然后，他前往瑞士担任了著名的精神病学家布劳伊勒在布尔格霍尔茨利医院的助手。当时很多知名的精神病学家和精神分析学家（如：荣格和宾斯旺格）都曾在这家医院学习。"一战"结束后，他开始在巴黎的圣安妮医院工作，并获聘为精神科主任医师。

他原本应该像大多数精神病学家那样，始终在临床领域工作，而不涉足哲学（尤其是现象学）领域。首先，将他引入现象学道路的是法国现象学家柏格森，尤其是他的著作《论意识的直接素材》。闵可夫斯基本人认为，这本书给了他最具体的现象学心理学趣味。[2] 同时期，他与抑郁症患者进行了紧密的接触，从而了解到患者的世界中的核心变异是时间感的紊乱。正是这个发现，把他与柏格森的时间现象学联系了起来。这个发现也促成了他在1923年的第一个现象学研究《精神分裂抑郁个案中的发现》[3]（这篇文章在1933年成为他最有影响力的著作《生命时间》的一部分）。

其次，尽管他是一名精神科医生，然而他对当时作为精神病学基础的自然科学非常不满意。具体来说，他的关注点是：什么是人

---

[1] N. Metzel, "Translator's Introduction", in E. Minkowski, *Lived Time: Phenomenological and Psychopathological Studies*, p. xx.

[2] 参见E. Minkowski, "Phénomvnologie et analyse existentielle en psychopathologie", *L'évolution Psychiatrique* 1948, 13(4), p. 142。

[3] E. Minkowski, "Findings in a Case of Schizophrenic Depression", in R. May, E. Angel, and H. F. Ellenberger eds., *Existence*, pp. 127–138.

类？然而，他失望地发现：自然科学提供的人类图景是量化的、抽象的和贫乏的，而他想要探索的是人类生命中质的、具体的和诗化的方面。他甚至将自然科学称为"科学野蛮主义"。"我们既不想否认，也不想放弃；既不想破坏，也不想回去。因此，我们不想再一次为野蛮主义提供证据。因此，回去的希望，对我们来说不意味着任何东西，而只意味着一样东西：恢复与生命、自然以及其中的原初东西之间的联系，回到不仅产生了科学而且产生了所有其他精神生命展现的第一源头，去再一次学习本原的本质关系；在科学用其风格将生命模式化之前，在生命构成的不同现象之间，去看我们是否不用科学就能从生命当中提取东西，同时既不陷入原始自然主义，也不陷入经常和科学一样远离自然并在它所诉诸的意象中'理性化'的神秘主义。我们不想'使用仪器'去看；我们要回到我们所看到的。"[1]

在这里，他表达了与雅斯贝尔斯走上现象学道路相类似的动机：用前科学的、直观的"看"，去取代科学的、使用仪器的"看"。他认为只有这样，才有可能认识人类生命中本质的东西。在当时，柏格森和胡塞尔的现象学恰恰提供了他所期待的东西。因此，他把柏格森与胡塞尔视为他探求人类生命本质的引路人。"这就是在我们这个时代，胡塞尔现象学与柏格森哲学之所以产生的原因。胡塞尔的目标是：研究和描述构成生命的现象，而不让生命研究受限于任何前提，并且不去管生命研究的源头和表面合法性。柏格森带着令人赞叹的勇敢，建立起反智的直觉、反死的生命和反空间的时间。他们二人对当代的整个思想都有巨大的影响。原因就在于：他们符

---

[1] E. Minkowski, *Lived Time: Phenomenological and Psychopathological Studies*, p. 3.

合我们的存在中真实且深厚的需要。"[1]

再次，他受到了他的好友宾斯旺格的影响。如前文所述，宾斯旺格是一位具有强烈现象学倾向的精神病学家；他力主以胡塞尔与海德格尔的思想为精神病学的理论基础。然而，闵可夫斯基没有像宾斯旺格那样完全回到胡塞尔与海德格尔中去。相反，闵可夫斯基仅仅把胡塞尔与海德格尔当作一种启发性源头。"宾斯旺格是现象学哲学的学生，但对闵可夫斯基来说，现象学哲学最多是他自己的第一手观察和发现的启发。"[2] 因此，闵可夫斯基发展出了一种非常具有个人风格的临床现象学精神病理学——在这当中，现象学与精神病理学以相辅相成的方式组合成了一个整体，并且具有相互澄明的关系。现象学负责向精神病理学提供假设，而精神病理学让现象学变得更加贴合人类的生命。"多年来，现象学数据和精神病理学数据，在我的研究中是如此紧密地联系在一起，以至于我没有勇气将它们分开。对我而言，这就像分开同一个家庭的成员一样。我从现象学数据开始，然后我作为精神科医生开始尝试将这些假设应用于精神病理学的事实。这种应用不仅似乎可行，而且似乎涉及建立一种能够扩大我们的精神病学知识的特殊方法。从那时起，现象学和心理病理学之间的相互作用一直是不变的。一方面，现象学上的考虑有时本身过于抽象化，而在应用于精神病理学时会变得更加'实际'。此外，二者的关系似乎很自然，以至于当精神病理学事实表明它们中可能存在一些截然不同的东西（即精神生命），而与通常的情境

---

[1] E. Minkowski, *Lived Time: Phenomenological and Psychopathological Studies*, p. 5.
[2] H. Spiegelberg, *Phenomenology in Psychology and Psychiatry: A Historical Introduction*, p. 243.

不一样时,这种关系仍然存在(即使缺乏一些东西)。另一方面,以这种方式进行,精神病理学研究不止一次地帮助修改了现象学的给予——通过让现象学注意到它之前忽视的东西而去完善现象学。"[①]

第一节 对精神分裂症本质的生命现象学分析

闵可夫斯基最大的哲学贡献是,他发展出了一种适用于精神病理学领域的现象学进路。斯皮格尔伯格在写作《现象学运动》时,就已经注意到了以闵可夫斯基等为代表的精神病学家们对于现象学运动的独特贡献,但由于篇幅与精力所限,而没有对之加以探讨。[②] 闵可夫斯基在精神病学领域的第一个核心关注点是精神分裂症,而他对精神分裂症的现象学描述,不仅大大拓展了人类对于精神分裂症本质的认识,而且也实现了胡塞尔将现象学延伸到具体科学(尤其是精神疾病科学)中的设想。

他没有如胡塞尔、海德格尔那样,建立起一个系统和独立的哲学现象学体系;也没有如宾斯旺格那样,与胡塞尔、海德格尔保持非常紧密的个人联系,或在著述中频繁地引用胡塞尔、海德格尔的著作。闵可夫斯基的现象学,完全融入了他的精神病学理论和实践工作。在他所做的有关精神分裂症和抑郁症的案例报告中,他区分

[①] E. Minkowski, *Lived Time: Phenomenological and Psychopathological Studies*, pp. 171-172.

[②] 参见 H. Spiegelberg, *The Phenomenological Movement: A Historical Introduction*, p. 11。

了"心理学发现"和"现象学发现"。[①] 心理学发现指：依据通常的疾病术语，对患者的妄想状态进行的临床解释。现象学发现指："通过追问妄想是什么，而达到的对病理现象本质的更充分理解。"[②] 换言之，心理学发现主要面向的是患者妄想的内容，而现象学发现所要揭示的是产生妄想内容的经验结构。这种将经验结构置于内容之上的做法，与胡塞尔现象学显然是一致的。

一、精神疾病的最底层起源：基本紊乱

闵可夫斯基把精神疾病患者存在底部所发生的"紊乱"，称为基本紊乱（trouble generateu）。[③] 基本紊乱在精神医学中的地位，相当于生理基质在躯体医学中的地位。正如布兰肯伯格所指出的："'基本紊乱'不是病源学上的东西。对'基本紊乱'的追问，专门地指向我们在精神分裂症临床领域所描述的变异本质，而不指向这些变异出现的条件，也就是说：指向出现了什么（Was），而不是怎么出现的（Wodurch）。"[④] 由此，闵可夫斯基的临床关注转向了现象学，而离开了在精神病学中流行的人脑还原主义进路。人脑还原主义进路强调对精神疾病发生的神经生理条件的研究，但在闵可夫斯基看来，以脑为中心的神经生理机制只反映了精神障碍发生的物理条件或神经关联，而没有揭示精神障碍的非物理本质。另外，他也

[①] 参见 E. Minkowski, "Findings in a Case of Schizophrenic Depression", pp. 127–138。
[②] Ibid., p. 131.
[③] 参见 ibid., pp. 127–138。
[④] W. Blankenburg, *Der Verlust der natürlichen Selbstverständlichkeit*, S. 15.

不赞同流行的心理学进路，即使用通常的疾病术语对精神障碍进行临床解释。由现象学方法所揭示出来的整体病理人格的紊乱结构，其重要性大于任何与疾病相关联的物理或心理要素。"合理的目标，不应只是详细地描述症状，而是要进入症状深层，以便把握症状之下的组织结构。例如，疑病症状可能表达了潜在的神经症、抑郁症或精神分裂症的组织结构。这里的区分，只能通过深入本质和基本组织结构的'结构分析'获得。"[①]

在闵可夫斯基看来，任何精神状态都不是孤立的碎片，而是一种整体人格的组成部分。与海德格尔的此在分析学相类似的是，他提出：精神科医师不应只关注患者扭曲的经验或异常的行为，更要去关注患者的一般存在方式及其与世界的关系。精神病学的目标应该是：重塑患者的人格模式，尤其是使患者恢复与其世界的正常联系。所有的精神紊乱症状都源于异常的人格模式，或者说与世界关系的紊乱。另外，闵可夫斯基认为，精神疾病具有双重的紊乱：一个是内容上的紊乱（即情感和认知内容的紊乱），另一个是结构上的紊乱（即经验之时空结构的紊乱）。结构紊乱才是精神紊乱的本质，因为它塑造了症状的内容。

为了寻找患者的基本紊乱，精神科医师必须通过现象学意义上的直观，对患者的存在和经验方式进行直接和无中介的把握。"我面对面地与患者坐着，谨小慎微地记录着他的陈述，然后，突然地，在一瞬间，他的一个句子以特殊的清晰度阐释了一切，而且我感觉

[①] A. Urfer, "Phenomenology and Psychopathology of Schizophrenia: The Views of Eugène Minkowski", *Philosophy, Psychiatry and Psychology* 2001, 8(4), p. 281.

自己把握到了复杂生命的整体,把握到了基本紊乱(它是整个临床图景的试金石)。我可以说这是一个柏格森式直观的例子。"[1]

如此被把握到的精神疾病本质,显然不同于对精神疾病的神经因果解释,但它确实清晰地揭示了精神疾病的纯粹意识属性。闵可夫斯基和雅斯贝尔斯一样,不接受"精神疾病就是脑的疾病"的信条,而认为精神疾病的发生有两个方面:一方面,精神紊乱不能只在脑的范围内发生,而应该是脑与世界的交互失常;另一方面,这种交互失常首先应该在意识层面上发生,然后才发展到物理层面上。这些主张都成了现象学精神病理学的核心思想。

二、精神分裂症的本质:与现实的生命联系的失落

精神分裂症是一种以妄想、幻觉、思维及语言紊乱、运动行为异常、情感及意志缺失等为特征的精神疾病。[2] 精神分裂症作为重度精神病,长期以来都是一个医学顽症。人类已经花费了一个多世纪的努力,试图弄清它的病理发生根源,但直到现在也没有成功,因为人们始终无法确定它的本质。当代主流的精神分裂症研究几乎完全将注意力放在它的生理和认知机制上,而忽视对其主观经验的系统研究。[3] 然而,研究者们发现:"不探查主观经验,而单靠行

---

[1] E. Minkowski, "Phénomvnologie et analyse existentielle en psychopathologie", p. 145.

[2] 参见 American Psychiatric Association, *Diagnostic and Statistical Manual of Mental Disorders: DSM-5. Fifth Edition*, pp. 87–88。

[3] 参见 P. J. Uhlhaas and A. L. Mishara, "Perceptual Anomalies in Schizophrenia: Integrating Phenomenology and Cognitive Neuroscience", *Schizophrenia Bulletin* 2007, 33(1), p. 142。

为异常，不足以预测未来的精神分裂症。"[1] 在这种情况下，以探查精神分裂之主观维度为核心的闵可夫斯基的精神分裂现象学，具有非常重大的理论及实践意义。

在闵可夫斯基看来，精神分裂症最基本的特征是：与现实的生命联系的失落(perte de contact vital avec la réalité)。[2] "与现实的生命联系"这个概念中不仅有胡塞尔的主体间性思维和海德格尔的在世界中存在的思维，而且受到了柏格森的生命现象学的影响。一方面，它就是个体与自我及世界的关系模式；另一方面，它是一种内在与外在、主观与客观之间持续流变的交互模式。这种非静态性使得自然科学无法像研究一般外在客体那样去研究它，或者说自然科学很容易就将它排斥在研究对象之外。因此，闵可夫斯基认为：自然科学的研究方法是有局限性的，而且在精神病理学中，现象学应该是认识精神分裂症本质特征的首要方法。

与现实的生命联系属于对实在的潜意识觉知，因此它属于现象学意义上的前反思结构维度。它将个体的生命指向未来，并且塑造了个体在世界中的生成。在闵可夫斯基看来，精神分裂中的基本紊乱就是与现实的生命联系的失落，而它造成了主体与其周遭世界之间关系的特殊扭曲。由于正常的与现实的生命联系是动态的，所以它的失落经常表现为静态因素的过度增大。例如，一个患者这样描

---

[1] M. Weiser, A. Reichenberg, J. Rabinowitz, Z. Kaplan, M. Mark, E. Bodner, and D. Nahon et al., "Association Between Nonpsychotic Diagnoses in Adolescent Males and Subsequent Onset of Schizophrenia", *Archives of General Psyciatry* 2001, 58(10), p. 962.

[2] 参见 E. Minkowski, *La Notion de Perte de Contact vital avec la Réalité et ses Aapplications en Psychopathologie*, Paris: Jouve & Cie, 1926。

述他的疾病经验:"我周围都是静止的东西。事物以分离的方式显现……它们是被理解到,而不是被经验到。它们就像在我周围上演的童话剧,但是我不能参与其中,我置身于局外……我周围所有的东西都是静止和凝固的……我只把未来当作过去的重复;在我与世界之间没有生命流。我不能把自己给予世界。"①

闵可夫斯基通过现象学式的思维,突破了布劳伊勒和克雷奇默(Ernst Kretschmer)所提出的精神分裂症的传统概念。布劳伊勒区分了精神分裂症与情感障碍(如:躁郁症);二者的差异不以特殊症状为基础,而是以对周遭世界的基本态度为基础(精神分裂症患者丧失了与周遭世界的联系,而情感障碍患者仍然保有这种联系)。克雷奇默把布劳伊勒的这种区分扩展为了人格的分裂类型与循环类型的区分;二者的关键差异在于:循环类型保留了与周遭世界的联系,而分裂类型脱离了环境,或者说只与世界保持表面的联系。闵可夫斯基继承他们的地方在于:精神分裂的基本紊乱是与世界联系的丧失;突破他们的地方在于:闵可夫斯基将胡塞尔与柏格森的生命现象学思想注入精神病学,而主张人与世界的联系是一种生命的联系,而不是像一块石头在地上那样的联系,精神分裂症患者就是一个脱离了共在世界的人。因此,精神分裂症往往会表现为自闭症。② 这里的自闭症,不同于当前人们使用的、作为先天神经发育障碍的自闭症,而更多地指精神分裂症的阴性症状——情感淡漠,脱离公共世界。实际上,自闭症一般的精神分裂症,才是真正的精神分裂症。

---

① E. Minkowski, *La Schizophrénie*, Paris: Payot, 2002, pp. 99-100.
② 参见 A. Urfer, "Phenomenology and Psychopathology of Schizophrenia: The Views of Eugène Minkowski", p. 283。

三、与现实的生命联系的具体含义

"与现实的生命联系"是闵可夫斯基思想中的核心概念,但也相当模糊。"现实"是什么呢?"与现实的联系"是什么呢?"与现实的生命联系"又是什么呢?对于这些问题,如果人们从不同的哲学立场出发,就会得到不同的答案。我们大致可以从语言、规则与实践这三个方面出发去理解"与现实的生命联系"这个概念。①

1. 语　　言

在哲学上,"现实"本身是一个极有争议的概念。唯物主义和唯心主义对此有着截然相反的解答。闵可夫斯基的立场较为接近胡塞尔,即不把"现实"当作客观的外在世界,但现实也不是内在的世界。②在他看来,语言对"现实"起着首要的构造作用——这个观点非常接近海德格尔"语言是存在的家"的思想,当然闵可夫斯基并没有读过海德格尔的著作。在精神分裂性自闭症中,患者可能会说"他自己的语言"。③患者与现实的脱离,表现为他们创造了新的私人语言。患者所使用的符号是健康人所无法辨认的,因此这些符号丧失了与现实的联系。与现实联系的丧失,导致了语言障碍(如:多语症和缄默症)。其他的精神病理学家,也发现了精神疾病患者(尤其是精神分裂症患者)的新造词与私人语言现象。例如一名患者说:"正如我已经说过的,我需要一些词来表达与它们原来的意思完全不同的意义——对我来说,它们有不同于习惯用法的意

---

① 参见 Z. V. Duppen, "The Meaning and Relevance of Minkowski's 'Loss of Vital Contact with Reality'", *Philosophy, Psychiatry and Psychology* 2017, 24(4), pp. 385-397。

② 参见 E. Minkowski, *La Schizophrénie*, p. 159。

③ 参见 ibid., p. 149。

义。因此：患疥癣的（räudig），我很舒服地用它来指'勇敢的、大胆的'……Gohn，'扒粪者'的行话，我用它来指妇人，就像学生的'扫帚'（Besen）。因为我没有为急速喷涌的想法找到合适的词语，所以我亲自制作了这些词语，就像小孩子经常做的那样。我还根据我的口味创建自己的命名，例如：用'Wuttas'指鸽子。"[1]DSM-5也确认了精神分裂症患者的语言混乱。因此，闵可夫斯基指出，心理治疗师的目标之一就是寻找与患者的共同语言，以便让患者回到现实中。[2]这也是今天的心理治疗的原则之一。"改善临床亲善和参与度：'说患者的语言'（在语言上以及在他或她的主要概念和隐喻的意义上），可以获得更好的沟通和满意度，促进治疗协商，并得到更高的容纳性和依从性。"[3]

2. 规　则

与现实相关的第二个领域是"规则"。健康人之所以是现实的，是因为他们的行为是遵循规则的——这里的规则既包括明确的行为规则，也包括不成文的规则；现实感即规则感。"我们在衡量和边界的感觉中发现了与现实的生命联系的现象——这种感觉围绕着所有使我们成为无限细微和无限人类的、活的界限一样的规则。"[4]患者失去了边界感和规则感，从而不知道是什么是现实的、什么是不现

---

[1] K. Jaspers, *Allgemeine Psychopathologie*, S. 243.

[2] 参见 E. Minkowski, *Traité de Psychopathologie*, Paris: Presses Universitaires de France, 1966, p. 41。

[3] American Psychiatric Association, *Diagnostic and Statistical Manual of Mental Disorders: DSM-5. Fifth Edition*, p. 759.

[4] E. Minkowski, *Lived Time: Phenomenological and Psychopathological Studies*, p. 69.

实的。为了弥补这种规则失落感,患者往往会诉诸病态理性主义。一个典型的例子说明了这一点。一名男性患者在马路上被女子吸引到了,于是他跑回家坐在椅子上,保持他认为最对称的姿势,然后开始思考一个问题:为什么女人会对男人产生这样的吸引力?患者的结论是:"生命中的一切,甚至包括性的感觉,都可以归结为数学。"[①]这种使人保持与现实的生命联系的感觉,来自前反思的直觉——在胡塞尔所说的被动综合的层次上。"仅凭直觉就构成了我们的行为方针,而这使我们在某些情况下可以偏离制度规则。我们寻求的不是与理性相符,而是与感觉、与生命相符。我们从来没有能够制定行为规则,但我们知道我们该做什么。正是这一点使我们的活动无限柔软、无限延展、无限人类——'人类'不是动物物种意义上的,而是在预想最高价值、舍此我们无法前行意义上的'人类'。"[②]

3. 实　践

与现实相关的第三个领域是"实践"。"实践"表征着人对周遭世界的实际参与。闵可夫斯基不把精神分裂症视为认知缺陷,而将其视为实践能力的异常——患者仍然拥有知识,只是无法在与现实的联系中运用知识。他举例说,当某人的房屋处于被水淹没的边缘时,健康人会希望逃离这所房屋或警告其他居民,而患者却会去描述水的物理性质或分子结构。这意味着,单纯的知识对我们的生命是没有意义的,只有与周遭世界相联系的知识才是有意义的。患者实践能力的缺乏不是理智的受损,而是非理智的情境感的缺乏。闵

[①] E. Minkowski, *Lived Time: Phenomenological and Psychopathological Studies*, p. 278.

[②] Ibid., p. 69.

可夫斯基将情境感称为"我—这里—现在"。这种感觉属于生命的动力机制。精神疾病进程所攻击的对象就是"我—这里—现在"的感觉。例如,精神分裂症患者说,他知道自己在哪里,但他对自己在那个地方或者说对"实存"没有感觉。[1]这种实存感的缺乏,使患者无法将知识与情境相联系,更无法保持与现实的生命联系。

4. 偶然性、非理性和氛围

除了上述三个领域之外,闵可夫斯基的"现实"概念还包括:偶然性、非理性和氛围。[2]首先,在精神分裂症患者的世界中只存在必然性,而没有偶然性。偶然性的缺失使得现实缺少了重要的组成部分,例如:机会、巧合、无意义或意外的可能性。强迫症患者(尤其是疑病症患者)尤其有这样的问题:他们坚信,如果他们不做某事,就一定会发生不幸的事。然而,正如闵可夫斯基所指出的,现实的世界是有偶然性的。当机会与偶然性不再起作用时,患者就失去了与世界的生命联系。其次,尽管实践和规则是现实的一部分,但非理性也是现实的一部分。初看起来,精神疾病是非理性现象,但至关重要的是非理性的个体活力。患者个体活力的减退,迫使他们用过度的理性去替代非理性的力量。再次,如前所述,闵可夫斯基所说的现实不是物质意义上的客观世界,而是与人的生命相联系的周遭世界。与现实的生命联系不是物理意义上的接触,而是超越内外划分的与周围环境的和谐相处,即"生命共振"(lived synchronism)。

---

[1] 参见 E. Minkowski, *Lived Time: Phenomenological and Psychopathological Studies*, p. 274。

[2] 参见 Z. V. Duppen, "The Meaning and Relevance of Minkowski's 'Loss of Vital Contact with Reality'", pp. 388–389。

四、精神分裂性自闭症：粗糙自闭与贫乏自闭

在精神分裂症研究的基础上，闵可夫斯基进一步阐述了一种不同于今天的神经发育障碍意义上的自闭症的"自闭症"（autisme）概念。他所指的"自闭症"不是一个症状学概念，而是一个描述了人格整体的现象学精神病理学概念。在他看来，布劳伊勒所谓的基本症状（情感或思维障碍）不能定义自闭症，因为还有其他行为形式可被称为自闭症；真正让精神科医生可以确诊自闭症的是：与现实的生命联系的失落。他以一个女患者为例来说明了这一点："一个女患者与她的家庭生活在一个简装的公寓内。她丈夫的薪水很少，而不能满足家庭的绝对必需支出。有一天，这个女患者宣布：她想买一架钢琴，以便让孩子们可以上钢琴课（在家庭的财务状况较好时，他们曾经这么做）；丈夫想要劝阻他的妻子，并引发了若干争论，但是没有用。妻子得到了一份夜班工作，而不再提她的计划。但有一天，她的丈夫发现他们简陋的房间里有了一架崭新的钢琴，而且它与房间里的其他东西形成了鲜明的对比……她愿望的内容不是病态的，但是她丧失了某种对人来说是根本的东西。钢琴在这个特定的情境中，只是一个障碍物；它的雄伟壮丽，反映了公寓的不和谐。"[①]

值得注意的是，这名女患者的愿望内容不是病态的，但是这个愿望的实现是不现实和不恰当的，或者说与她的现实世界是脱节的。精神分裂性自闭症患者在世界中的行动没有情境感或世界感。这种与情境、世界相脱节的行为，正反映着与现实的生命联系的失

---

① P. J. Uhlhaas and A. L. Mishara, "Perceptual Anomalies in Schizophrenia: Integrating Phenomenology and Cognitive Neuroscience", pp. 154–155.

落，即患者不能从情境或世界要求出发，确定哪些行为是"合理的"、哪些行为是"不合理的"，以至于他们往往会做出在他人看来是疯癫的行为。

闵可夫斯基还区分了两种形式的自闭症：粗糙自闭（autisme reche）和贫乏自闭（autisme pauvre）。[①] 粗糙自闭的范型是做白日梦，这种形式就是布劳伊勒曾经描述过的自闭症：患者从外在现实中逃离到了无限制的幻想生活中。尽管患者仍然有对现实的潜在觉知，以及与世界的部分联系，但这时，幻想与现实经常在同等的层面上共存（或者说，幻想经常取代现实来决定患者的行为），于是患者就会陷入夸张的幻想中。粗糙自闭还有两种表现：一种是没有显著理由的、病态的生闷气或易怒，但这种人格不会维持很长时间；另一种是病态的后悔，即患者长期沉浸于悔恨之中——只活在过去，不面向未来。

然而，闵可夫斯基认为，贫乏自闭才是更纯粹或原初的自闭症形式。贫乏自闭的根源是与现实的生命联系的失落，以及个体活力的衰退。贫乏自闭的特征是：质疑的态度、病态理性主义，以及静态和几何要素在人格中的主导地位。在健康人身上，理性与非理性、逻辑与直观、静态与动态处于一种交互的平衡之中。但在精神分裂症患者那里，非理性、直观、生命的动态绵延完全让位给了理性、逻辑、生命的静态停滞。例如，有一名患者，自16岁以来就一直问自己有关建筑结构的问题。他的问题是：建筑结构坚实吗？

[①] 参见 A. Urfer, "Phenomenology and Psychopathology of Schizophrenia: The Views of Eugène Minkowski", pp. 285-286。

他不能理解：为什么石头之间的水泥没有被沉重的石头压坏呢？另外，他认为计划是他生命中唯一重要的事情，而计划中吸引他的地方是：对称性和有序性。然而，生活既缺乏有序性，也没有对称性。[①]这些问题都不是健康人会提出的问题，而且它们正好表明了患者已经丧失了与现实的生命联系。患者正是通过这种不断质疑的方式，去尝试重建与现实的生命联系。

闵可夫斯基认为，粗糙自闭和贫乏自闭都属于精神分裂症的补偿机制，而且这种补偿是由患者人格中健康的部分产生的，其目的是为了寻找新的平衡。粗糙自闭的补偿态度仍然是健康的，保持着与现实的生命联系；但是，贫乏自闭的补偿态度受到了基本紊乱的侵袭，从而完全丧失了与现实的生命联系。

五、精神分裂症的疗法：生活疗法和工作疗法

在确定精神分裂症的根源是与现实的生命联系的失落以后，闵可夫斯基就将心理治疗的目标确定为：帮助患者重建这种联系。他发现，传统的隔离治疗对精神分裂症患者不是很有效。"对这些患者来说，延长住院也很难有用。将他们关押到精神病院或医院（尤其是让患者无事可做），只会强化那堵把患者与现实相隔离的墙；患者会在他们的自闭症中陷得更深。相反，我们建议尽可能地将患者重置于他们的正常环境中，因为我们首先肯定：主体间的家庭动态本身不是病因。医生还必须保持与患者家庭非常紧密的联系。在

[①] 参见 E. Minkowski, *Au-delà du Rationalisme morbide*, Paris: Ed L'Harmattan, 2000, pp. 59–61。

保罗的例子中，我们以类似的方式在做。他的父母在他住院四周后把他接回了家。"[1]

闵可夫斯基倡导的是生活疗法和工作疗法。一方面，精神科医生要成为患者与其正在远离的现实之间的联结点，并在与患者的长期交互中将健康的生活态度给予患者。或者说，在患者陷于精神的残疾以后，医生要充当患者在世界中的精神拐杖。在与患者的交往中，医生要不厌其烦地向患者重复正常的生活方式应该是什么。换言之，生活疗法的实质就是：让患者充分地投入生活，让他通过大量与健康人相似的行为活动，重建与现实的生命联系。因此，闵可夫斯基反对将精神分裂症患者放到医院或其他封闭环境中进行治疗，因为这会扩大患者与实在的距离，并进一步强化患者的精神分裂症障碍。

另一方面，工作疗法是将患者与现实相联系的又一重要力量。在精神医学的情境中，工作不是谋生或消遣的手段，而是一种有效的治疗方式。如果患者还能够工作，就意味着患者仍然能够保持或建立与现实的生命联系。例如，闵可夫斯基让他的一个患者（保罗）去做一项最简单的工作：抄写。"第一周，保罗抄写了两页；第二周，他抄写了四页；第三周，他抄写了十二页。……对于保罗的未来，我们有严重的保留，但我们还是注意到他症状上的一些改善。保罗不再无限地对无意义的问题感到心事重重了。他自己可以清洗，自己吃饭。他对周围的事情有了更恰当的兴趣。他的行为变得更有

---

[1] E. Minkowski and R. Targowla, "A Contribution to the Study of Autism: The Interrogative Attitude", *Philosophy, Psychiatry and Psychology* 2001, 8(4), p. 277.

表达性。他重新学会了微笑。他的整个存在态度有了更个体的质量。他自发地表达了意愿,并请求画画。同时,他的质疑态度和自闭症状有了部分的消退;相比于我们一开始对他进行检查时,现在这些症状变少了。"[1]

结　语

闵可夫斯基是富有洞察力的精神科医生,而且他所有的哲学思考都以他的临床观察为基础。他也非常接近于古希腊意义上的哲学家,即不仅拥有某一方面的高超技艺(精神病学和临床治疗),而且拥有超出具体学科的卓越哲学思考(现象学)。闵可夫斯基对精神分裂症主观经验的现象学分析,深刻地改变了人们对于精神分裂症患者的传统看法,而且他提供的新颖图景对今天的人们去理解精神分裂症仍然有极重要的意义。传统上,人们认为精神疾病就是高级精神能力的丧失或退化。哲学和科学是精神疾病的反面,因为哲学反思和科学实验代表着最高级的人类精神能力,并且是人类本质生命力的最终表达。[2] 然而,闵可夫斯基发现:精神分裂症患者不但没有丧失高级的精神能力(如:理性、抽象思维、自我意识、自我批判等),而且往往拥有过度的高级精神能力。精神分裂症往往表现为与哲学及科学好奇(如笛卡尔式的质疑态度)非常类似的质疑态度。例如,患者保罗整天都沉浸于质疑一切的状态之中:"在进

---

[1] E. Minkowski and R. Targowla, "A Contribution to the Study of Autism: The Interrogative Attitude", p. 277.

[2] 参见 L. A. Sass, "Self and World in Schizophrenia: Three Classic Approaches", *Philosophy, Psychiatry and Psychology* 2001, 8(4), pp. 266-267。

入浴室后,我不确定自己是否已经关门了。然后,我看着扇形窗,并想着它是否是通风的。我反复地去拉门,以确认它是关着的。然后,由于门没有关好,我又从上到下地检查门的裂缝。我想知道:透过这道缝隙的日光,与平时的强度是否是一样的;有时候,这道日光显得更暗或更亮。"① 但由于患者丧失了与现实的生命联系,所以他们的质疑态度是病态的。事实上,精神分裂症的紊乱发生于患者精神存在的底部;或者说,患者丧失的是相对普通的、低级的精神能力。

闵可夫斯基所奠定的现象学精神病理学进路,不仅对今天的精神病学有极大的启发意义,而且对有关人类本质的哲学认识有重大的意义。当今在精神病学、神经科学、医学中占据主流,且渗透到当代哲学中的思想是脑还原主义进路,即将精神现象与精神疾病还原为脑神经生理进程的进路。在这种还原主义的视野中,人就是脑。然而,在闵可夫斯基看来,精神疾病不是孤立的脑部异常,而是作为整体的人与其世界交互的异常——精神分裂症是人与世界的生命联系的丧失。这种主张与胡塞尔的主体间性以及海德格尔的在世界中存在的思想是一致的,并且是现象学精神病理学进路的共同主张之一:人不是脑,尽管人与世界的交互要以脑为媒介;精神分裂属于主体间性紊乱,或者说在世界中存在的扭曲模式。闵可夫斯基将雅斯贝尔斯所开创的现象学精神病理学进路往前推进了一大步,并且对之后的现象学精神病理学家(如:布兰肯伯格、萨斯、

---

① E. Minkowski and R. Targowla, "A Contribution to the Study of Autism: The Interrogative Attitude", pp. 271-272.

帕纳斯)都产生了重大的影响。因此,在当代精神病理学反思脑还原主义进路局限性的运动中,闵可夫斯基作为一个标志性的现象学精神病理学家得到了极大的重视。

第二节 对躁狂-抑郁症的时间现象学分析

在现象学精神病理学中,长期以来存在着关于抑郁症、躁狂症、精神分裂症、精神病态等疾病的时间经验紊乱的观点,并得到了大量经验研究的证实。例如,雅斯贝尔斯指出了精神疾病患者时间经验的加速、放缓、丧失和停滞[1];斯特劳斯将抑郁症的特征描述为"基本时空结构"的变化[2];冯·葛布萨特尔使用构造—发生方法,揭示了抑郁症患者强迫思维中的时间经验特征(向着未来的生命指向的受阻)[3];宾斯旺格声称可将躁狂症理解为时间性结构收缩为单纯的当下[4];近来,福克斯将抑郁症患者的时间经验称为石化(reification)——"不再"和"太迟了"的时间经验成为主导的时间经验[5]。

闵可夫斯基使用胡塞尔的现象学分析方法来确定抑郁症的时间

---

[1] 参见 K. Jaspers, *Allgemeine Psychopathologie*, S. 70-74。

[2] 参见 E. Straus, "Disorders of Personal Time in Depressive States", *Southern Medical Journal* 1947, 40(3), p. 254。

[3] 参见 E. v. Gebsattel, "Zeitbezogenes Zwangsdenken in der Melancholic", in E. v. Gebsattel hrsg., *Prolegomena einer medizinischen anthropologie*, Berlin: Springer Verlag, 1954, S. 1-18。

[4] 参见 L. Binswanger, "Über Ideenflucht", S. 1-232。

[5] 参见 T. Fuchs, "Temporality and Psychopathology", *Phenomenology and the Cognitive Sciences* 2013, 12(1), p. 97。

结构问题，并认为时间结构紊乱是抑郁症中的发生障碍（generating disorder）。[①] 胡塞尔的内时间意识现象学与闵可夫斯基的时空精神病理学，都聚焦于时间经验与空间经验的可能组织。胡塞尔启发了闵可夫斯基，但闵可夫斯基也通过时空经验在病态意识中的组织，强化了内时间意识现象学的生命性。或者说，胡塞尔在先验层次上发展了内时间意识现象学，而闵可夫斯基在经验层次上发展了内时间意识现象学。胡塞尔曾认为，只有通过自由想象变换，我们才能了解生命世界的本质特征，但闵可夫斯基告诉我们：通过对精神疾病患者的生活世界现象学描述，生命世界的本质特征也能得到呈现——这种呈现不再是纯粹的想象，而是有实际的生命根基的，并且超出了想象。

一、胡塞尔的内时间意识现象学

由于大多数有关时间经验紊乱的现象学讨论都参考了胡塞尔对内时间意识的分析，所以我们有必要先来阐述胡塞尔的内时间意识现象学。

胡塞尔通过生命的当下知觉瞬间来分析内在的时间性。生命当下具有三重成分：最近的过去、当下（Gegenwart）和即将来到的未来。相应地，生命当下以三种形式的意向性来分别把握这三重成分：滞留、原印象和前摄。滞留是对过去的指向，原印象是对当下

[①] 参见 E. A. Lenzo and S. Gallagher, "Intrinsic Temporality in Depression: Classical Phenomenological Psychiatry, Affectivity and Narrative", in C. Tewes and G. Stanghellini eds., *Time and Body: Phenomenological and Psychopathological Approaches*, Cambridge: Cambridge University Press, 2020, pp. 289-310。

的指向,而前摄是对未来的指向。①

我们可以用在音乐会上欣赏音乐旋律的例子,来理解这种内在的时间结构。在某个时刻,我们听到了一个特定的音符Mi。但是,如果要将该音符作为旋律(例如:《命运交响曲》)的一部分,而不是孤立的音符,我们的意识还必须呈现出先前听到的音符Sol。对过去音符Sol的把握方式不能与对当前音符Mi的把握方式完全相同(前者要得到必要的修改,或者说它本身就发生了变化,然后以回忆的形式出现),否则它们将不会以旋律的形式一起出现,而会以和弦的形式出现。因此,过去音符Sol与当前音符Mi一起被意指到,但过去音符Sol已经过去,先于当前音符Mi被给出。换言之,当我们的原印象是当前音符Mi时,我们滞留着过去音符Sol,作为对原印象的修改(Sol')。当前音符Mi马上也变成了Mi'。这种前后的变化,对于作为时间对象的旋律来说是必要的。在另一个方向上,在听到过去音符和当前音符之后,我们的意识还必须指向未来——这就是前摄。出现在前摄视域中的是不确定的、晦暗的未来。这种前期待意向可能会得到充实,也可能会失实。但这种向未来的敞开是非常必要的时间构造成分。我们对于时间现象的知觉,就依赖着滞留、原印象和前摄构成的三重结构。②

---

① 参见 E. Husserl, *Analysen zur passiven Synthesis. Aus Vorlesungs-und Forschungsmanuskripten (1918-1926). Husserliana XI*, hrsg. M. Fleischer, Hague: Martinus Nijhoff, 1966, S. 323-324。

② 参见 E. Husserl, *Zur Phänomenologie des inneren Zeitbewußtseins (1893-1917). Husserliana X*, hrsg. R. Boehm, Hague: Martinus Nijhoff, 1966, S. 35-36; E. Husserl, *Analysen zur passiven Synthesis. Aus Vorlesungs-und Forschungsmanuskripten (1918-1926)*, S. 323-324; E. A. Lenzo and S. Gallagher, "Intrinsic Temporality in Depression: Classical Phenomenological Psychiatry, Affectivity and Narrative", pp. 289-310。

内时间意识的构造就是被动综合进程，即不需要主动自我共同参与的进程。"这是最普遍和最原本的综合，而且这种综合必定把所有在被动性中作为存在者而原初地被意识到的特定对象联系起来，无论这些对象的内容可能是什么，并且这些对象可能以其他何种方式作为内容上统一的对象而被构成。"① 被动综合就是时间意识的形式，而它也是我们感到有时间在流逝的潜意识原因。这种内在时间性的形式结构特征独立于时间经验的任何特定内容而存在，尽管其总是仅在与某些内容具体结合时才能被人经验到。我们就以它为基本框架，去经验一切："在所有被意识到的客体性和作为存在者的为己主体性的构造 ABC（字母表）中，这里存在的是字母 A。正如我们可能会说的那样，字母 A 存在于普遍的形式框架中，存在于综合构造的形式中，而所有可能的综合都必须分有这种形式。"②

胡塞尔区分了时间经验的形式、内容和充实。这三种要素是密不可分的：时间经验的形式决定了内容的排序，而充实是形式与内容之间的中介。"这些形式的充实（它使具体被赋形的统一性得以可能），就在融合与对比的特殊条件之下。感触（Affektion）沿着联结前进；只要事实或形象的同质性条件得到满足，以至于涵盖综合能够相邻或间距性地形成，只要感触的联系能够存在，并且感触能够传递，那么现有的感触力就会增强，等等。"③

---

① E. Husserl, *Analysen zur passiven Synthesis. Aus Vorlesungs-und Forschungs-manuskripten (1918–1926)*, S. 127.
② Ibid., S. 125.
③ Ibid., S. 164.

二、闵可夫斯基的现象学精神病理学

时间问题是现象学、精神病理学、心理学以至整个当代文化的中心问题。正如胡塞尔与柏格森所揭示的,自然主义的时间观剥夺了时间体验的丰富性。胡塞尔聚焦于健康人时间经验的内在结构,而闵可夫斯基关注的是躁狂-抑郁症患者的时间经验的内在结构变异。尽管二者的研究对象不一样,但他们关注时间经验的内在结构这一点是共同的。时间经验内在结构的变异,导致了患者时间经验的扭曲——变慢或变快。

1. 躁狂症患者的时间经验紊乱

与精神分裂症患者不同,躁狂症患者仍然保持着与现实的生命联系。但躁狂症患者的时间经验发生了紊乱。他们的心理活动速度大于、高于健康人。尽管在节奏快速的当代社会,这会赋予他们无可争辩的优势,但闵可夫斯基仍然把躁狂症视为一种退化。"处于狂躁状态的人只能活在现在(now),这是一个限制了他与环境接触的现在。他再也没有当下(present)了,因为总的来说,他不能再经验到'时间的绽放'。"[①] 他所指的"现在"是狭窄且不向未来延展的,而"当下"是宽广与扩展的——躁狂症封闭了患者的未来生命,从而使得患者的时间经验也沉没了。

克雷佩林也持类似的观点,例如他对处于躁狂兴奋中的思维奔逸状态是这么描述的:"就像思维奔逸只是这些患者分心的异常气质的表现之一那样,我们通常会观察到,表现出这种思维奔逸的患

[①] E. Minkowski, *Lived Time: Phenomenological and Psychopathological Studies*, p. 294.

者（通常对外界激惹持开放态度）在这些激惹的影响下会给出新的思维方向（而这反映在他们的讲话中），然后将他们碰巧看到的物体、题字、意外的声音、偶然在他们耳边响起的单词合并到他们的讲话中，并产生了一系列相似的表达——这些表达仅通过口语习惯相互连接或共鸣。但是，其观察和理解能力并未得到增强。相反，这些患者通常只以短暂与含糊的方式进行知觉，并且似乎很少关心周围的情况。但是，当他们确实注意到某件事时，他们的思路以及作为一般规则的言语活动就会受到控制。他们用言语表达自己的看法，并因此受到刺激而毫无目的地分心了。"[1] 以上描述很好地表达了躁狂症患者与现实的生命联系的收缩和肤浅化。正是时间绵延的缺失造成了这种收缩和肤浅化，因为患者只能建立与现实的瞬间联系。

总的来说，闵可夫斯基发现：时间经验形式结构的紊乱是躁狂症的核心特征——抑郁症同样如此，因此二者可归为一类；躁狂症患者只生活于现在，而不能经验到时间向复杂当下、过去和未来的延展（滞留、原印象和前摄三重意向性结构的缺损）；躁狂症患者的时间经验形式结构的紊乱限制了他们与现实的生命接触。[2]

2. 抑郁症患者的时间经验紊乱

闵可夫斯基围绕着一名26岁的、大学毕业的重度抑郁症患者，做了详细的个案分析。这名患者有以下症状：疑病症、自我意识缺损、

---

[1] E. Minkowski, *Lived Time: Phenomenological and Psychopathological Studies*, p. 295.

[2] 参见 W. Martin, T. Gergel, and G. S. Owen, "Manic Temporality", *Philosophical Psychology* 2018, 32(1), p. 76。

环境疏离感、活动障碍等。而最重要的是患者有关时间经验瓦解的抱怨:"自从我的抑郁症发作以来,我一直深信:我的病与时间有关。"①

2.1　患者的自我描述

患者的时间经验瓦解表现在以下方面:(1)与世界时间的脱节感:尽管患者仍然能够感觉到世界时间的流逝,但他无法跟上它。这种脱节感,使患者觉得世界时间的流逝太快了,并且使患者感到他无法在世界中存在。(2)同化运动(assimilating movement)的不能:患者无法做跟随运动,因为他只能看到静止的物体,而不能看到正在运动的物体。所以,他只想保持静止状态。(3)时间的分裂感以及连续组织的不能:患者只能生活在瞬间当中,而不能将不同的瞬间串联起来。"在我生活的每个新瞬间,我都有刚从天上掉下来的感觉。……我不记得昨天是否外出。我只知道我今天有第一次外出的印象。"②(4)当下参与周围事件的不能:患者总在事后才觉知到自己要参加哪些事;患者总是错过,而不能参与该参与的事情。(5)时间进展概念的缺失:患者的时间无法往前走,所以患者只能重复过去的活动,以及重述类似的事实。(6)当下化(presentification)功能障碍:患者无法将生命的当下、过去与未来联系在一起,也不能采取过去视角。"我在当下只存在于观念中,而不存在于情绪和感情中。我为过去所强迫。我过去的意象像电影院里的场景一样流逝,但我并没有将它们附加到当下。我像观众一样观察它们。当你应该来的时候,我总是想着我要对你说的话。我永远不会在当

---

①　E. Minkowski, *Lived Time: Phenomenological and Psychopathological Studies*, p. 332.

②　Ibid., 333.

下。在我身上，过去的事情经常会滚动。……但是当我'陷入'我所描述的现象时，我发现我已经决定了一些基本上与任何事物都不对应的事物。我记得我以前可以做的事情，但是我决定做的事情与任何真正的愿望都没有关系。"[1](7)过去的事无法过去的感觉以及悔恨的情感：患者总是为了过去的事而感到遗憾或悔恨，因为他认为过去的事本来是可以改变的。"我需要不断地发现过去的'原因'，尤其是我的疾病的'原因'。我觉得我必须责怪所有人和我自己。……我执着于过去，并直接遵守这样的观念：我将总是现在的样子。一切都不会改变了。"[2]

2.2 现象学精神病理学的时间经验结构解释

患者的第一个抱怨是：与周遭世界的脱离。这说明，"同时性"是在周遭世界中存在的一种方式。我们如果由于抑郁而闭门不出或卧床不起，那么我们就无法参与生活中的重要事情，也不能按时执行我们珍爱的计划。时间的重要性不仅在于它就是金钱，还在于时间就是参与世界的前提。没有了与世界同步的时间，我们就会被抛出世界。

患者的第二个抱怨是：感知物体运动能力的丧失。所以患者说："我能看见一棵树，但看不到正在行驶的汽车。"[3]感觉物体运动的能力，与感觉时间流逝的能力相联结。患者的视觉没有问题，但时间流逝感的丧失使他无法同化运动，因为运动感知没有时间背景了。

---

[1] E. Minkowski, *Lived Time: Phenomenological and Psychopathological Studies*, p. 335.

[2] Ibid., pp. 336-337.

[3] Ibid., p. 339.

患者的第三、第四、第五和第六个抱怨都涉及生命时间的分裂感——当下、过去与未来的联系没有了,并且都发生了变形。当下只是一个观念;过去采取的是强迫症的形式,并且过去与当下的呈现方式是一样的;未来也被穷尽了。健康人的记忆既是对过去事件的记忆,也是对作为当下原因之事件的记忆,而且未来是由当下创造出来的。但是,患者丧失了这种由过去到当下再由当下到未来的动态整合能力,所以患者的记忆只能静态地发挥作用。记忆的这种变形抢夺了当下的特征,造成了当下化功能的缺损。健康人的时间意识是动态与静态因素的统一体,但患者无法将这两种因素整合在一起。这造成了患者时间意识的瓦解。"或许这就是决定我们的患者的精神生命的特定结构,并构成真正的发生障碍的本质因素——从'发生障碍'这个词的心理学意义上讲,它是在患者精神病理表现的源头被发现的。在这种情况下,他告诉我们有关他过往生活方式的事,他只是想让这种发生疾病变得合理与可理解。静态因素被异常地独立出来并且被不可估量地扩大了,因此它通过幻觉和上述过去进程而被投向过去。"[1]

患者的第七个抱怨是对过去的悔恨感和遗憾感。斯特劳斯曾经很好地解释了这一点:"在同样的程度上,抑制变得更加强烈,内部时间的流动变慢,而且过去的主导力量得到了强化。"[2] 抑郁症不只是一种与过去相关的疾病,也是生命时间的本质结构的变化。闵

---

[1] E. Minkowski, *Lived Time: Phenomenological and Psychopathological Studies*, p. 341.

[2] E. Straus, "Das Zeiterlebnis in der endogenen Depression und in der psychopathischen Verstimmung", *Monatsschrift für Psychiatrie und Neurologie* 1928, 68, S. 640-656.

可夫斯基在柏格森的"生命活力"(elan vital)概念的基础上,提出了"个体活力"(personal elan)概念,来解释这种时间经验结构的变化。个体活力的作用是创造未来,而且活力就是某种向前的意识。抑郁症的根源就在于:患者的个体活力发生了衰退,从而造成了患者的向前意识的缺损。在躁狂-抑郁症中,抑郁状态经常伴随着强迫与妄想。强迫与妄想是对由个体活力衰退造成的内部时间流动变慢的补偿。强迫和妄想现象都表达了向前运动的不能。[1]另外,上述与现实的生命联系也在个体活力的支配之下。

在斯特劳斯看来,时间经验结构的变化是生物学障碍的直接结果,又是各种精神症状的基础。因此,闵可夫斯基假定:生命时间结构将不同的症状与经验联系成了一个有意义的整体。这意味着:现象学是神经科学与精神病理学之间的中间层次。[2]

三、异常时间经验的神经机制

如上所述,胡塞尔揭示了内时间意识的经验结构,而闵可夫斯基、雅斯贝尔斯、斯特劳斯、冯·葛布萨特尔、宾斯旺格、福克斯等现象学精神病理学家指出:各种精神症状的基础是由时间经验结构变异导致的时间知觉紊乱。临床上的现象学与精神病理学研究都发现:抑郁症患者所知觉到的时间速度比健康人要缓慢得多,而躁

---

[1] 参见 E. Minkowski, *Lived Time: Phenomenological and Psychopathological Studies*, pp. 298-299。

[2] 参见 G. Northoff, "Spatiotemporal Psychopathology II: How Does a Psychopathology of the Brain's Resting State Look Like? Spatiotemporal Approach and the History of Psychopathology", pp. 871-872。

狂症患者所知觉到的时间速度比健康人要快速得多。例如,客观测量时间之判断能力的对照研究表明:在抑郁症和躁狂症被试组中,主观时间体验的相反变化可以得到证明——抑郁症患者的主观时间速度变慢,而躁狂症患者的主观时间速度变快;同时,抑郁症患者和躁狂症患者都高估了时间跨度。[1] 在时间重述任务中,躁狂症患者重述的时间间隔比抑郁症患者的要短,而且躁狂症患者能够正确地重述短的时间间隔(6秒),但低估了长的时间间隔(37秒);相反,抑郁症患者正确地重述了长的时间间隔,但高估了短的时间间隔。躁狂症患者对时间间隔的记忆短于他们实际所经验到的,而这导致了更快的时间经验;相反,抑郁症患者对时间间隔的记忆长于他们实际所经验到的,而这导致了更慢的时间经验。[2]

简单来说,现象学区分了自我时间(主观时间)知觉与世界时间(客观时间)知觉,而精神病理学发现了在躁狂症和抑郁症中主观时间知觉的相反变化。那么,进一步要考察的就是:这种异常时间速度知觉的神经机制是什么?

精神计时理论认为,在要求精确计时的任务中,前额叶网络(frontostriatal networks)在起调控作用。这得到了功能磁共振成像(fMRI)数据的支持。前额叶神经时间回路具体包括:前扣带回、

---

[1] 参见 T. Bschor, M. Ising, M. Bauer, U. Lewitzka, M. Skerstupeit, B. Müller-Oerlinghausen, and C. Baethge, "Time Experience and Time Judgment in Major Depression, Mania and Healthy Subjects. A Controlled Study of 93 Subjects", *Acta Psychiatrica Scandinavica* 2004, 109, pp. 222-229。

[2] 参见 R. Mahlberg, T. Kienast, T. Bschor, and M. Adli, "Evaluation of Time Memory in Acutely Depressed Patients, Manic Patients, and Healthy Controls Using a Time Reproduction Task", *European Psychiatry* 2008, 23(6), pp. 430-433。

补充运动区、双侧前脑岛、双侧壳核/苍白球、双侧丘脑、右颞上回、缘上回。[①]在短时间（小于2秒）的计时任务中，fMRI发现，活跃的脑区包括：右补充运动区（SMA）、右前补充运动区、基底神经节（包括壳核和右苍白球）、右侧额下回。[②]近来，诺瑟夫（Georg Northoff）将上述脑区称为躯体运动网络（somatomotor network），并认为这些脑区中的神经活动与自我时间知觉相关。与自我时间知觉相反的是：世界时间由事件及其在客观世界中的持续时间确定，而外部事件首先是在视觉和听觉皮层等感觉区域得到处理的。因此，诺瑟夫认为，感觉网络（sensory network）中的神经活动是世界时间知觉的神经基底活动。躯体运动网络与感觉网络中的神经活动相互连接与影响。因此，二者之间的比率可以被用作时间现象学理论的检验手段。[③]

那么，躯体运动网络和感觉网络中的神经活动又是如何转变为对于自我和世界时间速度的知觉的呢？近些年来，加里特（Douglas D. Garrett）等人提醒人们注意由一瞬到下一瞬的脑信号变异性的重要性。脑的神经活动一直在变，而这种变异性是有其功能的——首

[①] 参见 M. C. Stevens, K. A. Kiehl, G. Pearlson, and V. D. Calhoun, "Functional Neural Circuits for Mental Timekeeping", *Human Brain Mapping* 2007, 28(5), pp. 394-408。

[②] 参见 J. Tipples, V. Brattan, and P. Johnston, "Neural Bases for Individual Differences in the Subjective Experience of Short Durations (Less Than 2 Seconds)", *PLoS ONE* 2013, 8(1), e54269。

[③] 参见 G. Northoff, P. Magioncalda, M. Martino, H. C. Lee, Y. C. Tseng, and T. Lane, "Too Fast or too Slow? Time and Neuronal Variability in Bipolar Disorder—A Combined Theoretical and Empirical Investigation", *Schizophrenia Bulletin* 2018, 44(1), pp. 54-64。

先是让人产生了时间流逝的知觉(他们称之为时间变异性[temporal variability])。[1] 神经元的变异性反映了神经活动的动态变化,或者说,神经元的变异性是时间知觉的神经基底。如果测量出的神经元变异性很高,那么被试知觉到的时间速度就是很快的;相反,如果测量出的神经元变异性很低,那么被试知觉到的时间速度就是很慢的。

时间的神经现象学研究,聚焦于躁狂症、抑郁症和健康人被试在躯体运动网络和感觉网络中神经活动的 SD 比例(SD 就是方差的平方根变换[以原数据的平方根作为统计分析的变量值的变换,而它反映了神经元变化的程度])。躁狂症和抑郁症被试的 SD 比率,与汉密尔顿抑郁症评定量表和杨氏躁狂症评定量表的精神病理学评分之间有显著的相关性:躯体运动网络和感觉网络之间的 SD 比值越高,躁狂严重程度得分越高,而抑郁严重程度得分越低。这样的研究证明了 SD 时间平衡变化与精神病理症状之间的相关性。另外,在躁狂症中,躯体运动网络和感觉网络之间的(神经元变异性) SD 比值异常向躯体运动网络靠近;相反,在抑郁症中,SD 比值在相反的方向上朝着感觉网络靠近,而健康被试处于中间平衡位置。在躁狂症中,SD 平衡向躯体运动网络的靠近是以视觉网络为代价的,从而会导致内部时间加速和外部时间延迟;相反,在抑郁症中,SD 平衡向视觉网络靠近,但以躯体运动网络为代价,从而导致内部时间延迟和外部时间加速。现象学上自我时间和世界时间之间

---

[1] 参见 D. D. Garrett, G. R. Samanez-Larkin, S. W. S. Macdonald, U. Lindenberger, and C. L. Grady, "Moment-to-Moment Brain Signal Variability: A Next Frontier in Human Brain Mapping?", *Neuroscience & Biobehavioral Reviews* 2013, 37(4), pp. 610-624。

的去同步化（desynchronization）现象，对应于在神经元水平上的躯体运动—感觉网络 SD 比值的反向偏移。[1]

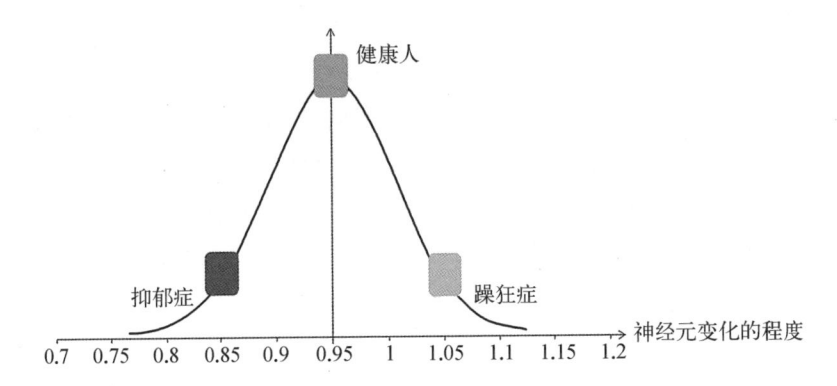

结　语

闵可夫斯基对于躁狂-抑郁症中时间经验紊乱与结构障碍的揭示，将胡塞尔的内时间意识现象学与精神病理学整合在了一起。正是生命时间将不同的症状和经验连接成了一个有意义的整体。闵可夫斯基这种对于主观经验以及经验结构的强调，与胡塞尔现象学的精神是一致的。现象学以及现象学精神病理学共同关注的时间经验及其紊乱，也为当代的神经科学研究提供了启示。如果忽视现象学以及现象学精神病理学对于主观经验的研究，那么神经科学家也将会错过潜在的重要信息来源（在脑的神经活动中去寻找什么？）。现象学与精神病理学的结合，将是对当前的操作主义精

---

[1] 参见 G. Northoff, P. Magioncalda, M. Martino, H. C. Lee, Y. C. Tseng, and T. Lane, "Too Fast or too Slow? Time and Neuronal Variability in Bipolar Disorder—A Combined Theoretical and Empirical Investigation", p. 60。

神病理学弊病的有效补救。正如美国心理学家安德里森（Nancy C. Andreasen）已经意识到的那样，DSM 的广泛推行导致了对经典精神病理学的忽视，而这使人们忽视了如闵可夫斯基所说的"发生障碍"那样的更深层的症状。[1] 闵可夫斯基对躁狂-抑郁症的研究，与近来神经现象学的研究一致。这充分说明了：主观经验是一种方法论进路，可以帮助人们认识在客观行为症状中不能呈现的对于自我、身体和时间等的前反思经验；另外，主观经验及其时间结构可以指导神经科学的研究。[2]

---

[1] 参见 N. C. Andereasen, "DSM and the Death of Phenomenology in America: An Example of Unintended Consequences", pp. 108–112。

[2] 参见 G. Northoff, "Spatiotemporal Psychopathology II: How Does a Psychopathology of the Brain's Resting State Look Like? Spatiotemporal Approach and the History of Psychopathology", p. 875。

第六章　斯特劳斯：感受现象学与精神病理学

斯特劳斯是当代哲学家、精神病理学家和心理学家，他和宾斯旺格、闵可夫斯基一起，被认为是"二战"前后现象学精神病理学的主要代表。他的感受现象学和生活世界精神病理学的作品，极具思想的原创性和写作的鲜活性。尽管他主要是从生活世界中通常为人所忽视的原初现象出发，而不是如宾斯旺格与博斯那样经常诉诸现象学家的权威，但他仍然是真正的现象学家，并且成功地建立起了现象学与精神病理学之间的相互澄明关系。正如斯皮格尔伯格所指出的那样："斯特劳斯的现象学思想最主要地体现于：反对为了哲学确定性和技术控制而对于现象世界的局限。但是他的方法也表现出了与现象学传统的大量连续性。他不仅强调鲜活的看和描述，还强调对现象本质的掌握。他没有消除实验和临床证明，而是为了解释、确证和补充的目标而召唤了它们……尽管没有布伦塔诺、胡塞尔、舍勒与海德格尔的著述，斯特劳斯的工作仍是可能的，但这些现象学家的著述提供了启发模型和辩证挑战。另外，如果没有哲学现象学的背景，斯特劳斯的工作就不能可塑和刺激性地建立起来。"[①]

[①] H. Spiegelberg, *Phenomenology in Psychology and Psychiatry: A Historical Introduction*, pp. 278–279.

斯特劳斯于1891年出生于法兰克福。从上大学开始,他就参加到了现象学运动中。他参加了普凡德尔和盖格尔在慕尼黑大学的课程、莱纳赫和胡塞尔在哥廷根大学的课程,以及舍勒的私人课程。但斯特劳斯一开始对胡塞尔尤其是对"先验还原"持保留态度。斯特劳斯所发展的现象学,遵循的是早期慕尼黑和哥廷根现象学风格的"回到实事本身"的原则,而且他发现:现象学在他的同辈精神病学家宾斯旺格、冯·葛布萨特尔、闵可夫斯基那里才特别地鲜活。因此,他的现象学实际上是经验现象学。但在胡塞尔后期的著作出版以后,他发现了自己与胡塞尔的一致性——尤其是意向性与生活世界理论。"我对宾斯旺格、拜坦迪耶克、冯·葛布萨特尔、梅洛-庞蒂、查特(Jürg Zutt)等的工作和思想总体上是有借鉴的。在这份手稿即将完成时,我读到了胡塞尔的后期著作(这些著作是在他去世后出版的)。我很高兴我们在共同关心的领域达成了一致。"[1]

1919年,他在柏林大学获得医学博士学位,并在那里开始了他作为神经病学家和精神科医生的职业生涯。1927年,他获得了柏林大学的授课资格。1928年,他担任了《神经科医生》(*Der Nervenarzt*)的共同创办人和编辑。从1931到1935年,他是柏林大学精神病学副教授。1938年,由于犹太人的身份,他被迫移民到美国,并担任了北卡罗来纳州黑山学院的心理学教授。从1946到1961年,他担任肯塔基州列克星敦市退伍军人管理局医院的院长。

---

[1] E. Straus, *The Primary World of Senses*, trans. J. Needleman, New York: The Free Press of Glencoe, 1963, p. viii.

他于1975年在列克星敦去世。[①]但他的学术影响保留了下来。美国杜肯大学在1980年成立了西蒙·西尔弗曼现象学中心,收藏了斯特劳斯的全部著作。

斯特劳斯在美国扮演的角色远不只是一名精神科医生,他更是欧洲现象学在美国的拓荒者(尤其是在精神病理学与心理学领域)。来到美国时,他发现美国是一片现象学的荒原。美国很少有人有从黑格尔、康德到胡塞尔与海德格尔的哲学发展背景;为现象学所珍视的生活世界的认识论价值、主观经验的丰富性与鲜活性,也完全遭到了贬低;在精神病理学和心理学领域,占主导地位的是自然科学式的量化与测量,而且媒体上充斥着精神药物的广告。为了将欧洲现象学的精神引入美国,他从1963到1972年召集了五次"列克星敦现象学会议",参会者有:利科(Paul Ricoeur)、怀尔德(John Wild)、弗兰克尔、普莱辛那、罗洛·梅、那坦森(Maurice Natanson)、乔治(Amedeo Giorgi)等,大大促进了欧洲现象学与美国哲学、心理学和精神病理学的交流。

他将胡塞尔所发展的现象学称为纯粹现象学(pure phenomenology),而将在精神病学、心理学和精神病理学中应用的现象学称为应用现象学(applied phenomenology)。他提请人们注意:现象学家胡塞尔、精神病学家克雷佩林与布劳伊勒,以及精神分析家弗洛伊德是同时代的——这暗示着这三大领域之间的密切关系。精神病学的普遍教条是"精神疾病就是脑的疾病",而弗洛伊

[①] 参见 T. Fuchs, "Erwin Straus", in G. Stanghellini, M. Broome, A. Raballo, A. V. Fernandez, P. Fusar-Poli, and R. Rosfort eds., *The Oxford Handbook of Phenomenological Psychopathology*, p. 127。

德所指的"精神装置"概念仍然主要是物理主义的。帮助精神病理学以及精神病学摆脱自然科学局限性的任务,不得不落在胡塞尔所开创的现象学上。"对于精神病学基础的追求仍然没有达成。我相信:这种追求最终会在现象学的帮助下完成——应用现象学的精神,而非文字。"[1]

在他以及其他学者(如:罗洛·梅、斯皮格尔伯格、怀尔德等)的共同努力下,现象学在美国生根发芽。现象学不仅融入美国哲学中,更对精神病理学、精神病学、心理学、人工智能、计算机[2]等学科产生了重要影响。仅杜肯大学心理学系就将现象学心理学研究方法运用到了数百博士论文和专著,以及上千篇学术论文中。对此,杜肯大学研究生院通报是这样总结的:"杜肯大学心理学系旨在用系统与严格的方式去发展与阐明作为人类科学的心理学。远离人类科学的立场是不可能的。心理学系相信:作为人类科学的心理学概念,就是要将20世纪的思想整合到心理学中。在杜肯大学,这个项目聚焦于发展人类科学心理学的特殊类型——从实存现象学哲学的洞见出发。心理学系想要通过发现、应用、阐明和发展这些洞见的方式,去建立人类科学。"[3] 杜肯大学的这个总结,正是胡塞

---

[1] E. Straus, "Opening Remarks", in E. Straus eds., *Phenomenology: Pure and Applied*, Pittsburgh: Duquesne University Press, 1964, p. 8.

[2] 参见徐献军:《具身认知论:现象学在认知科学研究范式转型中的作用》;《现象学对于认知科学的意义》。

[3] W. F. Fischer, "The Significance of Phenomenological Thought for the Development of Research Methods in Psychology at Duquesne University", in V. Shen, R. Knowles, and T. V. Doan eds., *Psychology, Phenomenology, and Chinese Philosophy*, Washington: The Council for Research in Values and Philosophy, 1994, p. 223.

尔创立现象学的初衷之一。正如斯特劳斯的学生费舍尔[①]所说的,现象学思想推动精神病理学、精神病学、心理学的方式至少有三种:现象学对自然科学研究方法的批判,现象学对人的前科学理解,现象学对意义的描述以及现象学态度的运用。

斯特劳斯不仅在现象学发展中是重要的,而且作为横跨大西洋,以及横跨现象学、精神病理学、精神病学、心理学的最有效桥梁的架构者也是重要的。如果没有他,现象学精神病理学在美国将只是一个没有鲜活实现的空洞意向。[②]

第一节 对生命感受的拯救

胡塞尔的现象学开始于对心理主义的批判,类似地,斯特劳斯的现象学开始于对笛卡尔所奠定的机械论心理学的批判。机械论

[①] 费舍尔(William Fischer),1934年生,于1956年获得美国密歇根大学心理学学士学位,并分别于1958和1961年获得康涅狄格大学的临床儿童心理学硕士学位和博士学位。1960—1961年,他在康涅狄格大学担任心理学讲师;1961—1962年,他在耶鲁大学担任心理学和精神病学的研究助理和讲师。1962—1963年,费舍尔在斯特劳斯的指导下作为肯塔基州列克星敦退伍军人管理局医院的临床实习生进修。在斯特劳斯的影响下,他对研究生命身体与生命世界的经验产生了兴趣。1965年,费舍尔加入杜肯大学心理学系任副教授,并于1970年晋升为正教授。同年,他出版了《焦虑理论:对焦虑经验的经验现象学研究》一书。除了对传统焦虑理论隐藏的哲学人类学进行激进的批判外,他的书还阐明了焦虑体验的结构以及焦虑与恐惧之间的区别。它是情感领域的经验现象学研究的模型,因此在杜肯大学的许多论文中得到了引用。他已在多本期刊上发表了有关现象学心理学的论文,并曾担任美国心理学会哲学部主席。通过广播脱口秀、电视节目和媒体采访,菲舍尔还使现象学的思想引起了公众的注意。费舍尔于1998—2001年担任杜肯大学心理学系主任,现在是杜肯大学的名誉教授。

[②] 参见 H. Spiegelberg, *Phenomenology in Psychology and Psychiatry: A Historical Introduction*, p. 262。

心理学在现代首先表现为巴甫洛夫的条件反射学说,然后是以艾克尔斯(John C. Eccles)、克里克(Francis Crick)、达马西奥(Antonio Damasio)、梅齐格(Thomas Metzinger)等为代表的神经构造主义(neurokonstruktivistischen Konzeption)。胡塞尔对心理主义的批判基于对更为严格的科学基础的追求——这是一种哲学的追求;而斯特劳斯对机械论心理学的批判基于精神病理学的临床实践——这是一种从精神病理学出发再到哲学的路径。正如福克斯所指出的,神经构造主义对于生物学取向的精神科医生来说似乎是自明且可行的观点,但在现象学取向的精神科医生看来,神经构造主义会让精神病理学至少陷入三种危险:首先,如果所有人的世界都是脑的相同构造,那么就只会有一个可被视为"正常"的规范构造,而其他构造都是"病理"的,那么这种基于神经构造主义的精神病理学将是潜在的极权主义,甚至是多数人对少数人的暴政。在历史上,德国纳粹党与海德堡大学的精神科医生共同实施的、旨在灭绝精神疾病患者的"T4"计划,实际上就是基于这样的思想。其次,如果所有人的世界都是脑的相同构造,那么就不会有对正常世界和自我进行修改的可能性,因为所有的修改都是病理的。最后,如果从神经构造主义出发,那么精神病理现象就完全是脑的产物,而患者的疾病与他们的生活世界以及生活历程(纵向心理发展)就是分离的——这将使精神疾病只能得到神经因果上的说明,而得不到鲜活体验意义上的理解。①

---

① 参见 T. Fuchs, "Die Ästhesiologie von Erwin Straus", in T. Breyer, T. Fuchs, und A. Holzhey-Kunz hrsg., *Ludwig Binswanger und Erwin Straus. Beiträge zur psychiatrischen Phänomenologie*, S. 137-140。

一、对机械论心理学的批判

斯特劳斯对机械论心理学的批判，除了有精神病理学临床实践上的考虑，也受到了早期慕尼黑和哥廷根现象学的"回到实事本身"以及"无偏见性"风格的影响。因此，他想要通过回到原初的感受世界，来拯救自然科学说明所遮蔽的、已经失去生命活性的感受。拯救的第一步就是对源自笛卡尔的机械论心理学的批判。

1. 笛卡尔的感觉学说及其对现代机械论心理学的影响

斯特劳斯认为，笛卡尔的身体与心灵、广延与思维、感觉对象与感觉的哲学二元对立，在他的感觉学说中得到了清楚的体现，并且现代机械论心理学将二元对立哲学作为它的根本原则。笛卡尔说："我是在思维的东西，这就是说，我是一个在怀疑，在肯定，在否定，知道的很少，不知道的很多，在爱、在恨、在愿意、在不愿意、也在想象、在感觉的东西。因为，就像我刚才说过的那样，即使我所感觉和想象的东西也许绝不是在我以外、在它们自己以内的，然而我确实知道我称之为感觉和想象的这种思维方式，就仅仅是思维方式来说，一定是存在和出现在我心里的。"[①] 因此，感觉（sensation）是作为思维存在的自我在心里表征外界事物的一种功能，而且相比于理性来说，感觉是一种有缺陷的心理功能，因为感觉会骗人。

笛卡尔认为，感觉的缺陷在于：它只与自我相关，但不与感觉的对象相关——这种分离性源于广延和思维实体的分立。自我是思维实体，而感觉对象属于广延实体。"总之，我就是那个在感觉的东西，也就是说，好像是通过感觉器官接受和认识事物的东西，因

---

① 笛卡尔：《第一哲学沉思集》，庞景仁译，北京：商务印书馆，2007年，第34页。

为事实上我看见了光,听到了声音,感到了热。但是有人将对我说:这些现象是假的,我是在睡觉。就算是这样吧;可是至少我似乎觉得就看见了,听见了,热了,这总是千真万确的吧。"① 现代机械论心理学接受了笛卡尔的这种二元分立思维,而严格地区分了主体与客体、内部心理与外部环境等。这种二元分立,造成了感觉的可靠性、外部世界是否真实存在的难题。为此,笛卡尔不得不引入了"上帝"的观念,来作为主体与客体、感觉与感觉对象之间的中介。"因此我非常清楚地认识到,一切知识的可靠性和真实性都取决于对于真实的上帝这个唯一的认识,因而在我认识上帝以前,我是不能完满知道其他事物的。"②

但由感觉获得的知识,是推断的和第二等的。上帝只确保感觉对象(物质事物)的存在,不确保人对其感觉的完全正确性。"自然告诉我,我的身体周围还存在着许多别的物体,在这些物体中我应该趋就某一些,躲避另一些。而且当然,从我感觉的不同各类的颜色、气味、滋味、声音、冷热、软硬等,我确有把握地断言,在产生这些不同的感官感觉的物体里,多种多样的东西与这些物体相应,虽然它们也许实际上和这些物体不一样。……在一个热的物体里有跟我的心里的热的观念相似的什么东西;在一个白的或黑的物体里有我所感觉到的同样的白或黑……"③ 自我所感觉到的只是出现在感官中的感觉(如冷热、黑白等第二性质),而非对象本身。

在笛卡尔看来,我住在身体里并与身体紧密地结合在一起,但

---

① 笛卡尔:《第一哲学沉思集》,第28页。
② 同上书,第74—75页。
③ 同上书,第85—86页。

我与身体是可分的，因为从根本上来说，我是思维的东西，而身体属于广延的东西。我的心理不直接受身体感官的影响，而是以"共同感官"为中介。进一步地，笛卡尔依据物理学，详细描述了外部刺激产生感觉的过程。笛卡尔还将人和动物的身体看作机器。因此，斯特劳斯认为，巴甫洛夫的反射学说起源于笛卡尔，尽管笛卡尔没有使用"反射"这一术语，但他描述了由外周神经到脑再回到外周神经的进程。不过，笛卡尔的神经生理学思想是为了解决心身的二元分立，而巴甫洛夫的反射学说是从对动物行为的观察中推导出来的。①"当我觉得脚上疼的时候，物理学告诉我，这个感觉是通过分布在脚上的神经传来的，这些神经就像绳子一样从脚上一直通到大脑里，当它们在脚上被抻动的时候，同时也抻动了大脑里边这些神经的起点和终点的那个地方，并且在那里刺激起来为了使精神感觉疼而制定的某一运动，就好像疼是在脚上似的。"②

尽管笛卡尔启用了"上帝"的观念以及神经生理学的假设，来尝试弥合他亲手撕裂的思维与广延、心灵与身体、精神与物质、感觉与感觉对象的二元分立，但二元分立一经产生，就再也无法弥合了。而且更糟糕的是，二元分立思维不经批判地被现代科学接受了。"早在笛卡尔的沉思集中，以及在与现代科学的形而上学基础最紧密的联系中，我们就发现了生理心理学的模型、反射学说、恒定性定理、特定感觉的能量定律。笛卡尔在其后来的著作中，将注意力更多地转移到细节上，因此我们在那里找到了脑部定位假说和

---

① 参见 E. Straus, *The Primary World of Senses*, p. 9。
② 笛卡尔：《第一哲学沉思集》，第 91 页。

表达机制、记忆和注意机制理论的模型。在后来的日子里,许多实验结果和观察结果都被归类为经验主义,而这在很大程度上是由于我们是通过笛卡尔奠定的视角去看世界的。"[1]

斯特劳斯的主题是感受(sensing),而非感觉。感受是生命存在的模式,具有主体间的属性,而感觉是笛卡尔式的孤独主体的心理学或生理学进程,具有唯我主义的色彩。"如果感受是一种活着的模式,那么这种活着也必须在感受本身当中得到直接理解。这样的生命不会在所有可以进行生物检查的现象中体现出来,也不能在关于生物的各种陈述中变得可理解。"[2] 感觉是机械的非生命机体活动,而感受是生命存在的具有有限时间结构的活动。

2. 对巴甫洛夫条件反射学说的批判

进一步地,斯特劳斯通过对笛卡尔感觉学说的现代版本、巴甫洛夫条件反射学说的批判,来确立他的生命感受现象学。笛卡尔解决了原则上的问题,而巴甫洛夫解决了细节上的问题。既然斯特劳斯把巴甫洛夫视为笛卡尔的继承者,所以他没有去质疑巴甫洛夫实验观察的准确性以及实验描述的充分性,而是揭示了条件反射学说在哲学假设上的问题。他的感受现象学也就在对这种机械心理理论的批判中得到确立。具体来说,巴甫洛夫条件反射学说在哲学上有五个不可靠的哲学假设,分别是:形而上学理性论(metaphysical rationalism),对现象的消除,转译的困难,对因果性与意向性的混淆,感受的可定位性。[3]

---

[1] E. Straus, *The Primary World of Senses*, pp. 10–11.
[2] Ibid., p. 17.
[3] 参见 ibid., pp. 37–53。

2.1 形而上学理性论

尽管人们通常将巴甫洛夫视为生理学家，但斯特劳斯提请人们注意：巴甫洛夫在当时是以形而上学家而闻名于世的。"巴甫洛夫是受到广泛赞扬的形而上学家。实际上，当前俄国政府对巴甫洛夫理论的认可和官方支持是由于其哲学唯物论，而不是由于其有关神经节细胞或神经束及其联系的任何假设。毫无疑问，巴甫洛夫将为作为自然哲学家和形而上学家的'指责'而战。"[①] 巴甫洛夫形而上学的宗旨是：把物理学（尤其是力学与化学）作为方法论的原型，以及生理心理学的客观基础。这就要将心理学转变为生理学或无心的心理学。在巴甫洛夫看来，如果可以用机械术语解释心理生命，那么心理生命就一定是机械的。"那些被称为心理生命的生命表现形式（在客观的动物观察中也是如此），仅凭其复杂性而区别于纯粹的生理现象。但是，通过称它们为'心理的'或'神经复杂的'，而将它们与简单的生理表现区分开来，这有什么不一样吗？"[②] 因此，巴甫洛夫认为，在机械运动、生物的向性运动（如：植物朝向光的运动）、动物运动、人类活动之间没有本质的差异，而且它们只有复杂性上的差异。巴甫洛夫的形而上学观点其实就是想要将心理学物理化、将主观世界客观化，而且他认为这是为了人类的福祉。"在各种表现形式的相似性或同一性的指导下，科学迟早会将客观研究的结果应用于我们的主观世界，从而突然之间就光彩夺目地照亮了我们被黑暗笼罩的本性。客观研究将阐明最关涉和束缚人类的机制和生命价值，以及

[①] 参见 E. Straus, *The Primary World of Senses*, p. 38.

[②] I. Pavlov, *Die höchste Nerventätigkeit (das Verhalten) von Tieren*, Berlin/Heidelberg: Springer Verlag, 1926, S. 22.

人类的精神生命和痛苦的机制。"[1]但当巴甫洛夫想要通过条件反射学说来让人获得快乐时,他忽视了这种学说具有更大的残酷性与机械性。如果人只是复杂的机械结构,那么人还能算是人吗?

2.2 对现象的消除

巴甫洛夫想要建立客观心理学,而这就要消除整个现象世界。他经常提到狗,但不是作为生命体的狗,而是作为机械装置的狗。"当巴甫洛夫说到一条听到声音的狗时,他指的其实是声波所触发的柯蒂氏器;当他说到一条看到了这个或那个东西的狗时,他指的其实是光波所触发的视网膜。"[2]在现象学家看来,我们的生活世界中充满了声音和色彩,而且我们的主观感受不同于任何物理进程;"看"是一种具有意向结构的直观活动。但巴甫洛夫想要通过"视网膜的刺激"这样的生理解释,来取消现象的世界。客观心理学用光波取代了颜色,用声波取代了声音——用物理进程取代了现象。随之要消除的就是被康德归为感性直观形式的空间秩序。在现象学家看来,狗规避障碍物的行为是由其空间秩序感决定的。但巴甫洛夫认为,生物体是一种孤立的机器,因此不存在所谓的现象空间,只存在视网膜分析器上的触发次序。"起决定作用的是视觉区域中的触发次序。这是一切所依赖的中枢神经系统的空间顺序。因此,现象空间秩序的多样性被再解释为中枢神经系统中受刺激斑点的时间序列。"[3]但巴甫洛夫对现象的消除并不成功,因为正是他所想要消除的现象在他的动物实验中指引着他。如果他不能看、不能

---

[1] I. Pavlov, *Die höchste Nerventätigkeit (das Verhalten) von Tieren*, S. 22.
[2] E. Straus, *The Primary World of Senses*, p. 41.
[3] Ibid., pp. 43–44.

听，他怎么可能进行实验呢？视网膜分析器中的空间秩序仍然根植于现象世界，因为只有具备现象空间感的观察者才能建立视网膜分析器中的空间秩序。

2.3 转译的困难

巴甫洛夫想要将感受还原为机械事件，因此他没有用现象学术语去表达感受，而是用物理学术语去表达感受。"用机械概念来解释经验，阻碍了经验本身的视线；这种解释需要在内容和结构上进行自我体验的机械化。巴甫洛夫和所有试图用机械生理学阐明经验的人，都做到了这一点。经验的客观化和原子化是最重要的准备步骤。"[1] 经验的客观化和原子化要求：将一个心理感受与一个生理进程相对应——心理感受的相同、相似、差异，对应于生理进程的相同、相似、差异，而且心理感受的每一次变化都对应于生理进程的每一次变化。[2] 然而，心理感受与生理进程中的"一个"应该如何定义呢？以对一句话的理解为例：一句话是"一个"，还是说一个词语是"一个"，或者说一个字母是"一个"呢？人的意识经验就更复杂了。怎样算是"一个"经验呢？事实上，经验的客观化和原子化正是基于现象世界的。巴甫洛夫本人也是通过现象感觉才获得了"一个"的概念，才能去观察所谓的生理进程。如果摒弃现象世界和主观经验，那么他甚至无法理解他自己。

2.4 对因果性与意向性的混淆

巴甫洛夫认为，感受不过是反映在意识中的感官神经状态，因

---

[1] E. Straus, *The Primary World of Senses*, p. 45.

[2] 参见 G. E. Müller, "Zur Psychologie der Gesichtsempfindungen", *Zeitschrift für Psychologie* 1896, 10, S. 1–82。

此他要把感受的现象内容转化为因果关系。他不认为对感受意识经验的现象学分析可以确定感受的特征,而认为关键在于寻找特定的神经受体、神经通路与皮层区域。然而,巴甫洛夫无法彻底清除感受的意向性特征。当他想要在感受与刺激之间建立因果关系时,这种因果关系实际上具有意向性特征。在感受活动中,人指向的是感受对象,而不是感受的生理原因。刺激通向感受、感受回到刺激的因果关系是一种意向性的因果关系。巴甫洛夫无法否认的是:"对于生命实存的认识,必然先于解剖学和生理学研究。人们无法从解剖学和生理学研究中推导出生命实存。"[1] 巴甫洛夫似乎忽视了,心理学所观察的对象不是物体,而是生命体。如果可以将生命体等同于物体,那么成吉思汗将战俘作为建筑材料活埋于城墙中的做法就是无可非议的了。[2]

2.5 感受的可定位性

在上述四个哲学假设的基础上,巴甫洛夫进一步假设:感受就位于感觉器官中(中央神经系统中的空间关系,就反映在感受内容中),而且意识活动就是神经进程。这其实就是副现象论。"从这个立场出发,我将意识形象化为脑半球特定区域的神经活动——该活动在既定时刻与条件下发出确定的最佳(可能是中等强度)的兴奋性……具有最佳活动性的区域当然不是固定的;相反,它在脑半球区域中不断徘徊,而这取决于中心之间存在的关系,并受外部刺激的影响。因此,兴奋性较低的区域也会被改变。如果我们可以看穿

---

[1] E. Straus, *The Primary World of Senses*, p. 50.
[2] 参见 ibid。

颅骨，并且具有最佳兴奋性的脑半球斑点能被点亮，我们就会注意到：在一个有意识思考者的脑半球中徘徊着：具有奇异及不规则轮廓、形状和大小不断变化、周围或多或少都有阴影的亮点。"①

在巴甫洛夫所描绘的脑神经进程图景中，电刺激点亮了一个个神经细胞以至不同的脑区。然而，在这个图景中缺少一个关键的东西：自我。"如果经验可以完全解释有机体中的一系列事件，那么就没有了与其环境保持个人关系的自我。如果个人不过是一个事物，受其周围（物理）环境的影响并对其做出反应，那么所有格代词（我的、你的、他的）将留下什么含义呢？所有人都可以说的'我的'所有关系（不仅是经济关系）都建立在与世界相联系的自我之上。如果这个自我不存在，那么一切关系都只是一个幻象。将财产归于某个事物，使其成为某些东西的所有者，就是荒谬的。声称其是客观的经验心理学，忽视了所有格关系这一事实，实在令人莫名其妙。"②脑神经进程图景是以物理学为基础的，而物理学只适用于描述无生命的物体。当巴甫洛夫想将心理学转变为像物理学一样客观的科学时，他忽视了：生命存在所具有的整体性和时间性元素，是物理学完全不能把握的。例如，一条桌腿与桌子的关系，完全不同于一条手臂与身体的关系。生命现象不是物理学的领域，因为物理学的根子是要消除现象世界的多样性，同时消除自我。

3. 对神经构造主义的批判

与巴甫洛夫条件反射学说中的哲学思想一脉相承的，是以艾克

---

① I. Pavlov, *Die höchste Nerventätigkeit (das Verhalten) von Tieren*, S. 202-203.
② E. Straus, *The Primary World of Senses*, p. 52.

尔斯、克里克、达马西奥、梅齐格等为代表的神经构造主义者的理论。他们在现代脑科学的基础上,将源自笛卡尔哲学的心身二元分立思维发展到了顶峰。艾克尔斯深信,现代神经科学的方法和技术已经可以完全解决源自笛卡尔的二元分立问题。他首先如笛卡尔那样把物质与意识、身体与心灵分开:"当思维的特殊时空模式在皮层中回放时,在心灵中就出现了被回忆起来的思维。"[1] 但他紧接着就扩展了神经生理学的原理,而主张脑的神经活动是最根本的:"只有在脑皮层中有高水平的活动时(如脑电图所显示的那样),与心灵的联系才是可能的。"[2] 或者说,脑的神经活动是优先的。"脑皮层中神经元活动的某些特定时空模式,唤起了心灵中的感受。"[3] 这就为之后的神经构造主义铺平了道路。"感受世界……我们整个感受经验领域,都是感受者脑的构造。"[4]

以至于到今天,神经科学家和神经哲学家的普遍信念仍然是:人所经验到的一切实际上都是脑的构造;我们所感受到的不是事物本身,而仅仅是事物在我们脑中触发的图景;日常感受在某种程度上就是错觉。[5] 脑成为一切的主宰,或者说是新的上帝。克里克说:"你所看到的并不是真正的存在,而是你的脑所认为的那个样子。"[6]

---

[1] J. C. Eccles, *The Neurophysiological Basis of Mind: The Principles of Neurophysiology*, Oxford: Oxford University Press, 1953, p. 256.

[2] Ibid., p. 265.

[3] Ibid., p. 263.

[4] R. Brain, *The Nature of Experience*, Oxford: Oxford University Press, 1959, p. 24.

[5] 参见 T. Fuchs, "Die Ästhesiologie von Erwin Straus", S. 137。

[6] F. Crick, *Was die Seele wirklich ist. Die naturwissenschaftliche Erforschung des Bewußtseins*, München: Artemis & Winkler, 1994, S. 30.

达马西奥则这样定义感觉经验：脑由内部和外部的感觉刺激而产生的"脑部影院"或"精神多媒体节目"。[1] 这相当于又回到了笛卡尔的怀疑主义，以及巴甫洛夫的还原论。在这种思想中，自我、现象世界、主观性都被驱除了。

艾克尔斯等神经科学家坚持的其实是一种形而上学的教义：脑才是真实的现实，而现象经验、感受质、意识经验等都只是脑神经活动的伴随现象。因此，必须将注意力集中到认识的核心（脑）上面，并将所有主观经验还原为脑的神经进程。但是，正如斯特劳斯所指出的，神经科学家陷入了双脑的矛盾：神经生理学研究涉及的是两个脑——观察者的脑与被观察的脑。[2] 神经科学家无法解释：为什么他们自己的脑可以获得豁免，不用服从严格的还原法则，而可以将注意力完全放在被观察的脑之上？双脑的矛盾是难以解决的，因为一旦神经科学家的脑也被还原，那么实验和观察将马上结束。在实验和观察中起主导作用的是神经科学家的脑，但这个脑必须具有心的功能——指引他们的视线，指挥他们的手，做讲座，交流，写作。神经科学家将心的功能视为理所当然的神经生理进程。但如果心的功能可以被还原、只是脑的幻象，那么幻象如何揭示幻象呢？

神经科学家忽视了感受与感受对象、意识与意识对象之间的意向联系，即它们本来就是联系在一起的，或者说是不可分的。神经

---

[1] 参见 A. R. Damasio, "Wie das Gehirn Geist erzeugt", *Spektrum der Wissenschaft, Dossier 2: Grenzen des Wissens* 2002, S. 36–41。

[2] 参见 E. Straus, "The Sense of the Senses", *The Southern Journal of Philosophy* 1965, 3(4), pp. 192–201。

生理学的原理也不能解决笛卡尔的二元分立问题，而且当神经生理学用还原论去解释人时，它就会把有生命的人变成无生命的机器。今天的人工智能已经表现出了这样的危险倾向。"人类最根本的智能活动是非表征、不可形式化、不可规则化的。人类的风险不在于人工智能在可表征、可形式化、可规则化的智能活动中超越了人类，而在于人类放弃了自身的独特性，而逐渐向人工智能的活动方式靠近。换言之，可怕的不是造出像人一样的机器，而是培养出像机器一样的人。"[1]

二、生命感受的现象学

斯特劳斯的生命感受现象学，主要基于他对感知经验的分析。如上所述，他从反驳笛卡尔的二元论、巴甫洛夫的条件反射学说以及当代的神经构造主义开始，并在此基础上发展生命感受的现象学——这种现象学一方面是对胡塞尔开创的现象学的发展，另一方面服务于他自己的精神病理学实践。相比于胡塞尔的纯粹意识现象学，斯特劳斯的主要兴趣在于将现象学运用到精神病理学中。正如他本人强调的那样："对病理现象的理解取决于对正常进程的先前理解。如果正常被误解，那么对病理的理解必然会成为一种误解，因为对正常的实际解释已经规定了对病理的可能解释。"[2]

---

[1] 徐献军：《德雷福斯对人工智能的批判仍然成立吗？》，载《自然辩证法研究》2019年第1期，第19—20页。

[2] E. Straus, "Die Ästhesiologie und ihre Bedeutung für das Verständnis der Halluzinationen", in E. Straus, *Psychologie der menschlichen Welt*, Berlin: Springer Verlag, 1960, S. 236.

他的生命感受现象学，首先是要回到对日常感受的现象学分析。"在感受体验的日常执行中，我们的兴趣在于对象、世界、他者；我们关心的是看到的东西，而不是对被看到的东西的看，我们关心的是听到的东西，而不是对被听到的东西的听。但是，心理学的问题是：对被看到的东西的看，对被听到的东西的听。"① 实际上，他区分了认识活动中的能与所——能看与所看，能听与所听，能感与所感。

继承了笛卡尔二元分立思想的自然科学感受理论，切断了认识活动中能与所的统一性，因为笛卡尔曾将认识活动归为思维，而将认识活动的对象归为广延。这样一来，意识、感觉、感受等认识活动的主体都是孤独的、与世界隔绝的，从而陷入了唯我主义。为了摆脱笛卡尔的教条，斯特劳斯将他的感受现象学称为"美学"（Ästhesiologie）。他使用这一新术语的目的是摆脱在谈到"感觉""感受""知觉"时会唤起的教条主义记忆。②

要摆脱受笛卡尔影响的自然科学感受学说，就必须要回到日常体验中。实际上，科学家们在主张通过实验和观察摒弃日常体验时，仍然是在日常经验的圈子中进行实验和观察的。回到日常体验，就是要回到人类的生活世界。斯特劳斯以证人在法庭上作证为例，来阐释他的生命感受现象学。作证是司法的必需手段，而它是要将证人观察的内容转换成语言文字，并传递给他人。证人在法庭上报告说：我曾经看到了这些东西。这时，他说的是事实，而不是

---

① E. Straus, "Die Ästhesiologie und ihre Bedeutung für das Verständnis der Halluzinationen", S. 236.

② 参见 ibid., S. 240。

事物的图景；他说的是他的感受对象，而不是他所受到的外部刺激。证人代表的是他本人，而不是他的脑；他用的是他的眼睛，而不是他的感受器。证人还发现：他作为具身存在，与其感受对象是在同一个世界中的。他不是在孤立的意识中找到了自己，而是在共在的世界中找到了自己。

在这里，斯特劳斯说，他受到了宾斯旺格的《论精神病学中的此在分析研究方向》一文的启发。然而，宾斯旺格的此在分析又是汲取了海德格尔的"在世界中存在"的思想。因此，斯特劳斯也受到了海德格尔实存现象学的间接影响。但相比于宾斯旺格与海德格尔的存在论，斯特劳斯要更关注传统哲学的认识论问题。

感受与感受对象是本来就在一起，还是说原本分离，再经由神经进程连接在一起的呢？这其实也是能—所关系的问题。胡塞尔通过意识的意向性理论，解决了笛卡尔的二元分立问题：对象是意识活动的构造产物，因此意识对象与意识活动本来就是一体的。斯特劳斯没有说他是受到了胡塞尔的启发，而只是说他们二人达成了一致。因此，我们可以认为：斯特劳斯是独立于胡塞尔而发展出了感受的意向性理论——当然斯特劳斯遵循了早期现象学的精神。这应该是作为精神病理学家的斯特劳斯对于现象学感受理论的重要贡献，也是精神病理学对于现象学的贡献。

斯特劳斯强调说："在看时，来到我面前的是对象本身，而不是对象的图景（Bild）。"[①] 对象的图景是脑神经活动的构造物，但对象

[①] E. Straus, "Die Ästhesiologie und ihre Bedeutung für das Verständnis der Halluzinationen", S. 243.

本身才是感受活动的所指。机械心理学与神经构造主义坚持的是主客分离、能所分离,而为了解释认识的过程,它们采取的是感受的投射理论:一开始,感受、意识及其内容处于内在世界(可定位于脑)中,而当感受获得了在脑中的位置时,感受就可以通过投射的方式移到外部。一本流行的美国生理学教科书是这么说的:"我们可以假设:我们所有的感受都直接在脑中被激发;但是,我们从来没有意识到这一点。相反:我们的感受要么被投射到外部空间,要么被投射到躯体的任意外周器官上。"[1] 书中的另一处对于感受对象的空间位置是这么解释的:"视网膜上特定点的激发,是对象在外部世界中某个位置的标志。"[2] 由于缺乏对其笛卡尔哲学基础的反思批判,这样的投射理论代代传承,直至今天。

投射理论忽视了两点。首先,人具有作为可运动生物的天然特权,即人通过运动,与事物共存,并把握事物。正是运动打破了笛卡尔在广延与思维之间的二分。在笛卡尔那里,感受属于思维,而运动属于广延。然而,生命存在既能够思维,也能够运动;或者说,生命存在是思维与广延、感受与运动的统一体。我们通过运动与感受对象在一起,又通过感受把握了对象。"只有可运动的生物,才能在其对象性中把握可见者。"[3] 也正是通过运动,感受不用被限制

---

[1] J. Fulton, *Howell's Textbook of Physiology*, Philadelphia: W. B. Saunders Company, 1946, p. 328.

[2] Ibid., p. 444.

[3] E. Straus, "Philosophische Grundlagen der Psychiatrie: Psychiatrie und Philosophie", in H. W. Gruhle, R. Jung, W. Mayer-Gross, und M. Müller hrsg., *Psychiatrie der Gegenwart. Forschung und Praxis. Bd. 1/2, Grundlagen und Methoden der klinischen Psychiatrie*, Berlin: Springer Verlag, 1963, S. 947.

在脑的内部进程中。

其次,人具有主体间性,并且依靠主体间性建立了客观性和共在的世界。只有在精神疾病的情况下(例如:精神分裂症),人才会失去这种主体间性,而完全生活在自己的世界中。斯特劳斯以日常购物(买卖双方交换商品和金钱)为例说明了主体间性。"我们很难想象:他们眼中的对方属于另一个世界、一个外在的世界(他们在这个世界中交换感受)。买方和卖方的行为是明确的:他们都是独立的个体,但他们又可以在一起,相互看到、把握和移交相同的对象。……当所有者更换时,对象保持不变。刺激和感受不是共同的,而且它们不能换手传递。但是这个对象可以交换;我把对象体验为不同于我的他者,而且它是可分与可动的。我们在一起看到了同一对象。共在与能共在,是日常生活中的基本事实。"[1]生活世界不是投射理论中的外在世界,而是我们与他者共在的世界。

第二节　基于生命感受的精神病理学

斯特劳斯的现象学精神病理学融合了现象学理论和精神病理学的实践,并且很好地体现了现象学与精神病理学之间的相互澄明关系。具体来说,他的现象学精神病理学大致可以划分为两部分:基于现象学感受分析的精神病理学,基于现象学结构与范畴分析的精神病理学。

---

[1] E. Straus, "Die Ästhesiologie und ihre Bedeutung für das Verständnis der Halluzinationen", S. 253.

一、基于现象学感受分析的精神病理学

斯特劳斯强调,感受当中有两种极性元素:认知(gnostische)元素与体感(pathische)元素。①认知元素强调给予的内容,而体感元素强调给予的方式;换言之,认知元素是对象感受,而体感元素是状态感受。体感元素在较近的口部感觉(嗅觉、味觉)中占主导地位,而认知元素在较远的感官(听觉、视觉)中占主导地位;触觉则处于这两种极性元素之间。另外,现实的感受通常是这两种极性元素的混合。例如,对颜色的感受(凉爽的蓝色),就是认知元素(蓝色)与体感元素(凉爽)的混合。②

体感元素确立了感受的身体性和主观性,而认知元素确立了感受的非身体性与客观性。以"这里有一棵橡树"为例:这句话将体感的"这里",变成了认知的"这里"。体感的"这里"是一个不确定的表达(处处都可以被称为"这里"),而当这句话将体感的"这里"变成了地理空间中的一个位置时,感受就摆脱了身体感觉的主观性与直接性,而成为客观的认知。或者说,感受迈向认知的第一步是摆脱体感的局限性。进一步地,我们还可以区分爱人的抚摸与医生的触诊。前者偏向体感极,而后者偏向认知极。对于医生而言,患者的身体就是物体,而用手触摸该物体有助于医学诊断,并且医生可以在此基础上建立可重复与可交流的观察结果。将患者的身体物体化,在外科手术中是最为明显的。③但为了达到完全的

---

① 参见 E. Straus, "Die Formen des Räumlichen. Ihre Bedeutung für die Motorik und die Wahrnehmung", in E. Straus, *Psychologie der menschlichen Welt*, S. 151-162。

② 参见 T. Fuchs, "Die Ästhesiologie von Erwin Straus", S. 147。

③ 参见 E. Straus, *Vom Sinn der Sinne (2. Auflag)*, Berlin/Heidelberg/New York: Springer Verlag, 1978, S. 348-349。

治疗，医生也需要对患者的身体感受进行共情。这样医生才能感同身受地为患者着想，设定与执行对患者最有利的治疗方案。简单来说，认知就是建立在客观的认知极点与主观的体感极点之间的与世界的关系。正常的感受必须是在这两个极点之间的摆动。

与世界的体感与认知关系，分别对应于不同的体验空间，即风景空间（landschaftlicher Raum）与地理空间（geographischer Raum）。[①] 风景空间以感受的体感元素为基础，因此采取自我中心视角。在其他现象学家（如：胡塞尔、梅洛-庞蒂和施密茨）那里，风景空间被称为身体空间。正如霍伦斯泰因（Elmar Holenstein）所指出的，胡塞尔等人过于强调身体空间，从而走向了唯我主义。[②] 但斯特劳斯也强调非身体以及非自我中心的地理空间的重要性。在他看来，地理空间是客观认识形成的重要前提。"如果我想获得认识，如果我想面向事物本身，那么我就必须突破这种视角束缚。我必须与自己保持距离，摆脱现在，在一种普遍的秩序中确定自己，而且要离开自己在感受中所处的中心位置，把自己当作陌生人。"[③]

斯特劳斯认为，上述感受和空间的双极性结构理论可以很好地解释感受的精神病理学。与他者（包括他人与世界）的关系障碍，就是由感受元素的极化造成的。"面向他者的边界可以在熟悉和陌生、所有和距离、把握和被把握、强大和不知所措这两个极点之间移动。在极端的病理情况下，这些边界推移会被体验为迷醉或疏离、被启

[①] 参见 E. Straus, *Vom Sinn der Sinne (2. Auflag)*, S. 335–341。

[②] 参见霍伦斯泰因：《人的自我理解：自我意识、主体间责任、跨文化谅解》，徐献军译，北京：商务印书馆，2019年，第8—18页。

[③] E. Straus, *Vom Sinn der Sinne (2. Auflag)*, S. 331.

示或被影响。"① 具体来说,我们可以在体感元素与认知元素分离的基础上区分出两个极端。一个极端是:体感元素完全丧失,只留下认知元素。这就是现实解体或人格解体的精神病理症状。因此,体感元素的丧失,导致了患者无法与世界共情。例如,患者只能看到红色,但感觉不到红色特有的温暖。另外,近年来的精神分裂症研究也发现了由具身感缺失(体感元素的丧失)导致的前反思维度中的自我感弱化,以及相应的感受与行动的疏离感。"自我的感觉离开了先前所习以为常的东西,而且先前作为自我手段的东西被经验为了外在客体或陌生客体,而不是我们存在的手段。"②

另一个极端是:认知元素缺损,只留下体感元素,结果就是感受体验的完全主观化——精神分裂症患者或双相障碍患者所感受到的十分具有威胁的、容易激怒人的世界外观。③这时,患者无法保持与他者的距离感,从而完全被他者所摆布。以声音幻觉和关系妄想为例,"患者发现自己完全孤独并且完全没有防御力,并受到来自各处威胁他的力量的摆布。各种声音都对准了他,把他从所有人中挑选出来并让他与众不同。这些声音指向的就是他,而不是其他人。他对此不感到惊讶:他身边的人什么也没有听到"④。体感元素的主导地位与认知元素的丧失也消除了患者感受的主体间性,或者

---

① E. Straus, "Philosophische Grundlagen der Psychiatrie: Psychiatrie und Philosophie", S. 963.

② L. A. Sass, "Schizophrenia, Self-experience, and the So-called 'Negative Symptoms', Reflections on Hyperreflexivity", in D. Zahavi eds., *Exploring the Self*, Amsterdam/Philadelphia: John Benjamins, 2000, p. 169.

③ 参见 T. Fuchs, "Die Ästhesiologie von Erwin Straus", S. 149-150。

④ E. Straus, "Die Ästhesiologie und ihre Bedeutung für das Verständnis der Halluzinationen", S. 266.

说，导致患者丧失了共感。

这种主体性或共感的丧失，还会导致现实稳定感的丧失，而这正是急性精神病发作初期的妄想心境的特征。"在人们也能看到的地方，一切看起来都那么假……一切都以某种方式突然出现在我身边。一切都突然与我有关。人们就像在幕后一样，站在行动的中心。"⑤用斯特劳斯的话来说，这类患者无法将感受经验安置到客观的地理空间中。"例如，某个患者报告说：她在市场上注意到一个她认为正在迫害她的人的视线，但她无法说出这个人在哪里……这样的经验与可言说、可构建的地理空间完全无关……因此，她的'在世界中存在'发生了变化。她不能从精神病体验的空间形式过渡到地理空间，也不能由地理空间回到疾病体验发生于其中的空间关系……在这种疾病震颤状态下，幻觉发生在感觉区域中，而通常对于这些感觉区域来说，把握的体感元素是本质性的。"⑥

在妄想状态下，患者没有了客观现实，只有主观现实，因为他们被封闭在了体感的风景空间当中。即使患者能够在一定程度上使用地理空间的概念与语言来描述他们的主观风景，但认知元素与地理空间的丧失还是让他们无法从私人的主观世界中走出来。"患者用我们所熟悉的名称所指的事物，不是同一个事物。……患者从世界中抢救出来并放入地理世界的只有碎片。甚至碎片也不是作为整体之部分的碎片了。这些碎片失去了柔顺，失去了可能的关系；他们在妄想中遭受到了接近与促进僵化的病程。"⑦

---

⑤ J. Klosterkötter, *Basissymptome und Endphänomene der Schizophrenie*, Berlin: Springer Verlag, 1988, S. 69.

⑥ E. Straus, *Vom Sinn der Sinne (2. Auflag)*, S. 381–382.

⑦ Ibid., S. 384.

二、基于现象学结构与范畴分析的精神病理学

在斯特劳斯那里，现象学与精神病理学的相互澄明关系也表现在了方法论层面上。例如，他将结构分析方法运用到了对强迫症经验本质的分析中；将范畴分析方法运用到了对抑郁症时间经验的分析中。美国现象学家艾伦伯格曾提出：描述、结构分析与范畴分析就是在精神病理学中得到运用的主要现象学方法。"精神病学现象学家们或者从胡塞尔学派继承了这些方法，或者在这些研究的启发下发明了这些新的方法。……精神病学现象学主要强调的是对患者主观意识状态的研究。有三种主要的方法被应用于这种目的。第一，描述现象学完全依赖患者对自己主观体验的描述。第二，发生—结构方法假设在个体意识状态中有一个统一的基础，并且试图发现一个公分母，即一个发生学因子，在其帮助下，其余部分就可被理解与重建了。第三，范畴分析是一套现象学的坐标，其最重要的部分是时间（甚或时间性）、空间（甚或空间性）、因果关系和物质性。研究者分析患者是怎么体验其中的每一个的，然后基于此完全而具体地重构患者内心体验的世界。"[①]

1. 强迫症经验的结构

斯特劳斯在对强迫症的研究中，就主要地应用了结构分析方法。他的结构分析方法非常类似于胡塞尔的本质还原方法，但斯特劳斯没有说他是借鉴了胡塞尔的本质还原，而只说他与胡塞尔在重要问题上达到了一致。但二者之间的确有很大的相似性与互补性。

[①] H. F. Ellenberger, "A Clinical Introduction to Psychiatric Phenomenology and Existential Analysis", in R. May, E. Angel, and H. F. Ellenberger eds., *Existence*, p. 97.

胡塞尔的本质还原是要通过自由想象变换寻找正常意识经验的本质,而斯特劳斯的结构分析是要通过实际病理变异寻找异常意识经验的本质。正常与异常之间,本质上就是相互澄明的。

除此以外,结构分析方法也是对临床观察与描述、遗传说明与解析方法的补充。"过去,与单个案例有关的传记方法越来越占主导地位,几乎不包括基于对许多病例进行比较而得出的临床观察结果。但是,这种情况是无法理解的。在对单个案例的研究中,我们只能使用一般的精神病理学原理和临床经验。我们把单个案例(更好的说法是个人)理解为对人的能力和局限性的一般认识。在实践中,单个案例可能会提供调查普遍结构的机会。"[①]描述方法可以揭示患者是怎么看待他自己的过去的,而精神科医生不能止步于描述方法,因为精神科医生必须知道症状是怎么产生的,以及各种症状的变种是怎样的。"通过这种方法,病理障碍被理解为正常的特殊扭曲,并且这种方法将最终解答障碍如何产生的问题。结构分析提供了评价自传因素的方法。对于强迫症的结构分析表明:在污染恐惧强迫下的患者,就生活在了发生基本障碍的世界中。"[②]

更进一步地,我们可以通过结构分析区分出强迫精神病(obsessive psychoses)与强迫神经症(obsessive neuroses)。强迫神经症患者的主题是:明确的、具体的与未来的某种行动(如:杀人或自杀)。在这种意向中,患者想要突破一个明显令他难以忍受的情境。例如,患者 H. C. F. 的强迫症源于以下冲突:"(1)他想要摆脱堕胎的罪;

[①] E. Straus, *On Obsession*, London: Johnson Reprint Company, 1968, p. 52.
[②] Ibid., p. 74.

(2)他想要婚外关系和性自由;(3)有关他妻子的支配愿望:他抗拒妻子的社会优越性。"① 患者的道德标准或完美主义追求,与他实际的所做、所想产生了严重的冲突(应然与实然的冲突)。但除了这种特殊的内在冲突以外,患者与世界以及他人的关系没有受到损伤。或者说,患者在世界中的存在没有发生扭曲,而且他的世界仍有与他人一样的结构。

与此相反,强迫精神病患者没有感到自己要被迫做某种明确的行动。一个相关个案是 M. H. 女士。她在 33 岁时因为担心衣服被在 8 年前溢出的冲洗液所污染,而惊慌地进入心理科。她的强迫症始于 10 岁,那时她总担心母亲会死。在整个童年和青春期,她都有许多强迫和恐慌情绪。到她 20 岁时,对污染的恐惧占据了主导地位。她洗澡时,非要清洗到让身体酸痛为止。她似乎感觉自己活动在一个到处都被污染的世界中。斯特劳斯认为,这是一种形而上学的经验。"患者抗拒的是在可见视域之内与之外无所不在的邪恶,但这种邪恶是难以把握的,因此具有难以抵挡的潜能。患者被迫无休止地去进行无望的斗争。她面对的不是欲望与道德命令之间的冲突,但她在对抗衰败以及形而上学的邪恶时精疲力尽。"②

强迫精神病与强迫神经症的本质差异在于体验的结构,即前者感觉到整个世界都被邪恶污染了(患者生活在一个完全扭曲的私人世界中),而后者与世界的关系仍然是正常的(患者仍然生活在共同的世界中)。考虑到精神病与神经症区分的重要性与含糊性,斯特

---

① E. Straus, *On Obsession*, p. 55.
② Ibid., p. 59.

劳斯对强迫症经验的结构分析有着很重要的意义。在临床上，精神病是必须在医院精神科或心理科进行治疗的，而且通常是需要药物治疗的；神经症通常是心理咨询的对象，即可以在医院精神科或心理科以外，并且不需要药物治疗。但是，精神病与神经症又是相当难以区分的——人们很难找到二者的本质边界。斯特劳斯对强迫精神病与强迫神经症的区分，无疑非常有参考意义。

2. 抑郁症中的时间经验紊乱

如上文所述，时间问题是现象学与精神病理学共同关注的问题，而受现象学影响的精神病理学家们（如：雅斯贝尔斯、闵可夫斯基、冯·葛布萨特尔、宾斯旺格、斯特劳斯、福克斯等）非常关注病理条件下的时间经验紊乱。在他们当中，斯特劳斯发表于1928年的论文《内源性抑郁与精神衰弱烦恼中的时间体验》[1]无疑是在精神病理学中较早地应用现象学分析范畴的——这一点可以从其他现象学精神病理学家以及今天的研究者[2]在研究时间经验紊乱时大都引用了这篇论文看出来。在现象学理论上，斯特劳斯没有提到胡塞尔，但提到他受到了舍勒的观念论与实在论著作的启发。斯特劳斯的时间精神病理学分为两个阶段：自我时间优先于世界时间的阶段，以及自我时间与世界时间的统一阶段。

在斯特劳斯移民美国之前，他有关时间的精神病理学基本上与

---

[1] 参见 E. Straus, "Das Zeiterlebnis in der endogenen Depression und in der psychopathischen Verstimmung", S. 640–656。

[2] 参见 M. Moskalewicz, "Toward a Unified View of Time: Erwin W. Straus' Phenomenological Psychopathology of Temporal Experience", *Phenomenology and the Cognitive Sciences* 2018, 17, pp. 65–80。

内时间意识现象学的精神保持一致,即主张:自我时间优先于世界时间。例如,在1928年的论文中,他区分了自我时间与世界时间:自我时间是意识体验中的时间,也即现象学意义上的时间;世界时间是物理上可以客观定义的时间。他聚焦于自我时间而非世界时间的原因是,他发现:"在时间体验中,形式关系和内容结构之间存在一种特殊的联系。这使得时间体验特别适合解决所有与体验内容对形式过程和功能的依赖相关的问题,而这些问题对于精神病学的理论和实践同等重要。"① 由于探索的主题是时间体验,所以他选用了现象学的方法("回到实事本身"的原则)。但他也指出:个体时间体验的结构具有生物学的基础,或者说,生物学事件决定了时间体验内容的结构。这种思想是后来瓦雷拉(Francisco Varela)所倡导的神经现象学② 和诺瑟夫的时间病理学③ 的先驱——时间体验的结构是现象学层面上的,而生物学事件是神经科学层面上的。

因此,斯特劳斯使用生物学意义上的"生命抑制"(vital Hemmung)④ 来解释内源性抑郁症的时间体验结构变化。生命抑制

---

① E. Straus, "Das Zeiterlebnis in der endogenen Depression und in der psychopathischen Verstimmung", S. 641-642.

② 参见 F. J. Varela, "Neurophenomenology: A Methodological Remedy for the Hard Problem", *Journal of Consciousness Studies* 1996, 3(4), pp. 330-349。

③ 参见 G. Northoff, "Spatiotemporal Psychopathology II: How Does a Psychopathology of the Brain's Resting State Look Like? Spatiotemporal Approach and the History of Psychopathology", pp. 867-879。

④ 抑郁症患者的典型时间体验是丧失了未来的时间成分。患者对未来有强烈的无望感,因此不愿采取任何行动。神经科学的解释是:患者的脑神经活动处于高度抑制状态,原因可能是神经递质(去甲肾上腺素和血清素[5-HT])与内分泌系统的异常。斯特劳斯的现象学解释是:在患者的罪责妄想中,对于过去的悲观体验成为患者的主导时间体验,因此过去成为患者的包袱,未来也就很难开展出来。换言之,在正常(转下页)

即行为能力的弱化,而这会导致自我时间的放缓、滞后以及静止,从而使得内时间意识经验结构发生变化——用胡塞尔的术语来说,会造成前摄的缺损。"一旦内在生命史停滞不前,事件的感知和当前意义就会在到目前为止的生活过程中发生变化。这种变化不仅是内容上的变化(因为过去的事件具有了新的感情色彩),而且是形式上的变化(因为由过去决定的经验和与过去打交道的经验发生了与之相关的深刻变化)。这些变化与过去的一切都有关,并且以错误和虚假记忆为基础。"① 随着自我时间停滞不前,过去失去了与未来的联系,而且面向未来的可能性也消失了。

另外,就强迫症而言,患者的行为似乎与健康人没有多大的不同。在寄信时,强迫症患者必须不断检查:有没有写好地址、盖章和封装。但是,健康人在这种情况下也会不断检查,然后才寄出。然而,二者的时间体验结构是不一样的。强迫症患者由于时间体验结构的改变(与特定内容无关的、未来意识的受阻),在行动中会反复回到起点。因此,强迫症常常表现出抑郁症的症状,而且在药物治疗强迫症时也会使用抗抑郁药物。当然,强迫的症状(例如:母亲不得不杀害其子女的强迫体验)不全都源自时间体验结构的变化。

就生命抑制与自我时间流速以及抑郁的关系而言,"抑制作用越强,内部时间的速度越慢,而患者就越能清楚地体验到过去

(接上页)体验中,过去成为过去,并通向未来;而在抑郁症体验中,过去侵占了现在与未来,迟迟无法过去。患者时间体验结构扭曲的根源就在于意义的生成模式——整个世界的意义都是负面的,而个体的实存也失去了意义,因为个体不再相信自身的力量。

① E. Straus, "Das Zeiterlebnis in der endogenen Depression und in der psychopathischen Verstimmung", S. 647.

的暴力。抑郁越强,对未来就越是封闭,而患者就越会被过去所控制和束缚。他所体验到的邪恶是由过去决定的,并且是不可逆转和无可改变地确定的"[1]。由生命抑制造成的时间体验结构的变化,甚至会改变时间体验的内容,从而导致抑制性妄想的产生——一切都取决于过去,而可怕的后果是难以避免的。精神病态的烦恼(psychopathischen Verstimmung)则不同于内源性抑郁症,因为前者没有与未来相隔绝,而是感受到了未来的威胁。尽管未来是晦暗不明、令人恐惧的,但自我时间的流逝没有停止。

从时间范畴出发,斯特劳斯最终冲出了弗洛伊德精神分析的思维模式,而提出了抑郁症体验的现象学本质:"抑郁妄想,即抑郁症患者被迫阅读他的历史的模式,指向他的生成状态中的变化。抑郁症体验源于本质上变异的生命实存模式。如果这种解释是正确的,精神病理学分析就打开了精神病进程的病理发生的研究进路,超越了在欲望与规约之间冲突的熟悉地带。"[2]

在斯特劳斯的后期思想中(尤其是在他去世后才出版的遗稿《时间视域》[3]中),他更倾向于将自我时间与世界时间统一起来。或者说,在前期,他受现象学的影响更大一些;但在后期,他有了更多的精神病理学考量,因此想要将现象学意义上的时间与自然科学意义上的时间统一起来。前者是主观的时间,后者是客观的时间,

---

[1] E. Straus, "Das Zeiterlebnis in der endogenen Depression und in der psychopathischen Verstimmung", S. 652.

[2] E. Straus, *Phenomenological Psychology: Selected Papers*, trans. E. Eng, New York: Basic Books Inc. Publishers, 1966, p. 295.

[3] E. Straus, "Temporal Horizons", *Phenomenology and the Cognitive Sciences* 2017, 17(3), pp. 1-18.

而精神疾病患者的重要特征是两种时间感的分离,即无法将自我时间与世界时间统一起来,从而丧失与公共世界的同步感。如果说精神分裂与强迫症都是一种共感丧失[1],那么这种共感首先是一种时间感觉上的共同感。

在《时间视域》中,斯特劳斯开始提醒人们留意经常为现象学所批评的客观时间的重要性:"如果没有时钟和日历,也不能测量时间并将实际时刻置于既定方案中,那么我们的西方文明将立即崩溃。不论是谁,如果他想要以活跃成员的身份在自己的轨道上行动(就算是以最小的独立性、主动性和责任感),那么他都必须能够理解时钟和日历,并遵循其严格的要求。教堂的钟声已经不够用了;手表已成为必备的工具。一无所有的人,也必须以其他方式查看'现在几点了'。没有这些信息,他将迷失在一切按计划和时间表运行的环境中。我们的文明迫使其所有成员都熟悉时钟和日历,或者反过来说,因为每个人都可以遵守这一要求,因此可以形成像我们这样的文明。"[2] 当海德格尔在《存在与时间》中强调"共在于世界中"时,他所指的时间也不可能是纯粹的自我时间,而必须是共同的时间,即客观时间或时钟时间。从精神病理学的角度来看,如果一个人迷失于时间当中或者完全缺乏客观时间观念(例如:总是弄错实际日期,总是无法保持按时),那么这就有可能是脑的器质性病变的迹象。

在哲学史上,奥古斯丁曾经表达了时间的悖论:"那么,时间是什么呢?如果没人问我,我是知道的。如果我想向他人解释,我就

---

[1] 参见布兰肯伯格:《自然自明性的失落:论症状贫乏型精神分裂的精神病理学》,第118—131页。

[2] E. Straus, "Temporal Horizons", p. 4.

不知道了。"① 但他提出了三个重要的问题——神学的问题是：时间与永恒的关系；存在论的问题是：什么是时间；科学的问题是：如何测量时间。在现代哲学中，柏格森区分了绵延时间与可同化于空间的时间，并提出了两种时间的反题。②

客观时间与绵延时间反题表③

客观时间	绵延时间（主观时间）
抽象的，象征性的，构思的	具体的，现实的，体验的
同质的	异质的
独立的	非独立的
不动的，空间化的	可运动的
分化的	非分化的
真实绵延的扩展象征	多重质性，与数量、空间、量度无关，不可数学化
各个要素并排，序列化的，碎片化的	各个要素相互渗透

在柏格森以及胡塞尔的现象学中，客观时间仅仅是物理主义思维的产物，是次于绵延时间和自我时间的。换言之，客观时间经常沦为现象学抵抗自然科学的牺牲品。

为了统一客观时间与主观时间、世界时间与自我时间，并以

---

① S. Augustine, *The Confessions of St. Augustine*, trans. J. G. Pilkington, New York: Liveright Publishing Corp., 1943, p. 285.

② 参见 H. Bergson, *Essai sur les données immédiates de la conscience*, Paris: Presses Universitaires de France, 2007。

③ 参见 E. Straus, "Temporal Horizons", p. 8。

两种时间关系的断裂来解释精神疾病,斯特劳斯提出了"今天"(Today)的概念。① 确定"今天",需要诉诸两种要素:一是说话者的实存,二是某种客观事件(如:日出与日落之间、今夜与明夜之间)。因此,"今天"既包括对时间的体验,也包括对时间的测量。因为我是世界的一部分,所以自我时间也是世界时间的一部分;反过来说,世界时间的测量也诉诸我的实存。自我和世界就在"今天"当中联系在一起。自我就通过"今天",跨越了私人的实存,因为"今天"这个词的使用,就是人类共同体的一种语言游戏。只有在病理的情况下,人们才会无法使用"今天"这个词。

他引用了对一名25岁患者的访谈,解释了由自我时间与世界时间断裂造成的时间体验瓦解的经验。患者是一名非常聪明的大学生,拥有出色的学业成绩,因自杀未遂而入院治疗。患者说:"我无法理清时间。我不知道,这不是一件连续的事情。……好吧,在我看来,没有昨天、明天或未来之类的东西。我似乎不能认为这是一个周期性的过程……对我来说,时间就像爬楼梯——从字面上看——您到达某个点然后跌倒……"② 这种时间的瓦解感,使得他对于事物的感受也发生了紊乱。"一个物体不比另一个物体更远。但是我不知道;我似乎感觉不到物体有任何深度。当我拿起它时,它有三个维度。当我看着它们时,事物之间似乎融为了一体。事物之间似乎没有区分。"③ 进一步地,患者的实存也崩溃了。"实际上,我不知道'我'指什么,是什么使我成为一个人。什么都与我无

---

① 参见 E. Straus, "Temporal Horizons", p. 13。
② Ibid., p. 14.
③ Ibid., p. 16.

第六章 斯特劳斯：感受现象学与精神病理学

关。……我已经有6年没有看到我自己了。"①

对这名患者的访谈不是偶然的精神疾病患者经验的积累，因为人们可以从其他很多患者那里收集到有关时间、空间、自我的相似或相同的描述。这名人格解体症患者的描述清晰地表现了：他无法使用"今天"这个词，即无法将自我时间与世界时间统一起来。在世界中的存在，要求与世界中其他人的同时感。

3.幻觉判定的主体间性出发点

尽管斯特劳斯宣称他不是从哲学到精神病学，而是从精神病学出发走向哲学问题，但实际上，他最终发现：位于精神疾病根源处的是哲学，尤其是现象学哲学。首先，当精神科医生面对患者，并要做出有关患者是否有幻觉的诊断时，他就遇到了胡塞尔的主体间性和海德格尔的在世界中存在的问题。"一名男子抱怨：有声音在侮辱他，威胁他或敦促他杀人。他听到了我们听不到的声音。由于他还在和我们说话，所以我们与他的交流并没有完全中断。然而，相互理解中断了。有人可能会提出反对意见：也许患者的听力比我们更好。一个人的听力或视力比其他人更好，这也没有什么奇怪的。通常，医生和患者之间的角色是相反的。在验光检查中，医生通常能更好地看到测试仪，或者至少比被检查者更了解测试仪。被检查者的执行错误被解释成了要在仪器的帮助下得到纠正的缺陷，以及感官器具的失败。另一方面，幻觉不会被算作加分。我们不会认为有幻觉的患者受到了神圣的启示。在将我们自己定位为法官，并将我们自己的体验作为常规标准时，我们认为患者有幻

---

① E. Straus, "Temporal Horizons", p. 16.

觉。"① 显然，精神科医生是基于自己是健康人的论断，而认为患者有幻觉的。这是一个主体间性的问题，即医生要在与患者的交流当中来进行判断。如果完全按照自我中心主义的观点，患者很肯定他确实听到了声音，那么这就不是个问题。但在主体间性的框架中，患者听到了医生（以及健康人）无法听到的声音，这就是个问题。

通常，精神科医生说患者听到的是不真实与不存在的东西，因为没有客体可以与他们的感受相对应。例如，按照让·勒米特（Jacques Jean Lhermitte）的观点：幻觉是无客体的感受。而这也是通常的幻觉判断标准。这种幻觉定义源于笛卡尔的二元论哲学。处于外在世界的客体，引发了主体的内在感受；在幻觉的情况下，就不存在外在的客体，而内在感受是由内在刺激引起的。"正如精神分析根据这一基本论点所教导的那样，有幻觉的人退出了难以忍受的现实，并让满足愿望的替代品来取代现实。"② 让·勒米特所指的客体显然不是私人的客体，而是人们之间的共同客体。因此，幻觉是没有共同客体的感受（在幻觉状态下，只有患者本人或少数人才能感受到客体）。"我们可以把客观性定义为客观的可靠性……两个个体中的每一个都必须对情境元素进行观察。当观察者们达到一致时，客观性就得到了保证……只有像幻觉这样比较奇怪的东西，才会破坏理想的关联性。"③

---

① E. Straus, "Psychiatry and Philosophy", in M. Natanson eds., *Psychiatry and Philosophy*, New York: Springer Verlag, 1969, p. 20.

② Ibid., p. 21.

③ E. Brunswik, *The Conceptual Framework of Psychology*, Chicago: University of Chicago Press, 1952, p. 11.

这么一来，正常与否的标准就是多数人的感受。但未得到解答的关键问题是：多数人的感受真的可以保证客观性吗？少数人的感受一定是错误的吗？多名观察者能观察到同一心理事件吗？同样的感受可以被表达为同样的语言吗？这些问题都是哲学的问题，分别涉及感受现象学、认识论和语言哲学。

斯特劳斯沿着胡塞尔的意向性与海德格尔的此在分析道路提出了，自我与他者之间关系的变异是精神病症状的根源。"借用胡塞尔，我将与他者的关系称为意向性关系。显然，让环境向体验存在开放的意向性，不同于将刺激与神经系统相联系的因果性。……在日常体验中，意向性关系、自我—世界关系的特征是共在与交互。他者和我在同样的基础上遭遇与会面。在3个世纪以前，笛卡尔主义的二元论把这种与他者的关系切断为截然不同的两半。"[1]

"他者"（Allon）是斯特劳斯现象学心理学的核心概念。他认为，传统的术语"the Other"具有很大的歧义性，因此他使用"他者"来涵盖他人与世界，而且他就在"他者"这个概念框架下，整合了胡塞尔的主体间性与海德格尔的在世界中存在的思想。他人不是纯粹作为客体的人，而是也能作为主体的同胞；世界不是外在的世界，而是生活世界。胡塞尔与海德格尔哲学的作用，就是让斯特劳斯可以摆脱传统的二元论。

在此基础上，斯特劳斯提出：个体与他者关系的紊乱，就是症状性精神病（symptomatic psychoses）的根源。"症状性精神病是在清醒和昏迷两极之间的体验模态，在临床用语中被表示为'意识混

---

[1] E. Straus, *Phenomenological Psychology: Selected Papers*, p. 281.

浊'。许多研究者认为这是它们的核心特征。在我们看来,意识混浊不仅仅是一种可能会导致继发症状的单一症状(虽然是必不可少的症状)。随着基本定向的全面紊乱,自我—他者关系在其所有组成部分中都会发生变异。"[1] 在精神病学中,症状性精神病通常被认为是由躯体进程引起的精神病,因此也称器质性精神病。与此相对的是,斯特劳斯主张,在自我—他者的关系中寻找异常躯体进程产生的根源。"基本定向在清醒实存中的丰富结构秩序,就在症状性精神病中解体了。然而,这种解体不仅仅丧失了清晰度和区分度,而且经历了各种转变阶段,以一种只能在与正常的联系中得到理解的扭曲而结束。在其他事物中,'意识混浊'现在意味着:距离的维持和极性秩序表达的失败,朝向他者的边界被转移,并且客观秩序开始动摇。当距离化失败时,我们就会被交付给他者,并在面貌上把他者的力量体验为一种日益增长的威胁。"[2] 这种定义精神疾病的方式突破了笛卡尔式的二元论思维。自我与他者之间的关系是部分与包含它的整体之间的关系;自我在他者之中,就类似于海德格尔所说的人栖居于世界之中。

在传统的二元论思维中,世界是主观地呈现在个体的意识中的,因此精神病就是意识的混浊(意识对世界的呈现出现了紊乱)。自我—他者关系则意味着:(1)我们与他者的关系是相互的,是在同一实在层面上的(在人格解体病例中,这种关系就中断了)。(2)自我可以通达他者,但自我与他者之间是有距离的(精神分裂症则会

---

[1] E. Straus, "Psychiatry and Philosophy", pp. 73–74.
[2] Ibid., p. 77.

破坏这种距离)。(3)自我在意向性关系中而非因果关系中把握他者(刺激不能构造客体,而自我可以构造他者)。(4)他者是囊括一切的整体,但只以碎片化的方式呈现。(5)自我—他者的关系在时间延续中展开。(6)当下是未来所预先占有的。(7)每个部分本身都是不完整的,能够并且需要完整。(8)自我与他者的关系是隐藏在熟悉之下的。(9)在自我的物理实存中,自我受限于碎片化的方式,但自我可以通过符号表征突破躯体实存的界限。(10)在自我的时空定向中,自我由整体降到了这里和现在。①

最终,通过自我—他者关系,斯特劳斯突破了生理心理学(它把人理解为行为与神经系统),而走到了心理心理学(即非装置心理学的心理学);并主张,只有在自我—他者关系中,作为体验存在的人以及精神疾病才能得到真正的理解。当自我—他者关系发生紊乱时,"生理错误、侧面倒置、视差就不能得到纠正。在这种情况下,a、b、c、d 的次序与 a、b、c、d 就不能同一。在时间中连续的印象,就不能合并为一个有意义的整体。这些印象会相互矛盾与抵触。眼睛所见的事物,看起来必然是可笑的、搞怪的、有威胁的或着魔般的"②。精神疾病就是:患者想要在自我—他者关系发生紊乱的情况下,创造或维持秩序的努力。在这种情况下,患者越是努力,精神疾病就会越严重。例如,急性谵妄症与心理恐慌就是自我—他者关系中断的基本表现。精神疾病体现了在世界中存在模式的扭曲。

---

① 参见 E. Straus, *Phenomenological Psychology: Selected Papers*, pp. 268–273。
② Ibid., p. 274.

结　语

在斯特劳斯那里,现象学与精神病理学之间的相互澄明关系主要表现在以下方面:首先,精神病理学家的背景,使斯特劳斯发展出了精神疾病经验的现象学(尤其是生命感受的现象学)。这种形态的现象学对于胡塞尔意义上的先验现象学是一种极其重要的补充,并使现象学运动的发展更趋完整。他很少引用现象学的经典文献,而是将临床当中观察到的原初现象作为出发点,但这是符合现象学的"回到实事本身"的精神的。他实际上是把精神科病房当作了现象学哲学的实验室。精神疾病为现象学哲学提供了活生生的实存样本——不同的精神疾病就是本质现象的多样变换。其次,现象学家的背景(尽管斯特劳斯不是一名纯粹的现象学家,而是一名应用的现象学家),使斯特劳斯成为一名现象学导向的精神病理学家和精神科医生——他眼中的不是脑,而是作为生命整体的人;不是离散的症状,而是作为同伴的人。斯特劳斯的现象学精神病理学事业(即现象学与精神病理学之间的相互澄明),也为今天的哲学心理学指明了方向。哲学(不只是现象学,还包括自斯多葛学派以来的治疗哲学、实存哲学等)完全可以在当代中国的心理治疗与咨询中起到不可或缺的作用。具体来说,哲学要让精神科医生与精神病学家从孤立的、内向的、还原的、人脑中心主义的哲学思维中摆脱出来,尝试从整体的、关系的、非还原的哲学思维出发去理解精神疾病,去帮助作为同胞的他人。

第七章　博斯：从精神分析到此在分析

在瑞士精神病理学家博斯与海德格尔的直接合作之前，胡塞尔、舍勒等现象学家只是支持与鼓励现象学与精神病理学的相互澄明关系的建立，但他们本人没有直接参与。历史上，第一次有顶级现象学家参与指导的精神病理学研究活动，或者说第一次将现象学与精神病理学相融合的努力，是著名的佐利克研讨会。为什么海德格尔与博斯会走到一起，并共同发起这个研讨会呢？这需要从之前海德格尔与宾斯旺格的交往，以及博斯本人的学术经历谈起。

海德格尔在认识博斯之前，主要通过宾斯旺格来参加现象学与精神病理学的对话。海德格尔的"世界"概念为宾斯旺格提供了一种理解与描述人类经验的工具，并且使得宾斯旺格能够以此在分析学的术语去阐明精神疾病患者与周遭世界的关系，以及患者如何去构造他们所处的世界。但在1942年，宾斯旺格出版他的巨著《人类此在的基本形式与认识》之后，二人产生了越来越大的分歧。宾斯旺格批评海德格尔没有发展积极的社会交互理论（它可以解释人际间的爱在本真性获得中的作用）；海德格尔则批评宾斯旺格误解了此在分析学。"但宾斯旺格的误解并不在于他想用爱来补充'操心'，而在于：他没有看到操心是'实存的'，即具有存在论意义。因此，此在分析追问（实存的）存在论的基本状态，而不希望只描述存在者的此在现象。绽出意义上的作为此在的人类存在的所有确定设计已经是存在论的设计，因此作为'意识主观性'的人类存在表象被克服了。"[1]

值得注意的是，海德格尔正是在佐利克研讨会上提出上述对于宾斯旺格的批评的。或者说，博斯的出现，使海德格尔找到了他在精神病理学界的另一个对话者——一个更忠实于他的此在分析学的对话者，从而使他可以大胆地中断与宾斯旺格的合作。

博斯是瑞士哲学家、精神病理学家和精神科医生。他曾经接受了非常好的医学与精神分析训练。他在瑞士苏黎世大学获得了医学博士学位，在维也纳接受了弗洛伊德本人的精神分析训练。在瑞士的布尔格霍尔茨利医院，他担任著名的精神病学家布劳伊勒的助理，后来又得到了霍妮（Karen Horney）、弋尔德斯坦和荣格的指导。根据斯皮格尔伯格对他的访谈，宾斯旺格首先将他由精神分析引上了现象学的道路。当然在此之前，他已经越来越怀疑弗洛伊德精神分析的哲学基础（尤其是其中的自然主义立场），但他又不满足于宾斯旺格对海德格尔的解释及应用。[2] 因此，在"二战"期间，当有很多空闲时间时，他花了很大的力气去读海德格尔的《存在与时间》。"这本书带来了我在整个面向科学的教育中从未遇到过的问题。在

---

[1] M. Heidegger, *Zollikoner Seminare. Gesamtausgabe Band 89*, Frankfurt: Vittorio Klostermann, 2018, S. 825.

[2] 参见 H. Spiegelberg, *Phenomenology in Psychology and Psychiatry: A Historical Introduction*, pp. 334-336。

大多数情况下，这些问题是针对新问题的。令人失望的是，这本书我只读了一半，但奇怪的是它没有让我停下来。我会一次又一次地拿起它，并重新开始学习它。"①

尽管博斯对《存在与时间》十分有兴趣，但由于听到了太多有关海德格尔的负面评价（如：海德格尔是典型的纳粹分子），所以他很长时间都没有和海德格尔取得直接联系。然而，他在《存在与时间》中读到的前所未有的思想家形象，最终压倒了传闻中的卑鄙形象。"海德格尔陷入了他的同事们所编织的谎言网络中。大多数无法严重伤害海德格尔思想实质的人，都试图用人身攻击来针对他。唯一剩下的难题是：为什么他没有公开捍卫自己以免受这些诽谤？他毫不辩解的惊人事实，促使我竭尽全力地站起来支持他。"②

1947年，博斯第一次写信给海德格尔，希望可以得到他的直接指导。在海德格尔去世前，他们的来往信件数量达到了惊人的256封。海德格尔每年都会收到数百封来自世界各地的信件，而其中绝大多数都收不到回复。但海德格尔很快就给博斯回了信。"正如他本人曾经承认的那样，从一开始，海德格尔就寄希望于与医生建立联系，并对后者的思想有广泛的了解。他看到了这样一种可能性：他的哲学见解不只局限于哲学家的住所，而且能使更多的人受益，尤其是需要帮助的人。"③1949年，两人进行了第一次会面，并建立起了终生的友谊。

---

① M. Boss, "Preface to the First Edition of Martin Heidegger's *Zollikon Seminars*", in M. Boss eds., *Zollikon Seminars*, Evanston: Northwestern University Press, 2001, p. xv.
② Ibid., p. xv.
③ Ibid., p. xvii.

由于博斯认为,他成为精神病学家中唯一一个经常与伟大思想家会面并受益的人是不合适的,所以从1959年开始,在海德格尔对博斯进行的为期两周的例行访问期间(每学期2至3次),博斯邀请了50至70名精神科医生以及精神病学专业的学生到他家,参加由海德格尔主持的研讨会。这就是佐利克研讨会。海德格尔每周花两个晚上的时间与听众会面,而在此之前他要花一整天时间来仔细备课。尽管听众们头脑中装的都是为海德格尔所鄙视的心理学与哲学理论,但海德格尔仍然竭尽所能地为他们的医学实践提供更为坚实的哲学基础。博斯负责整个研讨会的组织、记录和出版,并成功地帮助海德格尔将他的思想影响扩展到了哲学领域之外的医学当中。在研讨会期间,博斯得到了海德格尔的悉心指导,使得他可以完整地将海德格尔哲学移植到精神病学的理论与实践当中,并与海德格尔共同创立了此在分析。佐利克研讨会持续到了1969年,直到海德格尔的身体不允许他来回奔波才停止。博斯与其他医学专业人士在海德格尔的指导下看到了不同的东西,并重新对它们进行了思考。

第一节 此在分析的建立

博斯与海德格尔长达10年合作的最重要成果是此在分析。尽管宾斯旺格之前也使用了这个术语[①],并且博斯也受到了宾斯旺格的影响,但是博斯发展出了更忠实于海德格尔的此在分析学的此在

---

① 参见徐献军:《宾斯旺格对于现象学的贡献》,第2—9页。

分析——这也是现象学与精神病理学的相互澄明关系的重要成果，或者说，此在分析就是一种海德格尔式的心理治疗理论与技术。精神分析是弗洛伊德提出的哲学理论与心理治疗技术的总和，而此在分析（Daseinsanalysis）是海德格尔的"此在"（Dasein）哲学与弗洛伊德的精神"分析"（analysis）技术的结合体。精神分析作为最基础的心理治疗技术，在心理治疗领域占有十分重要的位置。尽管弗洛伊德的学生与后继者们（包括荣格、阿德勒［Alfred Adler］、拉康等）对他的精神分析提出了诸多批判意见，但最直指弗洛伊德理论核心的批判（即揭示其哲学弱点的批判）还是来自博斯。博斯以海德格尔的实存现象学为基础，在理论和实践上都对弗洛伊德的精神分析进行了批判与改造，实现了从精神分析到此在分析的转换。

一、由精神分析转向此在分析的临床需要

在接触到海德格尔哲学之前，博斯是一名精神科医生与精神分析师。促使他进行转变的原因，不仅仅有理论上的需求，更有临床上的需求——一名教他重新进行观察与思考的患者。这名36岁的女性精神分裂症患者本身是疗养院精神科的医疗主任。她在严格的宗教禁欲氛围中长大，因此对一切肉体快乐都感到耻辱。自孩提时代开始，她就坚持不懈地克制自己，为了工作职责而牺牲自己。这种苛刻的自律进程使她疲惫不堪。从青年时代开始，她就经历了反复的抑郁发作。但她一直强忍着不寻求帮助。在到博斯这里进行精神分析治疗之前，她已经处于精神崩溃的边缘了。父亲的去世，更给了她致命一击。她夜不成眠，无法阅读，无法思考，可以呆坐几小时。明显的手部震颤和瞳孔扩张，表明她有高度的焦虑

感。为了抵御自我毁灭的强迫冲动，她耗尽了体力。博斯建议她停止极端的自傲和对自身的违背。这种对先前生活方式的放弃，使患者进入了精神病的初期状态。患者出现了一系列的视听幻觉，不仅有一些光怪陆离的面孔在她眼中旋转，而且有一些可怕的声音在她耳中回响。一天晚上，患者打电话给博斯，说她的电话已经被窃听，所以她只能写信给博斯了。第二天，博斯在信箱里发现了一张题为"重要的高度机密文件"的信纸。患者在信中说，外星人即将入侵地球。

　　博斯一开始使用的是自然主义的生理学解释。他想说服这位同行：她看到和听到的只是幻觉，是脑组织新陈代谢紊乱的结果，而证据就是脑电波的激动曲线。但让他大吃一惊的是，患者反驳道：脑的物质进程是通过什么样的魔法转变成精神上的非物质现象的呢？或者说，凭什么断定精神现象来自物质进程呢？博斯进一步解释道：神经系统的新陈代谢与精神现象是同一事物的两个不同方面；心理的主观现象是生理的客观进程的反映。但他不得不再次屈服，因为患者又反驳道：作为物质组织的人脑皮层，是怎么进入与外部世界的有意义关系中的呢？为什么意识可以存在于本质上与其截然不同的人脑中呢？

　　患者的反驳，其实指向哲学中的二元分立问题。这种在哲学上极端困难的问题着实难住了博斯。在生物学解释失败之后，博斯转而诉诸心理学解释。他承认，患者的幻觉不是简单的虚无，而是表征着由无意识情感和倾向组成的心理实在。但这种解释更让患者感到不满。患者生气地喊道：在你假设一个实在是真实、另一个实在是虚幻的时候，你根本不知道"幻觉"这个词指的是什么；在语言背后，什么也没有。这时，博斯深深感到，自己作为一名精神科医生，对于有意义的主客关系以及主体间关系是一无所知的。

在这种困境中，博斯意识到：他必须抛弃传统的自然主义以及心理学（包括主观主义与个人主义），而去学习和运用此在分析。此在分析让他摒弃了未经证明的哲学假设（二元论、无意识的表象），而去直接观看患者的病因。"可以肯定的是，我们与人类世界某些领域的开放和自由接触的可能性，在很大程度上被我们自己顽固的自我主义的先发命令或由我们早期的不适当气氛所施加的盲目的、外在的、外来的压力所阻碍。"① 由此获得的新颖洞见，使他可以采取一种新的治疗方法。"为什么不尝试放弃所有这些为自己进行抗争和防御的战斗？让间谍们进来，让他们有足够的力量去做他们想做的事，然后看看会发生什么。"②

令博斯惊讶的是：此在分析的运用使患者感到自身的存在得到了深度的理解，并使她产生了坚定的信心。紧接着，博斯鼓励患者摆脱他人的期待（非本真的自我），去做一个小孩子（本真的自我）。这使得患者打开了表达本真自我的闸门。患者像婴儿一样躺在分析的沙发上，要求博斯用奶瓶喂她。患者评价道："当我这样做的时候，我真的是我自己。现在我的耳朵里不再有任何噪音和声响了。……被允许做一个小孩子，这对我来说就像一个坚实的基础，是我建立自我的坚实基础。如果您上周没有让这成为可能，我认为我会永远疯掉的。在我敢于让自己融入更大的感觉之前，我真的确

---

① M. Boss, *Psychoanalysis and Daseinsanalysis*, p. 12.
② Ibid., pp. 13—14.

实需要有这样的坚实基础。"① 但进入成人世界,仍让患者感到深深的恐惧。博斯立即安慰她:不要为长大而烦恼,只要尽可能地去做本真的自己。

尽管患者在本真自我与非本真自我之间来回挣扎,但对博斯的信任使她对成人世界的信任与日俱增(这是她实存的根基)。另外,博斯对她的幻觉的理解、对幻觉的真正价值与意义的理解使她倍感欣慰。最终,患者康复了,在之后的7年里都没有再出现精神分裂症的症状。她摆脱了自儿时以来的非本真压抑,接纳了所有的实存可能性,展现了自身的成长力量。

最后,博斯说:也许有些优秀的心理治疗师和精神分析师在根本不了解此在分析方法的情况下,也会以类似的方式直观地应对此类患者;但就他本人而言,如果不是此在分析理解及时地介入这个病案,他必将茫然不知所措。"无论如何,到目前为止,只有此在分析的视野才能够为我们提供一种清晰的理解,即为什么这种直观的治疗技术要比传统的治疗技术能更好地满足我们患者的真正需求。对人的此在分析理解使我们更加独立于偶然的直观瞥见,从而大大提高了治疗的可靠性。"②

二、此在分析与精神分析技术的一致性

博斯将精神分析分为两部分:精神分析技术与精神分析理论。前者与此在分析具有内在的和谐性,而后者是需要被此在分析所

---

① M. Boss, *Psychoanalysis and Daseinsanalysis*, p. 21.
② Ibid., p. 26.

取代的。博斯首先在精神分析技术中,发现了弗洛伊德与海德格尔的共同性。"弗洛伊德著作中有关分析家实际建议的所有重要段落,都包含了20多年后海德格尔用来描述人类特征的相同基本术语。弗洛伊德和海德格尔都一次又一次地谈论'理解''意义''开放''明晰''语言''真理'和'自由'。"①

差别只在于,弗洛伊德是在面对患者时描述了这些特征,而海德格尔是在基本存在论中做了这些阐述。

1. 人类实存的开放性与对一切心理伪装或防御的去除

在海德格尔看来,如果此在的开展越来越本真,那么此在的实存和对实存的理解就能越来越充分地反映它的存在可能性。人类实存的方式就是去蔽和开放。"如果说此在本己地揭示世界并使世界靠近自身,如果说此在对其自身开展出它的本真存在,那么这种揭示'世界'与开展此在的活动也就是去除种种掩盖与遮蔽,也就是拆除此在用来阻塞自身的那些伪装。"②

弗洛伊德在精神分析中,就实践了这种对于人类实存的信念。弗洛伊德的基本治疗法则是:患者必须对自己和分析师保持绝对诚实的态度;他有义务承认一切他实际经历过的东西。这意味着,患者必须去除一切心理伪装或防御,而向分析师展现本真的自我。分析就是去蔽。"如果弗洛伊德没有在私下里同意对于人类实存的此在分析洞察(人类实存是具有原初开放性和澄明本质的存在),那么他将根本无法创造出精神分析的基本规则。如果他没有默会地将

---

① M. Boss, *Psychoanalysis and Daseinsanalysis*, p. 61.
② M. Heidegger, *Sein und Zeit*, S. 129.

人类实存视为一个开放的、澄明的领域(某种东西会呈现自身,并从黑暗中显现),他就不会想到去揭示隐藏的现象。"① 相应地,精神分析与此在分析都认为:真理就是去蔽现象的闪耀。

另外,弗洛伊德认为:所有的人类现象(包括神经症中最奇怪的心理和生理症状)都是有意义的。这种洞见,使人们对精神疾病的理解由无意义的自然因果层次上升到了有意义的理解心理学层次。"弗洛伊德这一天才的重大举动,再次以此在分析的基本见解为前提,即存在一个澄明的领域——世界现象的意义性可以自我显现、闪耀,并且人类实存本身就是必要的、澄明的和向世界开放的。"②

2. 人类实存的时间性与患者的生命史

自古以来的西方哲学就有将存在的最深层本质与时间性相联系的传统。海德格尔的《存在与时间》的标题,也凸显了这样一个事实:此在是在时间中展开的。因此,海德格尔将时间性作为解答存在意义问题的基础。这种时间性不是自然科学意义上的测量时间,而是存在论意义上的原初时间。人与其所遭遇事物的有意义交互,确定了原初的时间性。"时间性是源始的、自在自为的'出离自身'本身。因而,我们把上面描述的将来、过去、现在等现象称作时间性的绽放。时间性并非先是一存在者,而后才从自身中走出来;时间性的本质在于诸绽放的统一。"③

尽管弗洛伊德受制于他的自然科学理论倾向,不能完全在此在分析的意义上理解人类实存的原初时间性,但他还是瞥见了人类

---

① M. Boss, *Psychoanalysis and Daseinsanalysis*, p. 62.
② Ibid., p. 65.
③ M. Heidegger, *Sein und Zeit*, S. 329.

实存的基本时间性——即使是看似最无意义的梦境现象,也在一个人一生的生命史中占有一席之地。他还指出,不能把人的过去视为已经脱落的、不再属于人的部分,人的过去是一种弥漫到现在的力量。① 对于神经症患者来说,过去的力量甚至能够大到让人将现在和将来都抛在一边的程度,而对神经症的治疗就是要阐明患者的生命史——将沉眠在无意识中的创伤记忆带到有意识中来。一个人的实存的任何单一特征(如:神经症症状),只有在被纳入由过去、现在和将来组成的个体生命史中时,才能得到充分的理解。"对于人类源始时间性的洞察(以及对源始空间性的洞察),对于理解在许多梦中以及在精神分裂症和吸毒等经验中无法得到理解的'时间'(和空间)现象至关重要。"②

3. 人类实存的自由与接受精神分析的可能性

精神分析疗法和此在分析都主张人是自由的。海德格尔把自由描绘为此在存在的一种结构。此在可以自由地投入世界中。自由是此在的一种先天属性,即此在不得不自由。存在论上的自由,就是存在者自由的条件。"在这里,什么东西被定义为自由,或者它在多大程度上了解其自由,并不重要。……只有自由的存在,才能不自由。"③ 拥有自由的此在,可以超越自身以及在世界中所遭遇

---

① 参见 S. Freud, "Erinnern, Wiederholen und Durcharbeiten", in A. Freud, E. Bibring, W. Hoffer, E. Kris, und O. Isakower hrsg., *Werke aus den Jahren 1913-1917. Gesmmelte Werke X*, Frankfurt: Fischer Taschenbuch Verlag, 1999, S. 129-130。

② M. Boss, *The Analysis of Dreams*, New York: Philosophical Library, 1958, p. 189.

③ M. Heidegger, *Metaphysical Foundations of Logic, Studies in Phenomenology and Existential Philosophy*, trans. M. Heim, Bloomington: Indiana University Press, 1984, p. 191.

到的事物。然而,极端的自由(即无限制的自由)也是不可能的,因为此在的被抛(Geworfenheit)决定了自由是有一定范围的。

尽管弗洛伊德的精神分析理论有强烈的决定论色彩(人是由力比多驱动的生物),但他的治疗技术是以人具有自由的信念为基础的。如果弗洛伊德在治疗患者时没有意识到人的自由,他就不能成为现代心理治疗之父,也不能摆脱生物学理论的束缚。海德格尔和弗洛伊德都认为,人可以在两种决定之间进行选择。一种是承担起责任,面对所有的实存可能性;另一种是拒绝本真的行为方式,而进入匿名性中。选择的自由,就是人可以接受精神分析治疗的前提。"海德格尔对此在的分析,使他把人视为基本上和习惯上避免独立、负责任的个体。弗洛伊德将其精神分析疗法发展为对阻抗的分析,表明他在这方面必然暗中同意海德格尔的见解。"[1]人生而自由,却又倾向于逃避自由所带来的责任,因此人在生活中往往选择做常人,这在精神分析中表现为对分析的阻抗。

4. 语言的作用与无意识压抑的言语化

弗洛伊德与海德格尔都认为,语言是人类的家园。海德格尔发现了语言在存在论中的基础地位:他将语言视为存在的开显者;人在语言当中,就像住在家中一样。"这种献祭在于:存在就在思考中变成语言。语言是存在的家。人就居住在语言的家园中。思者与作者是这个家的守护者。只要这些守护者通过他们的言说把存在的开显放置与保存在语言中,他们就使存在得到了开显。"[2]

---

[1] M. Boss, *Psychoanalysis and Daseinsanalysis*, p. 68.
[2] M. Heidegger, *Was heißt Denken?*, Tübingen: Max Niemeyer Verlag, 1954, S. 5.

弗洛伊德则发现了语言在心理治疗中的基础地位。他一再地强调语言表达，因为只有在进行语言表达时，在无意识中被压抑的东西才能得到毫无保留的接纳。"当我们能使患者清楚地回忆起被引发的进程以及伴随的感情、尽可能详细地叙述这种进程，而且能用语言表述这种感情时，个别的癔症症状就会立刻和永久地消失。"[①] 因此，精神分析师往往是努力地倾听患者的语言表达，并引导患者尽可能地将在无意识中被压抑的东西言说出来。

三、此在分析对精神分析理论的批判

博斯充分肯定了精神分析技术的有效性及其与此在分析的内在和谐性，但他发现，精神分析疗法的上层理论建筑脱离了有效的精神分析技术，而以不可靠的自然科学假设为基础：存在着一个独立于人的外部实在世界；实在是可以精确测量和计算的；客体之间的联系是可预测的因果联系；世界中的事实遵循自然的时空法则。从海德格尔哲学的角度来看，这些假设不具有自明性，而只是未经证明的哲学信念。

然而，弗洛伊德将这些信念转换成了他的精神分析的理论信条：精神现象是一种客观的产物（即心理），其功能类似于反映机制；驱动心理的能量是源于内部与外部刺激的力比多；在力比多的作用下，心理产生了对于外部世界的观念（所使用的材料有：外部刺激、记忆痕迹、无意识、前意识和有意识追求等）；所有心理进程的唯一

[①] S. Freud, "Über den Psychischen Mechanichmus Hysterischer Phänomene", in A. Freud, E. Bibring, W. Hoffer, E. Kris, und O. Isakower hrsg., *Studien über Hysterie. Gesmmelte Werke I*, Frankfurt: Fischer Taschenbuch Verlag, 1999, S. 85.

目的是将能量排放到外部世界中，以便尽可能地在没有兴奋的情况下维持心理装置；正确的思维就是与外部实在相符的思维，而错误的思维就是与外部实在相违的思维。①

在精神分析的治疗中，患者、分析师与世界是一体的。但在理论中，弗洛伊德将这种共同体分解为了医学观察者、可观察的对象（心理与躯体）与外在世界。为了弥合这种主客与身心分裂，弗洛伊德不得不假设了魔术般的转换过程。"弗洛伊德（如果他自己不知道的话）通过精神分析的发现和实践，获得了对人类的直接而原初的理解。但在构造他的理论时，他以一种灾难性的方式破坏了这种原初认识。"②

尽管弗洛伊德本人与他的后继者们对精神分析理论进行了很有价值的理论修正，但他们仍然没有充分揭示精神分析实践开始的基础。只有此在分析对人类的本质做出了真正的理解。因此，博斯尝试从此在分析出发，对一系列精神分析的概念进行再评价，以便实现由精神分析理论到此在分析理论的转换。

1. 表　象

"表象"（Vorstellung）本身是一个传统哲学术语，而弗洛伊德把它作为了精神分析理论的起点。在癔症中，被压抑的是不可接受的"表象"。例如，长期操持家务、教育子女、孝顺老人的妻子对于长期在外工作的丈夫极度不满，其观念与传统的社会分工观念（男主外女主内／男尊女卑）产生了强烈的冲突，而妻子不得不将这种

---

① 参见 M. Boss, *Psychoanalysis and Daseinsanalysis*, pp. 76–77。
② Ibid., p. 78.

不满压抑到无意识中；但有时候，当这种不满在无意识中达到阈值时，它就会以癔症的形式表现出来，而且往往是在丈夫在家或其他重要亲属在场时才表现出来。心理表象作为人对于外部世界客体的心理表征，就存在于意识或无意识当中。"早发性痴呆的力比多返回到客体（即客体表象）的努力，似乎的确有所得；但是这些所得只不过是它们的影子而已。我是指属于它们的词语表象。我对此不能多讲，但我认为：力比多返回到客体表象的努力，可以使我们了解实际构成意识与无意识表象之间区别的东西。"[1]

海德格尔则反对使用传统意义上的"表象"概念。他曾以我们与树的关系为例，来探讨表象的本质。我们站在树的面前，而树站在我们的面前。树和我们形成了一种不可分的关系。这时，我们不需要在头脑中拥有一种对于树的表象。[2] 当然，我们也不能否认，当我们站在树的面前时，脑中有很多神经活动在进行。但面对这棵树的仍然是人，不是他的脑，也不是他的表象。现象学的原则就是摒弃一切理论的构造，直达现象本身。因此在博斯看来，在心理客体表征意义上的"表象"概念，限制了精神分析理论的视野，也不能支撑治疗科学。这是因为，"表象"概念所预设的主客分立切断了人与世界的原初统一，而此在分析就是要恢复这种原初的统一性。相反，弗洛伊德为了填补主客二分的鸿沟，不得不引入除表象以外的其他心理假设。

---

[1] S. Freud, "Die Libibotheorie der Narzissmus", in A. Freud, E. Bibring, W. Hoffer, E. Kris, und O. Isakower hrsg., *Vorlesungen zur Einführung in die Psychoanalyse. Gesammelte Werke XI*, S. 437.

[2] 参见 M. Heidegger, *Was heißt Denken?*, S. 15–17。

2. 无意识

弗洛伊德假定"无意识"（Unbewusstsein）存在的原因是，他想证明：所有精神现象都是有意义的。当时的主流哲学认为：心灵就是意识。因此，弗洛伊德的假设是一种哲学的革命。尽管哲学家李普斯比他更早断定了无意识的存在，但弗洛伊德是第一个想要系统证明无意识假设的人。"无意识是一个巨大的领域，而意识只是其中一个很小的组成部分。任何意识事件都经历过无意识的初始阶段，而无意识可以保持在无意识阶段，并拥有精神过程的全部价值。无意识才是真正的精神现实。对于它的内在本质，就像对于外部现实一样，我们所知不多。"[1] "无意识"概念是精神分析理论的标志之一，并且是"穿透深度心理学的晦涩之处的唯一一道光"[2]。在弗洛伊德那里，无意识甚至不再是精神现象的一种属性，而是成为一种具有独立实在地位的精神系统——无意识甚至取代了传统中上帝的位置。"无意识作为指引的价值远比它作为一种属性更为重要。有迹象揭示了这样一个系统：它所构成的个体进程是无意识的。因需要一个更好的又不太含糊的术语，我们称这个系统为'无意识'。"[3]

---

[1]　S. Freud, "Die Traumdeutung über den Traum", in A. Freud, E. Bibring, W. Hoffer, E. Kris, und O. Isakower hrsg., *Gesammelte Werke II/III*, Frankfurt: Fischer Taschenbuch Verlag, 1999, S. 616-617.

[2]　S. Freud, "Das Ich und das Es", in A. Freud, E. Bibring, W. Hoffer, E. Kris, und O. Isakower hrsg., *Gesammelte Werke XIII*, Frankfurt: Fischer Taschenbuch Verlag, 1999, S. 245.

[3]　S. Freud, "Einige Bemerkungen über den Begriff des Unbewußten", in A. Freud, E. Bibring, W. Hoffer, E. Kris, und O. Isakower hrsg., *Werke aus den Jahren 1909-1913. Gesammelte Werke VIII*, Frankfurt: Fischer Taschenbuch Verlag, 1999, S. 438-439.

第七章 博斯：从精神分析到此在分析

如果没有"无意识"概念，弗洛伊德将无从建立他的哲学大厦。

然而，从此在分析来看，无意识假设是多余的。首先，弗洛伊德需要用无意识假设来说明：一个表象为什么会出现，然后消失，然后又再次出现？从此在分析出发，仅凭直接的经验，这种精神现象仍然是可以得到阐明的。例如，当我在家里想到巴黎圣母院时，我并不需要在心里或脑中有一个关于它的表象。在我想到它时，它与我是共在的。我的实存不只是我的物理身体，而且延伸到了整个世界（包括我在家中的物理存在和在巴黎的思想存在）。由于人类实存具有澄明和绽放的本质，所以不需要意象就能说明：在我想到巴黎圣母院时，它进入了开放和有意义的世界中；当我不再想它时，其他东西进入了开放和有意义的世界中。我与巴黎圣母院就共在于世界中。只要不从"表象"概念出发，就不需要无意识的假设。

其次，弗洛伊德引用了伯恩海姆的催眠实验，来作为无意识存在的证明。但从此在分析来看，催眠状态表明被催眠者受到了催眠师的影响，而这种受影响的方式也是基于共在的。当被催眠者放弃他的自我时，他就只能通过催眠师而存在（或者说把催眠师当作了他自己）。这是一种典型的共在方式，因为被催眠者所说的"我"，其实就是他与催眠师共同的"我"。

再次，弗洛伊德借助"无意识"概念来说明神经症中的致病因素。在他看来，无意识中被压抑的追求和愿望是神经症的根源。但此在分析可以从神经症患者的世界关系中，直接看到这些现象。在理解症状时，关键在于询问患者与其所遭遇事件之间的关系——心理防御是开放和自由的，还是相反的。这些症状并非源于患者无意识中的追求和愿望，而是源于患者与世界关系的紊乱。

最后,弗洛伊德迫切需要用无意识来解释梦。"我们从癔症理论中借用下列命题:一个正常的思维,只有当源于婴儿期并处于压抑状态的无意识愿望被移置其上时,才能经受上述异常的精神处理。与此相应,我们根据如下假设构造了梦的理论,即为梦提供冲动的愿望总是源于无意识。我自己也承认:这个假设不能得到普遍证实,但也不能被否认。"[1] 在《梦的解析》的结尾处,弗洛伊德还使用了一个患有抽搐和癔症的男孩的案例。他把男孩在梦中看到的镰刀推测为他在无意识里想让宙斯阉割他的父亲,以发泄他对父亲的愤怒(因为之前他曾经因为玩弄自己的生殖器,而受到父亲的诸多谴责)。但从此在分析来看,男孩在梦中看到的镰刀对应的就是他的焦虑,而不是无意识中的愤怒。另外,如果分析师不知道男孩与其父亲的紧张关系,那就无法做出有意义的解释。事实上,弗洛伊德追求的是让心理对象得到解蔽,但真实的心理实在不在无意识中,而只是被遮蔽了。精神分析师所要做的,实际上就是海德格尔意义上的解蔽。

3. 投射和内摄

"投射"(Projektion)概念在弗洛伊德的精神疾病解释中占有十分重要的地位,并且他是基于临床解释的需要发展出了这一概念:"在妄想症中,症状图景的最显著特征是投射。内知觉受到了抑制;作为补偿,其内容在经历一定程度的扭曲后,会作为外知觉进入意识。在被迫害妄想中,扭曲的是感情的变异;在内部应该被感受为爱的东西,被知觉为了对外部事物的恨。"[2] 弗洛伊德随后将

---

[1] S. Freud, "Die Traumdeutung über den Traum", S. 603.
[2] S. Freud, "Einige Bemerkungen über den Begriff des Unbewußten", S. 302-303.

投射机制上升到了哲学的层面上："投射不仅在偏执症中存在，而且在心理的其他境况中存在：投射有序地参与到了我们对外部世界的态度中。"[①] "投射"目前已经成为日常词汇。人们会用它来表达这样的意思：将自身的想法归到他人身上。另外，这个概念本身就是自古希腊以来在西方哲学中占据主导地位的思维方式，因为投射的前提是：在意识拥有者的内在世界与外在世界之间具有明确的分界线；我的心理与他人的心理是类似于外在事物那样的实体。

海德格尔在《存在与时间》中，就已经试图否定内外世界区分这样的前提。另外，此在分析直接从对临床病理现象的分析出发，也不同意心理的投射。就以弗洛伊德自己所举的被迫害妄想为例：患有偏执症的妻子感觉自己受到了丈夫的迫害，但这不是因为她把心中的情感投射到了丈夫身上，而是因为她的实存还没有成熟；让她做一个妻子的要求，超出了她的承受范围，以至于让她感觉到自己的生命受到了威胁；这种威胁使她的生活充满了仇恨和恐惧，而这种情感必然会让她将丈夫误解为迫害者（不论丈夫实际上脾气有多好）。处于病症核心的是：她的受到威胁的实存造成了她与丈夫之间的紧张关系。这种关系不在她的"心理"当中，而在她的世界当中。在她的在世存在中，"投射"概念是多余的。

同样地，"内摄"（Introjektion）概念也是多余的，因为这个概念也以内外世界区分的哲学假设为前提。从此在分析来看，在一个人以本真的方式实存之前，他只是以常人的方式存在着，而在真正的自我之外；因此，他无法由内到外，因为他还没有在内。人类实

---

① S. Freud, "Einige Bemerkungen über den Begriff des Unbewußten", S. 303.

存的基本方式是共在,而这种方式可以说是非内非外的,因此没有必要假设投射或内摄。

第二节 此在分析对精神分析技术的调整

此在分析是海德格尔的现象学理论(此在分析)的重要成果,而作为理解心理学的精神分析是精神病理学的重要组成部分。因此,此在分析对于精神分析技术的调整[1],就反映了现象学理论对于精神病理学的影响,并且体现了现象学与精神病理学的相互澄明关系。尤其是在当下的中国,精神分析技术在心理治疗与咨询当中占据非常重要的地位,而现象学经常被驳斥为只有理论的意义。如果可以说明源于现象学的此在分析对于精神分析技术的具体影响,那么一方面,现象学就有了临床的应用价值,另一方面,作为精神病理学实践的精神分析也获得了更为可靠的理论基础。具体来讲,这种调整表现在以下方面:此在分析对于患者的态度,对移情和付诸行动的此在分析处理,由精神分析的"为什么"到此在分析的"为什么不",此在分析视野中的挫败与允许,此在分析对反移情的处理,此在分析的解梦,对罪感的分析与心理治疗的目标。

一、此在分析对于患者的态度

此在分析继承了现象学的"无偏见性"的原则,因此它不要求被分析者去掌握精神分析所要求的复杂知识体系(如有关力比多、

---

[1] 参见 M. Boss, *Psychoanalysis and Daseinsanalysis*, pp. 230–283。

象征、冲动的精神分析知识），而主张分析师与被分析者建立起直接的理解关系。因此，此在分析师相对于精神分析师的优势是，他不那么具有理论偏见。事实上，正是对于不同理论观点的坚持，使得精神分析的发展陷入了宗派主义——例如，国际精神分析协会与拉康派精神分析的对立。

被分析者会发现，此在分析不会教给他很多新的术语或概念，因为这些术语或概念遮蔽了鲜活的生活经验。被分析者要做的是：让他们在世界中的存在自由地呈现出来。用海德格尔的话来说，他们要做的就是"去蔽"。当然，传统的精神分析师会反驳说：被分析者需要用精神分析的术语，才能更好地表达在无意识中被压抑的内容。然而，他们忽视了：理论术语的使用也会加重被分析者的表达负担，因为被分析者还需要花更多的精力去掌握术语。传统精神分析所要求的无比漫长的时间（通常要求：每周5次，每次50分钟，总时长3年或更长），在相当大程度上也与精神分析所要求的巨大理论术语体系有关。当然，传统的精神分析师还会反驳说：被分析者掌握这套术语体系的好处是，在做完3至5年的分析后，被分析者也可以做精神分析师了。然而，这就模糊了通过精神分析去解决心理问题与成为一名精神分析师之间的界限。

另外，此在分析还可以避免"精神分析综合症"。"这种综合症（绝非罕见地）导致其患者以精神分析的术语和符号进行仪式性的思考和交谈。同类人组成了圈子与宗派。尽管许多依从者可能会失去旧的症状，但他们的新行为出现了神经症性质。他们不是抓住世界的可直接观察到的现象，而是无视它们并推测它们'背后'是什么，也不知道他们的观察是否支持他们的推论。他们没有对周遭的事物和人持开放态度,而是'解释'了这些相同的现象、人类和物质。"[1] 被分析者的神经症本身是由与世界关系的阻隔造成的,而精神分析在让被分析者进入精神分析的世界时,有可能加大这种阻隔,从而使被分析者的生活更为受限。或者说,精神分析会让被分析者更多地去注意精神分析的符号术语,而无视直接的现象。

二、对移情和付诸行动的此在分析处理

精神分析非常依赖对于人类本质的认识,而海德格尔在著作中就发展出了这样的认识;但弗洛伊德的精神分析技术没有超越此在分析技术。在博斯看来,精神分析技术与此在分析技术最大的不同在于对移情(Übertragung)的处理。

弗洛伊德发现,本该关注自身心理冲突的被分析者忽然开始对精神分析师产生了兴趣——这时的情感态度,要么是喜欢,要么是厌恶,但这些都是依恋的表达。弗洛伊德认为,移情属于分析中的阻抗,是需要加以克服的。克服的方法就是向被分析者说明移情的来源。"我们要克服移情,而方法是告诉患者,他的情感不是来自当下的情境,也与医生无关,而是重现了之前发生于他身上的某些东西而已。通过这种方式,我们重现了他的记忆。因此,不论是友爱的还是敌意的,即使是在最不利治疗的情况下,移情都可以成为揭示心理隐秘部分的最佳工具。"[2]

---

[1] M. Boss, *Psychoanalysis and Daseinsanalysis*, p. 236.
[2] S. Freud, "Die Übertragung", in A. Freud, E. Bibring, W. Hoffer, E. Kris, und O. Isakower hrsg., *Vorlesungen zur Einführung in die Psychoanalyse. Gesammelte Werke XI*, S. 461.

在给从事精神分析的医生提出建议时,弗洛伊德进一步明确了精神分析师对于移情的态度:"我不能推荐我的同事们,因为外科医生才是精神分析治疗的模范——他们抛弃了自己的所有感情,包括对人的共情,并且将心力集中在唯一的目标上,即尽可能熟练地做手术。在当前的情况下,精神分析师最危险的感情冲动是:通过这种新颖而且很有争议的方法去实现说服他人的治疗抱负。这不仅会把他带到对工作不利的状态中,而且他也会无法应对患者的阻抗(疗愈首先取决于他们之间的角力)。分析师保持情感冷漠的理由是:这对双方都是最有利的——医生保护了自己的情感生活,而患者能够获得最大程度的帮助。"[1]

事实上,弗洛伊德认为,被分析者对分析者的情感投入是虚幻的,仅仅是对他们过去的情感的再现。因此,弗洛伊德要求克服移情。

与精神分析相反的是,此在分析师认为移情没有转移任何东西,而且移情中的爱或恨是分析师与被分析者之间的真实人际关系。被分析者表现出情感投入,只是因为分析师提供了一个安全的情感空间,使被分析者可以充分展现自己真实的情感。

当被分析者不只是思考或谈论与分析师的关系,而且还想体验新的情感与身体语言时,弗洛伊德将之称为阻抗的"付诸行动"。同样地,弗洛伊德将付诸行动看作记忆,因此付诸行动仍然是贬义的——因为被分析者会表现出孩子般的行为模式,来释放过去被压

---

[1] S. Freud, "Ratschläge für den Arzt bei psychoanalytischen Behandlung", in A. Freud, E. Bibring, W. Hoffer, E. Kris, und O. Isakower hrsg., *Werke aus den Jahren 1909-1913. Gesammelte Werke VIII*, S. 380-381.

抑的对于父母的依恋。与之相反的是，此在分析允许付诸行动，并且鼓励被分析者反复去体验与练习孩子般的行为方式，并最终获得成熟的行为方式。例如，博斯在分析中会接受被分析者让他用奶瓶喂水的要求。此在分析将分析关系中产生的孩子般的行为模式，作为真正心理成长的起点。换言之，即使是在对成年人的此在分析中，在孩子般的层次上与被分析者的相遇是真正的交流的一个条件。用海德格尔的话来说，移情与付诸行动是分析师与被分析者共在的方式。这种共在关系，甚至能够帮助精神分裂症患者。

三、由精神分析的"为什么"到此在分析的"为什么不"

弗洛伊德的精神分析想要去探索神经症的原因，因此精神分析师会问：为什么？这意味着，被分析者要到他们生命的早期阶段去寻找当前症状的原因（如：幼儿期发生的事件、欲力的固着或退行等）。尽管父母的不当行为会阻碍被分析者在其成年期的心理成长，但此在分析的问题是：为什么被分析者至今仍然不能摆脱源自童年期的心理束缚？因此，精神分析有时候会导致被分析者对其父母的不佳印象。实际上，现代的心理治疗师以及精神分析师不再通过"为什么"的问题去探索心理症状的原因，而是去探索心理症状的解释了。

与弗洛伊德的精神分析相反的是，此在分析想要让被分析者认识到自身的自由——尽管过去的心理事件会影响到现在的认知模式，但这种影响不是决定性的或因果性的。正如海德格尔所认为的，人终究是自由的——此在是什么，不仅取决于过去，也取决于现在。

"为什么"的问题，指向的是过去；而"为什么不"的问题，指向的是将来。正是"为什么不"的问题，有助于被分析者放弃旧的认知模式(如强迫症的行为方式),而建立起新的认知模式与新的世界关系。正是通过"为什么不",被分析者才敢于逐渐放松约束其存在的规则,从而摆脱过去力量的奴役。"'为什么不'以另一种方式动摇了被分析者的世界,它是一种治愈的因素。这让被分析者第一次有机会做一个小孩子,而不用被迫做任何特别的事。在他摆脱发狂的恐惧之后,他得以与世界建立起更自由的关系,并最终成为一个自由和坦诚的自我而成熟起来。"[1]

四、此在分析视野中的挫败与允许

弗洛伊德要求分析治疗必须在挫败(Versagung)的气氛中进行,即分析师要拒绝患者去享用可缓和其欲力要求的替代性满足。[2] 这似乎与此在分析之前对"付诸行动"的倡议相反。然而,此在分析是想让精神分析变得更加符合精神分析的精神。实际上,对患者的某些行为的挫败,同时意味着对其他行为方式的允许。分析师长年地、日复一日地为患者做分析,允许患者将自己最本真的自我呈现出来,而不做任何道德的批判、或错或对的分别。分析当中的允许,使长期以来在日常生活中受到压抑、不被理解、得不到倾听的患者心声找到了释放的通道。这种允许可能就是分析中最重要的治疗因子,同时也是弗洛伊德精神分析起效的原因。

弗洛伊德在要求分析师拒绝患者的神经症需求时,势必要向其他可能的需求开放。实际上,当分析师允许患者接受低于其能力的

---

[1] M. Boss, *Psychoanalysis and Daseinsanalysis*, p. 251.
[2] 参见 J. Laplanche and J.-B. Pontalis, *The Language of Psychoanalysis*, New York/London: W. W. Norton and Company, 1973, p. 176。

行为模式时,这就不是真正的允许,更不能促进患者的成熟;相反,这才是对患者实存的挫败。显然,要挫败的是患者旧的、有限的、神经症的行为模式(例如:抑郁症患者的消极的认知模式,或强迫症患者过于追求完美的自动思维),而要允许的是患者新的、开放的、自由的行为模式(例如:积极的认知模式,或不过分追求完美的思维方式,或有弹性的思维方式)。实际上,弗洛伊德所要挫败的,是本能驱动的精神疾病患者表现出的性欲过强的行为或极具侵略性的行为。对于沉溺于妄想的精神分裂症患者,同样要挫败他们过于脱离公共世界的个人幻想(例如:泡面在对他说,"我很好吃吧?")。

此在分析师的任务是,通过允许,帮助患者建立起新的行为模式或认知模式,即让其接受原来从没有想到过的可能性。这种允许不光是此在分析师允许患者,更重要的是患者允许自己。例如,对于强迫症患者来说,他要允许世界中未知性与偶然性的存在;对于抑郁症患者来说,他要允许自身能力的不足,以及自己无法达到外界的要求。

五、此在分析对反移情的处理

弗洛伊德认为,移情具有一定的心理治疗作用,但反移情(Gegenübertragung)必定是需要被克服的。"我们已经注意到,医生的'反移情'是由患者对医生无意识感觉的影响产生的,并且我们基本上要求医生要自己去认识并克服这种反移情。"[①] 然而,弗洛伊德

---

① S. Freud, "Die zukünftigen Chancen der psychoanalytischen Therapie", in A. Freud, E. Bibring, W. Hoffer, E. Kris, und O. Isakower hrsg., *Werke aus den Jahren 1909–1913. Gesammelte Werke VIII*, S. 108.

在实践中所表现出来的态度与理论是矛盾的。正如他在给宾斯旺格的一封信中所说的，精神分析师对反移情的拒绝对患者来说是不公正的："从技术上讲，（反移情问题）是精神分析中最困难的问题之一。我认为，这个问题在理论上更容易解决。给予患者的（感情）确实绝不应是自发的，而总是有意识地分配的，然后视需要增加或减少。……换言之，医生必须始终认识到自己的反移情并超越它，而这只有当他释放自己时才能做到。因为某患者太爱医生而给予他过少的感情，这对患者来说是不公平的，也是技术上的错误。所有这一切都不容易，而且只有在有了更多阅历的情况下才可能实现。"[①]

此在分析对人与人之间感情交流的看法，与上述弗洛伊德的话是一致的。其实正如有人已经注意到的，弗洛伊德对反移情的矛盾态度，与他相对不安全的内心世界有紧密联系。因此，他似乎想要通过无感情的态度来保护自己，尽管他又意识到这对患者不公平。与之相反的是，博斯的安全感相对较强，因此他可以更多地容纳分析中的感情交流，即允许移情与反移情。

实际上，精神分析师像镜子一样的外科手术般的情感态度（这也与弗洛伊德对科学客观性的追求有关），会让那些在家庭中没有感受到足够温暖的患者感到失望。有时候，患者对于分析师性行为的要求就源于这种失望感——对性行为的要求，是感情贫乏的人际交流关系的一个不成功补偿。当分析师能够向患者传递足够的温情时，患者对于性行为的要求反而会停止。[②]

[①] L. Binswanger, *Sigmund Freud: Reminiscences of a Friendship*, New York: Grune & Stratton, 1957, p. 50.

[②] 参见 M. Boss, *Psychoanalysis and Daseinsanalysis*, pp. 256–257。

另外，此在分析认为，反移情不是由过去到现在的情感记忆的转移，而是分析师与患者之间真正的情感关系。正如博斯所说，此在分析师给予患者的爱不应该是性爱，而应该是"在伴侣的实存和唯一性之前从未实践过的无我、自我克制和尊重。不得因患者的合作、冷淡或敌对行为而动摇或干扰这些品质"[1]。当然，如果分析师确实缺乏心理的成熟度，那么坚持弗洛伊德的经典技术（即"镜子"）是可以保护自己的。然后，如果分析师具备良好的心理成熟度，那么他就可以积极地反移情，对患者给予他的爱报以足够的回馈。

六、此在分析的解梦

即使是那些弗洛伊德的批判者（如：雅斯贝尔斯）也认为他对梦的解释是极富创造力的，并且对于理解心理学做出了重大的贡献。然而，此在分析在解梦上与弗洛伊德的精神分析有根本的区别。

此在分析不把梦境贬为纯粹的意象或精神图景，而认为梦境与清醒状态一样是自主与真实的行为方式。因此，此在分析让患者直接与梦境中的现象进行交流，而不通过假设的"梦工厂"的中介。与精神分析相反的是，此在分析认为：梦是一种澄明与揭示，而不是对心理内容的掩盖或伪装；对梦境的分析具有重大的心理治疗价值。"由于此在分析师将在梦中世界的存在看作人类实存的一种自主方式，因此他对待患者的梦境行为与对待自己的清醒世界关系的方式是完全相同的。这意味着：此在分析师会遵从患者梦想的行为

---

[1] 参见 M. Boss, *Psychoanalysis and Daseinsanalysis*, p. 259.

方式，并进行严格的'阻抗分析'。他对梦的整个治疗方式，集中在追问焦虑、羞耻和厌恶的假定障碍的必要性上——这些障碍以某种方式限制了患者与梦中世界的自由关系。"[1]

例如，有一名28岁的患者梦到去动物园参观。管理员打开了沉重的笼子。患者进到养着老虎和狮子的笼中，并用生肉喂它们。患者突然发现：管理员没有关门，并且看似坚固的铁栏不是用铁造的，而是用冰造的。随着太阳的升起，冰的围栏正在迅速消融。患者竭尽全力地逃跑，连气也喘不上来。

弗洛伊德的精神分析可能会这样来解释：患者的冲动与动物性本能从他的内在心理投射到了幻觉的世界中。另外，这个梦可能是一个"移情"的梦，即动物园管理员在某种程度上与精神分析师是相似的。

截然不同的是，此在分析师的第一个问题是："您真的如此害怕老虎和狮子吗？您能与它们交朋友吗？"患者回答说："我敢肯定，在那种情况下，您也会感到害怕。"

此在分析师的解释是：患者面临的是生命的焦虑，即他的实存不能接受生命中的危险与侵略性的特征。老虎和狮子就是这种特征的表象。一个自由的人应该全心拥抱生命的所有特征，包括危险与侵略性的特征。动物园管理员的出现，意味着患者的实存有更大的开放性，即对于各种生命现象的无所畏惧。此在分析的目标，是让患者更加自由和无所畏惧地去生活。梦是一个进入患者个人世界的至关重要的通道。

---

[1] M. Boss, *Psychoanalysis and Daseinsanalysis*, p. 262.

七、对罪感的分析与心理治疗的目标

弗洛伊德认为，人的心理是受快乐原则（Lustprinzip）支配的。原始人与儿童身上尤其体现了人的这种对于快乐的自然追求。但在自我保存的压力下，快乐原则又会被现实原则（Realitätsprinzip）所取代[①]，因为如果不遵循现实的要求，人得到的不是快乐，而是痛苦。在儿童对于外部现实的适应中，父母（或其他养育者）起着很重要的作用。内化于人的心理当中的外部现实，就是超我（Über-Ich）。弗洛伊德认为：超我的过度强大，以及超我与自我之间的矛盾，是很多神经症的原因。"尽管在健康期间，抑郁症患者对自己表现出或多或少的严厉是与其他人一样的，但在抑郁症发作期间，他的超我就变得过分严厉，而去责备、羞辱、虐待可怜的自我，对自我进行最可怕的惩罚威胁，并且抓住自我在很早以前所做的轻率行为而责备自我。……超我把最严格的道德标准施加给在其控制之下的无助的自我，因为超我代表的是道德要求，而且我们很快就发现，我们的道德罪感是自我与超我之间紧张关系的表达。"[②]

尽管超我是外部现实（父母教育、社会要求、道德原则等）的一种内化，但它只是一种片面的内化。神经症患者经常陷入一种思维狭窄，要么只看到负面的因素（抑郁症），要么只看到正面的因素（躁狂症），其原因就在于上述片面的内化。"超我接管了父母这一

[①] 参见 S. Freud, "Jenseits des Lustprinzips", in A. Freud, E. Bibring, W. Hoffer, E. Kris, und O. Isakower hrsg., *Gesammelte Werke XIII*, S. 1-8。

[②] S. Freud, "Neue Folge der Vorlesungen zur Einführung in die Psychoanalyse", in A. Freud, E. Bibring, und E. Kris hrsg., *Gesammelte Werke XV*, Frankfurt: Fischer Taschenbuch Verlag, 1999, S. 66-67.

职能的力量、作用和方法,但它不只是父母职能的法定继承人,而且是事实合法的遗产继承者。超我直接脱胎于父母职能并继续发展……超我片面地只选择了父母的严格与严厉、限制与惩罚的功能,而没有继承和保持父母的充满爱意的关心。"[1] 源于外部现实的片面内化的超我,就是人的罪感的根源。弗洛伊德希望,精神分析能够让神经症患者摆脱片面内化的奴役,而恢复到自然的、无罪的心理状态。

此在分析认为,精神分析只能通过解释患者的生命史而让患者清晰地意识到本己实存的负担(即过去心理事件对于现有认知模式的巨大影响),但不能让人真正摆脱罪感。精神分析想要让人摆脱神经症罪感的愿望是迷人的,但无法实现。[2] 从海德格尔的存在论来看,人的原罪在于他无法实现所有的可能性——假如人对每一种此在可能性都负有责任,那么人注定只能实现一部分。人生而自由,但又处处受限。

此在分析要让人区分本真的可能性与非本真的可能性(外部强加给人的东西,常人的生活方式)。[3] 神经症患者常常严格遵循在本质上对他来说是异己的、非本真的生活方式,并由此产生内在的斗争(本真与非本真、自我与超我之间的斗争),而此在分析就是要打破这种恶性循环。此在分析的心理治疗目标就是:让人意识到自己

---

[1] S. Freud, "Neue Folge der Vorlesungen zur Einführung in die Psychoanalyse", in A. Freud, E. Bibring, und E. Kris hrsg., *Gesammelte Werke XV*, Frankfurt: Fischer Taschenbuch Verlag, 1999, S. 68.

[2] 参见 M. Boss, "Anxiety, Guilt and Psychotherapeutic Liberation", *Review of Existential Psychology and Psychiatry* 1962, 2(3), pp. 173-207。

[3] 参见 M. Heidegger, *Sein und Zeit*, S. 295-301。

有摆脱非本真生活方式以及痛苦回忆的自由,并达到弗洛伊德所考虑的目标——充分的工作和快乐的能力。人将不再使用自身的能力去服务于那些违背自身本真需要的事情。

结　语

如上所述,此在分析既是精神分析技术与海德格尔存在论的结合体,也是博斯与海德格尔长期交流与合作的成果。海德格尔想要通过此在分析,让现象学哲学可以帮助那些遭受心理苦难的人;博斯通过此在分析,获得了更坚实的哲学基础以及理解人类实存的方式。此在分析的产生、发展,充分展示了现象学哲学与心理学、精神病学进行合作,以应对人类精神困苦的巨大潜力。人们在此在分析中,看到了精神分析技术历久弥新的基础性地位,但也看到了弗洛伊德精神分析理论在哲学上的缺陷。因此,今天的现象学哲学工作者如果想要开展哲学咨询,就非常有必要吸收和学习精神分析技术,但同时也要注意坚持哲学的方法论立场,开展对精神分析的批判性反思。总的来说,博斯与海德格尔共同开发出来的此在分析,不仅是现象学与精神病理学相互澄明关系的重要表现,而且为今天的哲学咨询提供了一个经典的模板。

第八章　布兰肯伯格：现象学方法论与精神病理学

布兰肯伯格是现象学精神病理学领域的国际性权威。除了专著、编著以及超过 160 篇的论文以外，他还是一名倡导患者视角的精神科医生与哲学家。在现象学精神病理学的运动中，他是第一个明确提出要确立现象学与精神病理学的相互澄明关系的人。

他生于德国不来梅，并从 1947 年开始在德国弗莱堡大学学习哲学与心理学。在此期间，他选听了胡塞尔的助手芬克（Eugen Fink）以及缪勒（Max Müller）的哲学课程。他还参与了海德格尔在黑森林的小型研讨会。尽管他不完全同意海德格尔的哲学，但他通过仔细倾听海德格尔的诗意语言，学会了如何在医学实践中倾听患者的语言。他还选修了现象学家斯泽莱西的课程。"二战"后，由于海德格尔被禁止授课，斯泽莱西于 1947 年接任了海德格尔在弗莱堡大学的教席；他的工作重点是建立哲学与自然科学之间的联系，并且他与宾斯旺格合作把胡塞尔现象学的概念（作为意识背景的生活世界、主体间性、被动综合、时间感、自我构造等）应用到了精神病学问题中，并深受这些工作的影响。三年后，布兰肯伯格转到了医学专业，但他的医学理论与实践都保留着深刻的现象学哲学印迹。1956 年，他撰写了将海德格尔与宾斯旺格的此在分析应用于偏执型精神分裂症研究的博士学位论文。1956—1958 年间，他在德国海德堡大学学习内科医学，同时还学习身体现象学。他还前往哥廷根大学参加了尼古拉·哈特曼（Nicolai Hartmann）的课程，而且他认为，哈特曼有关自然科学的观点比海德格尔的存在论更为实用。

1967 年，布兰肯伯格在弗莱堡大学精神疾病专科医院院长鲁芬（Hanns Ruffin）的指导下，完成了他的大学授课资格论文《自然自明性的失落：论症状贫乏型精神分裂的精神病理学》。这一论文在 1971 年被发表为专著，并在此后相继被译为法文、意大利文、日文、西班牙文、英文和中文出版。在 1968—1975 年间，他加入了以现象学精神病理学研究而为世人熟知的海德堡大学精神病学系。弗莱堡大学与海德堡大学的精神疾病专科医院一直处于现象学精神病理学的领导前沿，致力于将现象学方法与精神病理学相结合。1975 年，他担任了不来梅大学精神疾病专科医院的院长。从 1979 年直到 1993 年退休，他一直担任德国马堡大学终身教授与精神疾病专科医院的院长。[1]

布兰肯伯格的工作，为现象学、精神病理学、心理治疗和精神病学的理论与实践都做出了重要的贡献。他的工作重点是精神分裂症——美国罗特格斯大学心理学教授萨斯将他的代表作《自然自明性的失落》视为 20 世纪有关精神分裂的一本最重要的专著。[2] 除

---

[1] 参见 A. L. Mishara, "On Wolfgang Blankenburg, Common Sense, and Schizophrenia", p. 318。

[2] 参见 L. A. Sass, "Self and World in Schizophrenia: Three Classic Approaches", p. 257。

此以外,他也研究了时间性、自我同一感、妄想、癔症、强迫症和焦虑症等临床问题。另外,他致力于将现象学的方法论运用于精神疾病的研究。他的工作总体上具有活泼、自我指向与质疑的精神,并且在今天的现象学及精神病理学的理论与实践中仍然富有意义。

第一节 作为方法的现象学[1]

梅洛-庞蒂在《知觉现象学》的前言中曾经说:"现象学允许其本身成为实践,并被视为一种风格;或者说,现象学作为这样一种运动而存在,即先于充分的哲学意识的运动。"[2]那么,作为实践的现象学是怎么样的呢? 现象学的风格是什么呢? 实际上,在对胡塞尔的继承中,布兰肯伯格的方法论反思是非常重要的。当然,在接受过哲学训练的学者们看来,作为一名精神科医生,布兰肯伯格对于现象学方法论的理解可能是有点怪异的。但我们也要注意:布兰肯伯格的本科专业是哲学,而且与海德格尔等现象学家早有接触。因此,我们不能低估布兰肯伯格对于现象学的熟悉度、严格度与敏锐度。作为精神病理学家,他为现象学方法论的深入发展与应用做出了极其重要的贡献。在《现象学悬搁与精神病理学》这篇论文中,他指出:就对哲学反思的发展而言,他对先验悬搁的基本方法步骤

---

[1] 参见 S. Micali, "Phänomenologie als Methode. Bemerkungen zur phänomenologischen Psychopathologie im Anschluss an Blankenburg", in S. Micali und T. Fuchs hrsg., *Wolfgang Blankenburg—Psychiatrie und Phnomenologie*, Freiburg/München: Karl Alber Verlag, 2014, S. 13-32。

[2] M. Merleau-Ponty, *Perception of Phenomenology*, p. lxxi.

的执行力度,没有他在处理精神分裂症的自我与世界变异时那么大。[1] 换言之,精神分裂症患者的经验,可以提供理解与把握先验悬搁的新颖视角;反过来说,在正常意识经验中,先验悬搁的作用是不突出的,而它的作用只有在异常意识经验中才显得那么引人注意。推动布兰肯伯格聚焦于现象学方法论的动力,来自精神病理学和心理治疗的实践问题。

一、对经典现象学方法的调整

对现象学方法的运用并非易事。人们通常会认为,现象学描述就是简单地确定某些经验现象,而且保持理论中立的客观性是自然而然的事。于是,人们经常会忽视:获得不受理论污染的经验现象是难上加难的事。"对于'现象'的前理论距离是不容易实现的,因为人们已经习惯了理论。理论通常已经在我们用来描述对象的范畴之中了(我们首先不是描述对象,而是已经解释了对象)。因此,作为描述基础的所谓非常纯朴的经验,已经包含着不易认识的前提。"[2]

为了让人们明白现象学方法的特殊性,布兰肯伯格区分了现象学方法与坚持实证主义及操作主义的自然科学方法。自然科学方法聚焦于物理条件上——即使不是物理决定的条件,至少也是在之前就已经存在的东西。与此相反,现象学方法揭示了不依赖于物理

---

[1] 参见 W. Blankenburg, "Phänomenologische Epoché und Psychopathologie", in W. M. Sprondel und R. Grathoff hrsg., *Alfred Schütz und die Idee des Alltags in den Sozialwissenschaften*, Stuttgart: Enke, 1979, S. 125。

[2] 布兰肯伯格:《自然自明性的失落:论症状贫乏型精神分裂的精神病理学》,第18页。

条件的现象存在。换言之，自然科学方法坚持物理主义哲学，即只有从物到物、从物到心的因果联系；然而现象学方法认为，还有从心到物、从心到心的因果联系（在这一点上，现象学与精神分析是相通的）。另外，现象学坚持认为：自然科学不是唯一的科学；科学还包括如现象学这样的人文科学。因此，现象学主张要让现象本身来呈现，就是要让现象从严格的物理决定中摆脱出来。"每个原初给予的直观，都是认识的合法来源——在'直觉'中（可以说，在其鲜活的现实性中）原初呈现给我们的所有东西，都应被视为它的本身给予，但仅在这个范围内：想象的理论没有让我们误入歧途。"[①]要获得"原初性"，首先就要拒绝未经反思的自然科学假设。布兰肯伯格认为，对现象学方法的这种扩展，是胡塞尔式的精神病理学的发展成果。

但是，现象学方法很容易受到的指责是：它有陷入极端主观主义的危险。或者说，如何确定所谓的"原初给予"现象不是纯粹的主观投射？如何确定"直观"不是纯粹主体的内在心理活动，而是源于人与世界的真实遭遇。

现象学的回答是：自身的期待会不断遭受挫折，而这说明事实本身的显现是具有外部性与异质性的。另外，现象学式的批判态度也有助于降低投射的危险。对于"直观"内在性的克服，则要诉诸主体间性——布兰肯伯格在精神分裂症研究中，也称之为"共感"。

胡塞尔意义上的现象学不是对于经验对象的朴素描述，而是以

---

① E. Husserl, *Ideen zu einer reinen Phänomenologie und phänomenologischen Philosophie. Erstes Buch: Allgemeine Einführung in die reine Phänomenologie*, S. 51.

三个基本方法论步骤为基础的科学方法：(1) 先验悬搁，(2) 本质还原，(3) 构造分析。尽管布兰肯伯格遵循了上述方法论步骤，但他也从精神病理学的角度提出了重要的补充。对于构造分析，布兰肯伯格认为胡塞尔过于强调意识，而忽视了无意识。自我与世界的相互关系，不仅可以通过意向活动与意向对象来表达，而且包括了无意识的反应和行为——正如精神分析已经发现的那样，在对很多精神症状的解释中，无意识起的作用可能要更大一些。

就本质还原而言，胡塞尔要求将实际与个别的知觉现象转变为非现实领域中的纯粹的知觉可能性，以便找到普遍的类型。① 布兰肯伯格则认为，这种程序有相当大的困难。因此，他主张被动的前经验与本质洞见之间的内在重叠。例如，对于抑郁症的前理解，是使用"抑郁症"这个名称的必要前提。这种前理解，即是对抑郁症本质的洞见。"如果我们事先不知道抑郁症的大概情况，就不能断定 X 女士患有抑郁症。但是，如果我们在一生中都没有在自己身上或他人（如果需要通过他人）那里经验过抑郁症，我们将不知道抑郁症是什么。这种'经验'绝不是完整的。尽管这种知识可能是预先成型的，但我们可以清晰地表达、区分、扩展甚至改变我们对抑郁症患者或我们自己的抑郁症所拥有的经验。我们甚至可能会发现一些新的东西，这并非不可能。当然，严格来说，这不是从经验出来的，而是依靠经验的。"② 这说明，在处理个案时，本质思考对

---

① 参见 E. Husserl, *Cartesianische Meditationen und Pariser Vorträge. Husserliana I*, S. 101。

② W. Blankenburg, "Was heiβt Erfahren", in A. Métraux und C. F. Graumann hrsg., *Versuche über Erfahrung*, Wien: Huber, 1975, S. 11.

于精神科医生或心理咨询师来说是非常重要的。反过来说,精神病理学的任务之一就是要从个案中获得典型样本或本质类型。

二、对雅斯贝尔斯的批判

布兰肯伯格在对雅斯贝尔斯的批判中,发展出了他独特的、适用于精神病理学的现象学方法论。"我们将尝试继承雅斯贝尔斯现象学的正面,首先是保持他对现象学经验的严格捍卫,同时不执行他对本质与先验现象学的抵制。"[1]

首先,在现象学与精神病理学的相互澄明关系中,以及在精神病学和精神病理学研究的背景中,布兰肯伯格将雅斯贝尔斯的《普通精神病理学》评价为一项开创性的工作。"精神病理学要感谢雅斯贝尔斯的方法论导向。"[2] 雅斯贝尔斯的《普通精神病理学》,通过强调所有的精神病理学知识都应该在方法论反思中得到批判性的解析与呈现,区分了精神病学、心理学、躯体医学和哲学的方法论,从而为精神病理学的多元化与差异化方法的运用打下了决定性的基础。基于这种方法论区分,雅斯贝尔斯确立了理解心理学与说明心理学的区分,而这使得理解的精神病理学(包括现象学精神病理学与精神分析)摆脱了说明的精神病理学(包括精神病学、躯体医学、解剖学、神经科学、认知神经科学等)的"脑神话学"。尽管雅斯贝尔斯的他心知觉理论仍不具体,但重要的是他将患者的心理确

---

[1] 布兰肯伯格:《自然自明性的失落:论症状贫乏型精神分裂的精神病理学》,第23页。

[2] W. Blankenburg, "Unausgeschöpftes in der Psychopathologie von Karl Jaspers", *Der Nervenarzt* 1984, 55, S. 448.

立为了精神病理学的对象。"心理学与精神病理学的重要任务是，将我们的认知扩展到未受注意的广阔心理领域，并澄明意识中的心理。这种澄明的达成，是真理与每个人类存在敞开的条件；真理与人类存在的敞开，在总体上为心理治疗铺就了道路。"①

但是，布兰肯伯格也对雅斯贝尔斯提出了四个反对意见。②(1)雅斯贝尔斯在拒绝胡塞尔的先验悬搁后，使现象学成为描述心理学，而这会导致对现象学经验事实的误判。③(2)雅斯贝尔斯在不准确的经验概念的基础上，坚持了未经反思的经验确定性与心灵复现的二分法。(3)雅斯贝尔斯对现象学本质认识的看法存在着矛盾：一方面，雅斯贝尔斯拒绝本质直观；另一方面，他又强调要去寻找无数个案中的普遍性，而这种普遍性只能是胡塞尔意义上的本质洞见。④(4)雅斯贝尔斯只以单向的关系确定了精神科医生／心理治疗师与患者的关系。雅斯贝尔斯主张：精神科医生／心理治疗师要去复现患者的实际病理体验，而这种关系显然只强调了精神科医生／心理治疗师的权威，而忽视了患者能够起到的作用。这种单向性关系，可能是雅斯贝尔斯想要将精神病理学确立为科学的代价。

与雅斯贝尔斯相反的是，布兰肯伯格主张确立精神科医生／心理治疗师与患者之间的双向关系。他用"共同经验"取代了雅斯贝尔斯的"复现"。这意味着精神科医生／心理治疗师要与患者去共

---

① K. Jaspers, *Allgemeine Psychopathologie*, S. 10.
② 参见 S. Micali, "Phänomenologie als Methode. Bemerkungen zur phänomenologischen Psychopathologie im Anschluss an Blankenburg", S. 23-25.
③ 参见布兰肯伯格：《自然自明性的失落：论症状贫乏型精神分裂的精神病理学》，第22页。
④ 参见同上书。

同经验精神疾病。"在与患者交流时,我们不只经验到她处于抑郁状态,而且经验到了什么是抑郁症。换言之,我们的经验与她本人以及她的抑郁症同在。"① 在心理治疗中,精神科医生/心理治疗师与患者之间的双向关系起着核心的作用。没有患者本人的参与、信任,心理治疗就难以起效。正如著名的心理咨询师秦伟所说,患者甚至可以教精神科医生/心理治疗师怎么治疗他们——"你们应该怎么对我""我想要得到什么样的帮助"等。另外,有的时候,患者甚至可以揭示精神疾病的内核。例如,在布兰肯伯格对精神分裂症的研究中,他就使用了患者自发使用的"自然自明性的失落"这个词,来表达精神分裂症的核心缺损。"在作者第一次见到安妮之前,她就已经自发地、详细地说到了自然自明性的失落。这个主题贯穿始终;而且它只是在与安妮的长时间交谈过程中,得到了显著的辨析和深化。"② 对于什么是"自然自明性",患者也有清晰的认识:"每个人在行事时都必须知道自然自明性,都有一种轨道、一种思考方式。对于他所遵循的活动、他的人性、他的社会性、所有的游戏规则,我直到现在都不能清晰地知道它们。我丧失了基础。因为基础没有了,所以一切都以其他东西为依靠。"③

三、精神病理学中的先验悬搁

布兰肯伯格对先验悬搁的解释与运用,可以很好地说明现象学

---

① W. Blankenburg, "Was heiβt Erfahren", S. 10.
② 布兰肯伯格:《自然自明性的失落:论症状贫乏型精神分裂的精神病理学》,第64页。
③ 同上书,第66页。

方法对于精神病理学的特殊作用。他认为，现象学是一种可以加深对精神分裂症患者经验变异理解的工具，因为先验悬搁与精神分裂症的疏离经验有非常重要的共同点——当然也有本质的差异。正是这种共同点，可以帮助健康人理解患者的疏离经验。"我们不仅把悬搁完全当作每种现象学程序的技术概念，而且支持这种理论；除此之外，它与精神分裂性错乱有特殊的、事实的联系。我们感兴趣的不是悬搁的完成。对我们来说，更重要的是这种经验，即现象学启动的经验。这涉及意识的生活世界锚定的改变。现象学家遇到了特殊的阻力，而对这种阻力的更切近认识，对于探索人类此在于生活世界中之锚定、人类的有限性以及身体随附性，都特别富有启发性。"[1]

在胡塞尔的先验悬搁中，批判反思的生活态度取代了自然自明的生活态度，而且非自然的人类理智取代了自然的人类理智。[2]先验悬搁在让人摆脱自我中心的视角时起着非常重要的作用——它使人与在世界中的直接锚定保持距离，从而可以获得他人的世界经验，并进行先验的思考。但先验悬搁会遇到阻力，而这种阻力正是心理健康的标志。精神分裂症患者恰恰丧失了这种阻力，不需要任何努力就进入了先验悬搁的生活态度。

在探索胡塞尔后期思想对于精神病理学以及心理学的意义时，先验悬搁与精神分裂症经验的可比较性是非常重要的。通常来说，

---

[1] 布兰肯伯格：《自然自明性的失落：论症状贫乏型精神分裂的精神病理学》，第100页。

[2] 参见 E. Husserl, *Die Krisis der europäischen Wissenschaft und die transzendentale Phänomenologie*, S. 203-204。

健康人是很难获得精神疾病的经验的。但通过先验悬搁(即对自然自明性的质疑与取消),健康人可以获得精神分裂症的经验。这种共情,对于精神病理学的实践(心理治疗)来说是至关重要的。正如冯·魏泽塞克(Viktor von Weizsäcker)所说:"只有当医生的本质被触动、感染、兴奋、震动、打动时,只有在疾病移情到医生身上、在医生身上延续、回到医生自己的意识中时,只有这样且只有深深地如此时,医生才有可能治愈疾病。"①

但二者的差异也是非常重要的:(1)原因不同:在现象学家那里,对自然自明性的取消是通过对理论的质疑态度实现的;在精神疾病中,起决定性作用的则是内源性——可能是病态的躯体进程,也可能是病态的心理进程,或二者兼有。(2)强度不同:精神疾病对于自然自明性的取消,要比现象学家对自然自明性的取消强烈得多。(3)层次不同:现象学家取消的是理所当然的自明性,而不是自明性本身;患者取消的是生活当中的自明性(例如:早上起来如何穿衣服)——这种自明性没有哲学的价值。(4)方式不同:现象学家是主动地取消自然自明性,而患者是被动地取消(患者本人不想取消)。(5)自由度不同:现象学家的悬搁是可复原的,而患者是难以复原的。(6)动力机制不同:现象学家的悬搁会遭遇强大的阻力,而患者是不受阻碍地进入了悬搁。②

人们一旦完成现象学的先验悬搁,就获得了完全不同的观看世界的可能性;或者说,世界就呈现出了完全不同的意义。在哲学中,

---

① 转引自 K. Jaspers, *Allgemeine Psychopathologie*, S. 673。
② 参见布兰肯伯格:《自然自明性的失落:论症状贫乏型精神分裂的精神病理学》,第105—108页。

先验悬搁是人们由日常思维转入哲学思考的前提，而代价是放弃自然自明性。在精神分裂症中，患者由于疾病进程而做到了先验悬搁，但他们没有进入哲学思考，而是进入了一个没有自然自明性的世界中。现象学家与精神分裂症患者的根本区别在于：患者失去了在有或没有自然自明性的世界态度之间摆动的自由。因此，患者被困在了没有自然自明性的世界之中。但这两种态度之间的比较，也有助于人们去理解现象学的先验悬搁，因为这个哲学方法也同样不太好理解。

第二节　对于症状贫乏型精神分裂症的现象学解释[1]

布兰肯伯格的专著《自然自明性的失落》一直被认为是他重要的工作。[2] 这本专著与闵可夫斯基的《精神分裂症》(La Schizophrenie, 1927年)以及宾斯旺格的《精神分裂症》(Schizophrenie, 1957年)一起，代表了以现象学为导向的精神分裂症研究的核心工作。

正如布兰肯伯格所说，他的工作涉及两个问题领域：一方面，是对人在世界中的存在做出现象学的解释，更具体地说，就是在胡塞尔主体间构造的生活世界的意义上，来解释人在世界中的存在；

---

[1] 参见徐献军、陈巍：《自然自明性的失落——Blankenburg 精神分裂理论述评》，载《心理科学》2017年第4期，第1011—1016页。

[2] 参见 T. Fuchs, "Wolfgang Blankenburg: Der Verlust der natürlichen Selbstverständlichkeit", in S. Micali und T. Fuchs hrsg., *Wolfgang Blankenburg-Psychiatrie und Phnomenologie*, S. 80–97。

另一方面,是探索精神分裂症中的本质变化(这种疾病的基础在症状贫乏的形式中最为明显)。这两个目标分属于不同的专业领域。第一个处于现象学框架中,而第二个属于精神病理学。第一个是本质程序,第二个是经验程序。通常来说,人们认为它们是不相关的。但在布兰肯伯格看来,这两个问题之间有着十分重要的联系。现象学所探讨的哲学问题与精神病理学所关注的经验问题,不仅在框架上可以相互支撑,而且可以相互澄明,因为精神分裂的问题不完全是个体的疾病问题,而更是根源于人类意识的主体间性。[①]

布兰肯伯格不想提出一个完整的有关精神分裂症的新理论,也不想将症状还原为神经生理活动。他关注的是精神分裂症的现象学结构要素——这是精神科医生所通常忽视的,因为他们主要关注妄想、幻觉、思维障碍和语言障碍等症状。然而,在急性精神病表现之前,人们就有可能在疾病的前驱阶段观察到自然自明性的失落。尽管自然自明性的失落不是一个特异性症状,但它具有症状的生产性;或者说,它是根本的障碍。自然自明性的失落发生在高于神经生理症状又低于精神疾病症状的层次上,而胡塞尔的先验现象学是对这一经验层次进行精神病理学分析的有效方法。

在现象学看来,精神病理学必须通过精神疾病的主观经验或者说第一人称数据,去揭示精神疾病的本质;对精神疾病客观维度的研究,必须以对其主观维度的研究为基础。正如雅斯贝尔斯所说,在探寻精神疾病的主观经验时,具有最高价值的是患者的自我描

[①] 参见布兰肯伯格:《自然自明性的失落:论症状贫乏型精神分裂的精神病理学》,第1—2页。

述，因为精神科医生永远都不可能真正进入患者自身的第一人称视角，而且精神科医生对于患者的共情永远只能是一种间接和近似的模拟。[①] 沿着这个方向，布兰肯伯格致力于在精神分裂症中寻找一个具有最佳自我描述能力的病例。"这个案例要最大可能地提供明晰和正确的自我阐释。这个适用于研究主观感觉经验范围内的其他案例的案例，必须能够被病人广泛地表达，从而使得我们通过现象学分析……推断出患者陈述中的本质结构要素。"[②]

在精神分裂症的四种基本类型（青春型、妄想型、紧张型和残余型）中，他发现最具表达和反思能力的类型是青春型精神分裂症。"在所有 405 个患者中有 14.5% 的患者（405 人当中的 59 人）有清晰的疾病知觉。在青春型精神分裂症患者中，超过 20% 的患者（153 人当中的 32 人）有清晰的疾病知觉。而在妄想型、紧张型和残余型精神分裂症患者中，只有超过 10% 的患者（252 人当中的 27 人）有清晰的疾病知觉。"[③] 因此，他改变了传统上主要从妄想型出发去研究精神分裂症的路径（如：施奈德和宾斯旺格），而在症状相对贫乏的青春型中去寻找精神分裂症的本质改变。

一、患者的疾病史

他的核心案例是女患者安妮·劳（Anne Rau）。安妮是一名 20 岁的商店营业员。她在一次不成功的自杀以后，于 1964 年 10 月

[①] 参见 K. Jaspers, "Die phänomenologische Forschungsrichtung in der Psychopathologie", S. 398。

[②] 布兰肯伯格：《自然自明性的失落：论症状贫乏型精神分裂的精神病理学》，第 48 页。

[③] 同上书，第 42 页。

14日住进德国弗莱堡大学精神疾病专科医院。安妮的家族中没有精神疾病患者。她的父亲是车间主任，母亲也有较高的教育层次。她的两个兄弟都是正常的。但父母的关系不好，且正处在离婚诉讼的程序中。父亲对她以及家里其他人都很粗暴。她的两个兄弟都有了逃避的办法，而安妮无法逃避。她从文法中学毕业后，又读完了商业课程。值得注意的是，母亲说安妮是一个好孩子，但又像一个长不大的孩子，总会提出一些很奇怪的问题。另外，她在同龄人中几乎没有朋友。母亲认为是家庭的紧张气氛使安妮深受折磨，因此母亲提出了离婚。

安妮本人不能根据母亲的描述，回忆起父亲对她的粗暴行为，但她就是不喜欢父亲。另外，她抱怨说：由于家庭的关系，她在商业学校里就跟不上同学了，但老师没有注意到她的不对劲。毕业后，她勉强可以工作，但感觉无法做一个人。在工作的时候，她必须持续地思考。"她完全不能像'他人那样'去感受。她不能像成年人那样去解决问题。她突然有了很多如此不自然、如此可笑的想法。她完全无法理解那些想法，并且她的理解力完全丧失了。她怀疑一切，也怀疑上帝，'没有关系'，'没有立足点'，没有信任，与母亲也不联系。"[①] 从住院之前一年的夏天开始，她总是想着自杀。最终，她选择了服用大量安眠药的方式。

住院以后的检查发现，安妮在神经生理上没有异常。但在精神上，她有着特别敏感与脆弱的心灵结构——主要是在心灵发展上的大幅度滞后（情绪就像11至12岁的孩子）。一方面，她有自闭

---

① W. Blankenburg, *Der Verlust der natürlichen Selbstverständlichkeit*, S. 54.

的自我关联性;另一方面,她有无防御的开放性。这两种特点之间的矛盾,使她一再陷入绝望的糟糕情绪中。安妮本人是这么说的:"我到底缺了什么呢?如此细微的东西,如此奇怪的东西,如此重要的东西。而且没有它,人就无法生活。在家里和母亲在一起时,我不能合乎人情地待着。我醒不过来。我仅仅是在那里,仅仅是听着,但不能在那里存在。我需要指导(因为我们不明白,我甚至不能……例如关于家庭、关于女性的指导)……现在我必须总是看到:我没有丢失一切……此在是这样的一种信任(显然她可以信任母亲或一个人),而它可以鼓舞我接受……我也必须通过信任而变得更有担当和责任。我只是发现:我还是需要支持。我在最简单的日常事务上需要支持。还是不能像孩子一样啊……我在信念上是幼小的。靠自己是不行的。我缺失的就是自然自明性。"[1]

安妮对于自然自明性失落的抱怨十分明显。她已经有长达数月的时间都想着自杀。各种类型的胰岛素疗法、精神药物,对她的病程都没有持续的作用。在经过电休克治疗后,她的自杀倾向消失了一段时间。在超过3年的治疗当中,安妮只有缓慢和轻微的改善(药物以及非药物的心理治疗都没有明显的效果),并且总是被复发所打断。1968年初,她最终因自杀而死亡。这个结局表明:她所抱怨的"自然自明性"不是什么奇怪的情绪,而是某种在人类实存中至关重要的东西。

在精神病理学上,布兰肯伯格将安妮的症状归为精神分裂症的贫乏形式——这是一种以阴性症状为主的精神分裂症。患者丧失了

---

[1] W. Blankenburg, *Der Verlust der natürlichen Selbstverständlichkeit*, S. 59.

日常的自然自明性,从而不能适应世界中的需要。患者的思维与情感障碍相当不明显,她缺乏动力,并且有自闭倾向。布兰肯伯格认为,胡塞尔的现象学有助于阐明这种特殊的精神分裂症形式。

二、对自明自明性失落的现象学分析

自然自明性的失落作为临床诊断意义上的特异症状是没有价值的(因为健康人也会有自然自明性的失落),但它可以揭示精神分裂症患者的生活方式。尤其是在症状贫乏型精神分裂症中,患者的疏离感,相比于其他症状(如妄想、语言障碍和思维障碍等),表现出了更为具体的从共同世界中脱离出去的特征。"'某件事是自明的'不仅指其本身是自明的,而且指它对所有人来说都是自明的。"[①]自然自明性揭示了主体性的先验构造,或者说在无意识层次上的共同心理构造。

布兰肯伯格认为,自然自明性失落就是精神分裂症主观经验的核心表达,而以胡塞尔的先验现象学悬搁为基础,可以从四个方面来分析它:(1)与世界关系的改变,(2)时间构造的改变,(3)自我构造的改变(即自我独立的丧失),(4)与他人关系的改变(即自然自明性之主体间构造的改变)。

1. 与世界关系的改变

安妮认为,自然自明性就是每个人在做事时都知道的轨道、思考方式、游戏规则、基础等等。由于她丧失了这些东西,所以她无

[①] 布兰肯伯格:《自然自明性的失落:论症状贫乏型精神分裂的精神病理学》,第117页。

法像健康人那样完成工作;健康人是在成长过程中自然地拥有了日常的自明性,并简单地生活在世界中;但在她那里,一切都是计划的。布兰肯伯格认为,这是患者的先验设计(胡塞尔)出现了问题,或者说是参照系(海德格尔)出现了问题。这使得精神分裂症患者"在所有的工作中都表现得极端缓慢、几乎粘滞,类似于癫痫患者。此外,这引起了他们强迫症式的异常缜密性和内向性(也包括用于降低他们工作错误数量的控制)"[1]。

对遭遇者的先验构造,不是以少数易观察的、在意识中可直接通达的自我积极综合为基础的,而是完全根植于胡塞尔所说的"被动发生"(passiven Genesis)。健康人日常的自明性、在语言和行为上的熟悉性不是有意识的工作,而主要是无意识的、总是已经发生的先验构造的工作。精神分裂症患者不得不承担起本该由先验构造或被动发生完成的工作,因此不得不去回答健康人在日常生活中几乎不会有的问题。因此,安妮说:"一切都让人烦恼。"[2] 甚至非常简单的清洗工作,也让她感到精疲力尽。

先验构造和被动发生的丧失,导致患者与世界的关系发生了显著的改变。正如患者赫尔穆特(W. Hellmut)所说:"因为我的疾病使我丧失了一些共同概念,所以我总是手无寸铁地面对着事实。"[3] 患者无法真正地遭遇世界,因为他丧失了面对和处理世界的最基本工具(即先验构造和被动发生)。患者威廉(G. Wilhelm)

---

[1] 布兰肯伯格:《自然自明性的失落:论症状贫乏型精神分裂的精神病理学》,第121页。

[2] 同上书,第125页。

[3] 同上书,第128页。

说,他丧失了某种"之间"(Zwischen),或者说他与世界之间没有必要的距离,因此他与世界会发生摩擦和碰撞。对他来说,精神分裂的感觉就像是他被套上了一个纸板箱,而如果他不精疲力尽地努力,就无法从中走出来;但当他走出来时,他又无保护地暴露在世界面前。

简言之,精神分裂症患者的精神大厦发生了整体的崩塌,而且这种崩塌发生于他们精神的底层,即在先验构造与被动发生的层次。健康人几乎不可能理解和体会患者的这种感受,因为健康人总是意识不到先验构造与被动发生。

2. 时间构造的改变

精神分裂症患者的第二个本质变化是时间构造的改变。安妮抱怨说,每个早晨来到时,她总是感到一切都不一样了;并且让她痛苦的是,她丧失了与过去的连续性。患者赫尔穆特说:"让我痛苦的是记忆丧失或类似的东西:很多概念突然让我感到如此陌生。我首先必须重新开始习惯。这些概念以新的面目出现。尽管如此,我不是全然遗忘了它们。只是它们令我如此地不习惯。"[1] 显然,患者感到:他们当前的存在丧失了来历,或者说他们的今天与昨天丧失了联系。

这种在时间经验上的痛苦,源于时间构造的改变。自然自明性在时间构造上就表现为日常性时间。在海德格尔看来,日常性就是千篇一律、习惯、通常,像昨天、今天及明天一样。[2] 患者丧失了日

---

[1] 布兰肯伯格:《自然自明性的失落:论症状贫乏型精神分裂的精神病理学》,第132页。

[2] 参见 M. Heidegger, *Sein und Zeit*, S. 370-372。

常性的时间构造,即像昨天、今天及明天一样的东西。由于不能以昨天、过去为起点,患者就失去了开展一切活动的基础。"病人由于这种时间变异,由我们共同的世界调换到了一个自己的世界;但这个世界没有多少具体的内容。"① 健康人所拥有的自明性具有一种时间上的意义,即未来以过去为参考并承载着过去;未来与过去、前与后是连续的。但在患者那里,这种连贯的时间结构发生了分裂。这使得患者无法成长或进入未来,而是仿佛一直停留在过去或从前。换言之,健康人的时间构造是动态的,而精神分裂症患者的时间构造是静态的。"我无法回忆起:我的妈妈什么时候告诉过我。当她现在再提起时,我无法充分利用。这涉及过去曾说过的事……但当我回忆过去是怎么样的、之前说过什么时,我无法满意……现在当我再次回忆一些事时,我要多休息一下。"② 正如胡塞尔所说,生活世界的前提是生活历史先天。由于安妮无法将她的生活历史作为她的先验前提,所以她不能应对生活世界。

更为重要的是,在患者那里发生改变的过去坐标不是孤立的。正如海德格尔所说:"对何所用(wozu)的理解,即对因缘之何所缘(wobei)的理解,具有预备(Gewärtigen)的时间化结构。同时,操劳活动要回到因缘之何所缘,才能预备于何所用。"③ 在健康人那里,当他理解了过去、让过去存在时,他就打开了未来;而当他向未来开放时,他就让过去存在了。因此,精神分裂症患者的时间

---

① 布兰肯伯格:《自然自明性的失落:论症状贫乏型精神分裂的精神病理学》,第134页。
② 同上书,第136页。
③ M. Heidegger, *Sein und Zeit*, S. 353.

构造的关键特征就是时间构造的分裂,即过去和未来的连续性的断裂。

3. 自我构造的改变:自我独立的丧失

精神分裂症患者的第三个变化是自我构造(Ich-Konstituion)的改变。自然自明性的失落,与患者本身的自我独立(Selbststand)缺乏直接关联。安妮反复抱怨,她无法依靠自己的力量来生活。"信任完全不能产生。我需要一种支持,一个我可以相信的人。人们可以自明地依靠他的直觉,以及日常性。我不能依靠自己。"① 她还说:"正如他人就是存在、简单的存在……所有的他人都有自明性。我没有。他人的行动可以如此地随随便便,我却不知道。……他人绝对有自明性,因为他人有整个人格做依靠。我却没有。我不能……我没有依靠。只要我的身体还有力气……我就如此折磨自己。"② 由于安妮的自我不能提供和保证日常的自明性,所以她不得不从他人那里获得自明性。她的依靠对象是她的母亲,而这时她的体验就像婴儿一样:从母亲提供的食物以及关照中获得生命的依靠。对她这样的患者来说,他人提供的自明性代替了患者本身的自我独立性。在健康人身上,自我本身就是自明性的提供者;而在患者那里,他人才是自明性的提供者。

自明性与自我独立性的关系是相互的。自明性缺乏会导致自立缺乏与自我虚弱(Ich-Schwäche),而自明性的健康发育可以产生自立与自强(Ich-Stärke)。"在我们的153位青春型精神分裂症患

---

① 布兰肯伯格:《自然自明性的失落:论症状贫乏型精神分裂的精神病理学》,第139页。

② 同上书,第149页。

者中，78位有前精神病的自我虚弱（自我构造能力的缺乏）的明显症状。"[1]

布兰肯伯格根据胡塞尔对经验自我（empirischem Selbst）与超验自我（transzendentalem Selbst）的区分指出，精神分裂症患者的自立缺乏和自我虚弱，或者说自我病（Egopathie），就发生在先验构造的层次上。在胡塞尔那里，先验自我是原初的、第一性的，是真正起到构成性作用的自我。经验自我是次生的、第二性的，是被构成的对象。经验自我是心理学的研究对象，而先验自我是现象学的研究对象。精神分裂症患者的自我虚弱符合胡塞尔的论断，因为在这些患者身上发生的，不是主动性丧失，而是决断缺乏。正如安妮所说，她缺乏的是源头上的依靠。"像安妮这样的病人不能使自身成为基础。这意味着：自我的否定成为基础主管机构。这里首先涉及的是先验自我，然后才是经验自我。"[2]患者先验自我的崩溃使得患者不能让自己成为自己，而只能持续地折磨着自己。自我的虚弱使得患者无法应对来自外部的甚至非常微小的要求。"我必须自己制造自己。我坚持不下去了。"[3]

基于先验自我和经验自我的区分，布兰肯伯格还指出了精神分裂性自闭症的根源。"精神分裂性自闭症首先不是开始于表象世界形成的地方（即在妄想中），而是在基本的、非妄想的症候群中塑造自我—关系和世界—关系。自闭症的本质在于经验自我与先验自

---

[1] 布兰肯伯格：《自然自明性的失落：论症状贫乏型精神分裂的精神病理学》，第144页。
[2] 同上书，第148页。
[3] 同上书，第150页。

我关系的显著改变。自闭症完全表现在这样的现象中：这时，经验自我构造打算接管先验自我。"[1]

4. 与他人关系的改变：自然自明性之主体间构造的改变

精神分裂症患者的第四个变化是与他人关系的改变。在这里，布兰肯伯格依据的是胡塞尔、海德格尔、萨特等现象学家的主体间性思想。因此，当安妮一再说，她不能像他人那样去做、去理解生活的日常性时，布兰肯伯格就想到：自然自明性的丧失，其根源在于此在的主体间性维度。她丧失的是与他人共在（Mit-Sein）的能力。所以她总是向母亲或医生寻求意见，并紧紧抓住他们。萨特曾经注意到由于注视而导致的冲突性人际遭遇。"被看见使我成了对一个不是我的自由的自由不设防的存在。正是在这个意义下，我们才能认为自己是'奴隶'，因为我们对他人显现出来。"[2] 实际上，在与他人的交往中，健康人能够避免看与被看、对象化与被对象化之间的对抗关系，而精神疾病患者不能。

安妮说："我不能忍受他人的目光。怎么能够！这是一种拷打。人们是……可畏的！当我在地平线上看到他人出现时，我试图首先想：不要表现出羞怯。"[3] 患者只能严格地选择看与被看、对象化与被对象化其中的一种，而不能像健康人那样在两极之间摆动。这意味着：患者不能达到真正的人际交互性。另外，让她在与他人的遭

---

[1] 布兰肯伯格：《自然自明性的失落：论症状贫乏型精神分裂的精神病理学》，第151页。

[2] 萨特：《存在与虚无》，陈宣良等译，北京：生活·读书·新知三联书店，2008年，第336页。

[3] 布兰肯伯格：《自然自明性的失落：论症状贫乏型精神分裂的精神病理学》，第156—157页。

遇中感到烦恼的东西，既不是他人的人格，也不是他人扮演的特殊角色，而是他人的自然性——他人总是已经带着自然性生活与存在着了。"当我与他人一会面，我就已经怀疑：他们是怎么自然地存在的。"[1]

安妮的人际关系是矛盾的，一方面是无问题和显著正常的（对他人正常的依赖），另一方面却有严重的障碍（人际交互中单极化的选择结构）。在这里，布兰肯伯格发展了胡塞尔的先验主体间性理论[2]来对此进行解释。在安妮的世界中，他人不是一次性被构造出来，而是两次性被构造出来的。首先，他人和世界中的其他东西一起被构造出来，而这时他人作为个体是没有问题的。其次，就是让她受折磨的地方，即他人何以成为自然自明性的源点。实际上，他人不只是被构造，同时也参加构造，因为世界是主体间的世界。安妮在人际关系上出现障碍的地方，不在作为对象的他人，而在作为主体的他人。主体间性问题对于精神分裂症的精神病理学来说之所以如此重要，其原因就在于：自然自明性的丧失不仅与他人相关，而且与共在世界相关，因为自然自明性就是在共在世界中被构造出来的。"生活世界之主体间构造的改变，是精神分裂此在变化的特征。这既适用于妄想此在变化，也适用于非妄想此在变化。"[3]

安妮还说："我必须总是与他人一致。我总是必须测量。我没

---

[1] 布兰肯伯格：《自然自明性的失落：论症状贫乏型精神分裂的精神病理学》，第158页。

[2] 参见 E. Husserl, *Formale und Transzendentale Logik. Husserliana XVII*, S. 244-251。

[3] 布兰肯伯格：《自然自明性的失落：论症状贫乏型精神分裂的精神病理学》，第161页。

第八章　布兰肯伯格：现象学方法论与精神病理学

有内在的尺度，根据它我可以看到自己是否已经拥有共感了。"① 这时，安妮无意中使用了一个哲学术语来描述她所缺乏的东西，即共感。"共感"这个词，就意味着主体间构造的问题。康德曾经说："在共感之下……人们必须理解的是共同意义观念，即判断力，不论谁在他对表象的反思中（先验地）把握每个他人……这是因为：人们……被置换到了他人的位置上。"② 在拥有共感的健康人那里，他们能够先验地（即或多或少已经完成地）将自身置换到他人的位置上；但在缺乏共感的患者那里，他们无法进行这种置换，或只能有意识地进行置换（结果导致了精神衰弱），因此他们必须日复一日地处于巨大的焦虑中。另外，患者对于与他人的每次交往（即使是与医生的会面），都必须有意识地进行事先设计，而无法自然而然地像他人那样做。这充分说明，精神分裂症患者身上发生了超验主体间紊乱。患者总是摇摆于两种选择之间：或呆板地接受共感，或自闭性地撤退到自我世界中。

　　健康人先验熟悉的、自然而然的东西不是意向性的感觉，而是属于前意向的对世界的感觉形式。自然自明性的主体间维度，即与他人的共在，不只是表面地执行和向世界的存在（Seins-zur-Welt），而且是像教父一样站在它们面前；与他人的共在不只是被构造者，而且是在世界构造发生中的构造者。主体间性实际上是先验的"执行生命"（leistenden Leben）的一个起源。"自明性和自我状态不只

---

① 布兰肯伯格：《自然自明性的失落：论症状贫乏型精神分裂的精神病理学》，第162页。

② I. Kant, *Kritik der Urtheilskraft*, Leipzip: Verlag der Dürr'schen Buchhandlung, 1902, S. 152—153.

是相互联系,而且是在共在事实性中相互联系。他人不只是内世界存在的特例;只要对他人的关系是主体间确立的,并且同时构成了世界,那么对他人的关系其实就是一种构造性要素(它共同确定了内世界性,并由此共同确定了人类此在的自然自明性)。"①

三、当代的回响②

布兰肯伯格的以现象学为导向的精神分裂症研究,初看起来只适用于精神分裂症的特殊形式——症状贫乏的形式。然而,后续的研究越来越清楚地表明:自然自明性的失落不仅适用于精神分裂症患者中的边缘群体,而且适用于大量具有慢性与急性精神病倾向的前驱期患者。③另外,布兰肯伯格将精神分裂症的根源定位于人类意识的主体间性,而这种思想对当代的精神分裂症研究具有极其重要的启发意义。

1. DSM-5 中的主体间性紊乱

DSM-5 没有直接使用"主体间性"这个现象学术语,但它使用了与之相类似的两个术语——无社会性(asociality)和社会失能(social dysfunction)。无社会性是精神分裂的一个阴性症状,而它表现为:缺乏社会交互兴趣。④社会失能不仅是自闭症的一个症

---

① 布兰肯伯格:《自然自明性的失落:论症状贫乏型精神分裂的精神病理学》,第 173 页。

② 参见徐献军:《现象学精神病理学视域中的交互主体性紊乱》,载《哲学动态》 2017 年第 2 期,第 93—98 页。

③ 参见 T. Fuchs, "Wolfgang Blankenburg: Der Verlust der natürlichen Selbstverständlichkeit", S. 95.

④ 参见 American Psychiatric Association, *Diagnostic and Statistical Manual of Mental Disorders: DSM-5. Fifth Edition*, p. 88.

状[1]，而且是精神分裂症诊断中的 B 标准。[2] 简言之，无社会性和社会失能都指向主体间性紊乱。但遗憾的是，DSM-5 只确认了主体间性紊乱的疾病症状意义（主体间性紊乱是精神分裂症的结果），而没有确认主体间性紊乱的病理发生意义（精神分裂症是主体间性紊乱的结果）。

实际上，在现象学精神病理学看来，主体间性紊乱作为精神分裂症的根源是具有病理发生意义的，而且这种洞见对于精神分裂症的早期侦测是具有重大意义的。当代有越来越多的经验研究，证明了主体间性紊乱的病理发生意义。英国牛津大学的马尔伯格（Aslög Malmberg）等人考察了 50054 名在 18 岁时参军的瑞典男性。他们发现，其中有人在 15 年后产生了精神分裂症，而患者早期的人际交互问题与后期的精神分裂症有十分强烈的相关性。因此，马尔伯格等人认为，人际交互障碍与精神分裂症之间存在因果关系。[3] 美国爱因斯坦医学院的科恩布拉特（Barbara A. Cornblatt）等人发现：社会功能（social functioning）低下是精神分裂症重要的潜在特征，而且精神分裂症发病前的社会和角色失能是精神分裂症早期的、稳定的和持续的特征。[4] 瓦尔霍斯特（Eva Velthorst）等人发现，那些

---

[1] 参见 American Psychiatric Association, *Diagnostic and Statistical Manual of Mental Disorders: DSM-5. Fifth Edition*, p. 64。

[2] 参见 ibid., p. 107。

[3] 参见 A. Malmberg, G. Lewis, A. David, and P. Allebeck, "Premorbid Adjustment and Personality in People with Schizophrenia", *British Journal of Psychiatry* 1998, 172(5), pp. 885–891。

[4] 参见 B. A. Cornblatt, A. M. Auther, T. Niendam, C. W. Smith, J. Zinberg, and C. E. Bearden et al., "Preliminary Findings for Two New Measures of Social and Role Functioning in the Prodromal Phase of Schizophrenia", *Schizophrenia Bulletin* 2007, 33(3), pp. 688–702。

在人际交互上有明显困难的人,在临床上有发展为精神分裂症的高风险;因此,社会失能可以被作为精神分裂症的预测标准。[①]

简而言之,在当代精神病理学中,尽管对于主体间性紊乱是否具有病理发生意义仍然存有分歧,但得到广泛承认的是:主体间性紊乱与精神分裂症具有高度的相关性。主体间性紊乱所表现出来的社交能力缺损、人际交往障碍,是预测精神分裂症的重要指针。

2. 以现象学概念为先导的神经生理研究

精神分裂症是一种复杂的精神疾病,而直到今天,人们也没有完全弄清它的潜在神经生理机制。然而,现象学精神病理学的"主体间性紊乱"概念可以启发有关精神分裂症神经基础的研究,因为自然自明性失落的结果之一就是社会交互的障碍,而在这种理论的基础上,人们就可以去检测"社会脑"的可能失常。最近,来自德国普朗克精神病学研究所的希尔巴赫等人,就在这种思想的启发下,在精神分裂症的神经生理机制研究中取得了重大的进展。"精神分裂症的社会认知变异,被描述为在世界中存在的'自然自明性的失落'(世界是默会和交互主体间地与他人共享着的),因此导致了疏离与社会退缩。"[②]

他们重点研究了与主体间性(即社会认知)相关的两种神经生理机制:精神化网络(mentalizing network)和镜像神经元系统(mirror neuron system)。精神化网络主要由背外侧前额叶、楔前叶、

[①] 参见 E. Velthorst, D. H. Nieman, D. Linszen, H. Becker, L. D. Haan, and P. M. Dingemans et al., "Disability in People Clinically at High Risk of Psychosis", *British Journal of Psychiatry the Journal of Mental Science* 2010, 197(4), pp. 278–284。

[②] L. Schilbach, B. Derntl, A. Aleman, S. Caspers, M. Clos, and K. M. Diederen et al., "Differential Patterns of Dysconnectivity in Mirror Neuron and Mentalizing Networks in Schizophrenia", *Schizophrenia Bulletin* 2016, 42(5), p. 1135.

颞顶联结、辅助运动区等组成;当人们清楚地去思考他人的精神状态或去注意他人时(或者说,将他人精神化时),它就会被激活。镜像神经元系统则由布洛卡区、额下回、颞中回、顶下小叶等组成;它在前反思地与他人共在或共同行动的社会认知中发挥重要作用。

他们在"主体间性紊乱"概念(现象学)和镜像神经元(神经科学)的基础上,提出并证实了一个有关精神分裂症神经生理机制的假设:精神分裂源于精神化网络和镜像神经元系统的异常。然后,他们对这一假设进行了实证检验。他们对比了116名精神分裂症患者和133名健康人的磁共振成像(MRI),发现:患者的精神化网络和镜像神经元系统相比于健康人的有着明显的联通性衰减。

结　语

布兰肯伯格不仅为整个精神病理学的发展做出了不可或缺的贡献,而且为现象学方法的发展与应用做出了极其重要的贡献。在他工作的时期,一方面,现象学精神病理学传统仍然具有生命力;另一方面,生物学精神病学的强势统治地位仍在延续。对于人文科学与自然科学、先验与经验、哲学与心理治疗实践、现象学与精神病理学的两极冲突与碰撞,他竭力想要进行调解。他使用现象学方法来建立对于精神分裂症核心经验的理解,将精神分裂症视为一种独特的在世界中存在的方式,而不只是在神经生理与症状层次上去考察精神分裂症。他有效地建立起了现象学与精神病理学的相互澄明关系,并为当代多元方法论的精神疾病研究与治疗指明了方向。未来,人们可以继续去尝试研究现象学的先验层次与精神病理学的症状层次以及神经科学的生理层次之间的关系。

第九章　弗兰克尔和兰格尔：
意义治疗、个人实存分析与现象学

弗兰克尔是奥地利哲学家和精神病学家。相比于之前的学者，弗兰克尔与经典现象学的距离是最远的，而且技术意义上的现象学对于他的影响也是次要的。但他也是一位应用现象学家，而且他的意义治疗的基础是对人生意义与价值的现象学分析。他对经典现象学著作的引用非常少，但他发展出了意义的现象学和心理疗法。因此，在现象学与精神病理学的相互澄明关系这个主题上，他也是非常重要的。一方面，他将现象学分析方法用在人类实存的意义现象上，而这大大扩展了现象学的应用范围；另一方面，他的意义治疗相比于宾斯旺格的此在分析有更大的心理治疗用途，从而有效扩展了精神病理学的实践。

弗兰克尔很早就对心理学有兴趣，他在读初中时，就在成人夜校里学习心理学。有意思的是，弗洛伊德、阿德勒、弗兰克尔以及他的父亲上的是维也纳利奥波德城的同一所中学，而且他们上的大学都是维也纳大学医学院。因此，弗兰克尔很自然地就熟悉了弗洛伊德的精神分析理论。尽管他与弗洛伊德只见过一次面，但他们保持着通信联系。1924年，在他把高中时写的文章《论面部表情的肯定与否定》①寄给弗洛伊德后,弗洛伊德就将这篇文章发表在了他主持的《国际精神分析杂志》上。尽管在大学期间,弗兰克尔加入了弗洛伊德的维也纳精神分析协会,但他开始对弗洛伊德表现出了失望。由于他批评精神分析,弗洛伊德把他开除出了协会。于是他加入了阿德勒的个体心理学协会。但当他有了新的想法(意义才是人类的主要驱动力)之后,阿德勒也把他开除了。他后来是这么解释他与弗洛伊德以及阿德勒的分歧的:"精神分析讲快乐原则,个体心理学讲地位冲动(status drive)原则。快乐原则就是快乐意志,地位冲动原则就是力量意志。……在内在地渴望让生活有尽可能多的意义时,我为什么不称它为意义意志呢?这种意义意志就是最重要的人类现象。"②最终,在弗洛伊德的精神分析以及阿德勒的个体心理学之后,弗兰克尔的意义治疗成为维也纳的第三个心理学学派。

1930年,在他还在上大学的时候,弗兰克尔在维也纳建立了免费的青年咨询中心,并成功制止了青少年自杀的流行。同年,他在维也纳大学获得了医学博士学位。毕业后,他在斯坦霍夫精神科医院负责治疗有自杀倾向的女性。1937年,他开始私人执业。1940年,他加入了罗斯柴尔德医院,并担任神经科主任。1941年,由于犹太人的身份,他和家人一同被关进了纳粹的集中营。他的家人几乎都死在了集中营里——除了他和他的姐姐。战后,他担任维也纳大学的心理学和神经病学教授,并在1948年获得了哲学博士学位。1946年,他撰写了名著《人对意义的追求》。这本书是他出版

---

① V. Frankl, "Zur mimischen Bejahung und Verneinung", *Internationale Zeitschrift für Psychoanalyse* 1924, 10(4), S. 437–438.

② V. Frankl, *The Doctor and the Soul*, New York: Vintage Books, 1986, p. xvi.

的39本书中最受欢迎的一本。1991年,《人对意义的追求》[1]被美国国会图书馆列为"美国十大最具影响力的书之一"。但他不视之为个人的成就,而认为这是现代社会的大众神经症的一种症状——20世纪的体制系统(包括政府、学校、公司)接管了本该由个人承担的责任,削减了人类的自由和价值,从而造成了"实存真空"(existential vacuum)和大众神经症。"实存真空"就是一种无意义的感觉。[2]

第一节 意义治疗与现象学

意义治疗是弗兰克尔最具创造性的理论和技术。在谈到意义治疗的理论起源时,弗兰克尔说:他希望把哲学与心理学结合,去阐明人类苦难的原因、表现形式和应对方法。当心理治疗想要了解人类的实存时,人们就需要哲学。[3]"需要的是对患者生活哲学的内在批判,并假设我们原则上愿意将讨论纳入纯粹的世界观基础。……哲学世界观是心理治疗中的一种可能性……有时也是必要的。与逻辑主义克服哲学中的心理学一样,在心理治疗中有必要用意义治疗克服实际的心理学偏差。这意味着将意识形态辩论纳入整体的心理治疗当中,只是在实存分析的形式中——这要从人类责

---

[1] V. Frankl, *Man's Search for Meaning*, Boston: Beacon Street, 2006.

[2] 参见 Viktor Frankl Institute of America, "The Life of Viktor Frankl". https://viktorfranklamerica.com/viktor-frankl-bio/. 2021-03-23。

[3] 参见 A. Längle, "From Viktor Frankl's Logotherapy to Existential Analytic psychotherapy", *European Psychotherapy* 2014, 12, p. 69。

任不可否认的首要事实、人类实存的本质开始……从此开始为灵性的锚点做出贡献，以便在灵性上提供支持。"①

一、意义治疗的现象学基础

意义治疗是怎么与现象学联系在一起的呢？首先，意义治疗产生的背景是当时现象学精神病理学或实存精神病学（existential psychiatry）的兴起。在这里，我们将现象学精神病理学与实存精神病学看作同一种方法论进路，因为二者有几乎完全相同的代表人物，如雅斯贝尔斯、宾斯旺格、海德格尔等。

弗兰克尔认为，现象学精神病理学家或实存精神病学家们都有一个核心思想，即海德格尔的"在世界中存在"的思想。海德格尔在哲学上定义了人的实存："此在的'本质'在于它的实存。因此，这个存在者上可显露的特征，不是如此这般的现成'属性'和看上去如此的现成存在者，而是并且只是去存在的可能方式。"②而弗兰克尔从精神病学出发定义了人的实存："实存是人类特有的一种存在方式；实存不是事实存在，而是可选择的存在方式。实存不是唯一的、永不改变的存在方式（如神经症患者所误解的那样），而是总会改变的可能性。"③这两个定义显然如出一辙。因此，弗兰克尔的意义治疗与海德格尔的实存现象学是非常接近的。1958年，当二

---

① V. Frankl, "Zur geistigen Problematik der Psychotherapie", in V. Frankl, *Logotherapie und Existenzanalyse, Texte aus fünf Jahrzehnten*, München: Piper, 1991, S. 25.

② M. Heidegger, *Sein und Zeit*, S. 42.

③ V. Frankl, *Logotherapie und Existenzanalyse, Texte Aus Sechs Jahrzenten*, Weinheim: Belz, 2002, S. 61.

人在维也纳会见时,他们也当面达成了共识。实际上,他们在"自由""忍耐""意义""责任"等主题上都有很大的相似性。[1]

尽管在弗兰克尔之前,宾斯旺格与博斯的此在分析已经将海德格尔的实存现象学与精神病理学结合在了一起,但弗兰克尔认为他们做得还远远不够。"意义治疗超越了此在分析,因为它不只涉及存在,而且涉及逻各斯或意义。这可以解释:意义治疗不只是分析,而且是治疗。"[2] 在与宾斯旺格的私人会面中,他说:与此在分析相比,意义治疗更有行动性,而且意义治疗可以作为此在分析的补充。此在分析意在通过实存现象学去更好地理解精神疾病,即患者在世界中存在的特殊方式。然而,意义治疗不只是要更好地理解精神疾病与神经症,还想要去治疗由于意义意志受阻而造成的神经症。

在现象学家中,真正对弗兰克尔的意义治疗产生较大影响的是舍勒。正如弗兰克尔本人所承认的:"宾斯旺格工作的重点是将海德格尔的概念应用于精神病学,而意义治疗是将舍勒的概念应用于心理疗法的结果。"[3] 具体来说,弗兰克尔从舍勒那里汲取了两个重要概念。首先,人类实存可分为身体、心灵和灵性的维度——心灵和灵性的维度是与心理—物理维度相对的。"舍勒的人类学采用了层次而非阶段的意象,因此把或多或少属于外围的生物学与心理学

---

[1] 参见 F. Brencio, "Sufferance, Freedom and Meaning: Viktor Frankl and Martin Heidegger", *Studia Paedagogica Ignatiana* 2015, 18(1), pp. 217–246。

[2] V. Frankl, *The Will to Meaning: Foundations and Applications of Logotherapy*, New York: A Meridian Book, 1988, p. 9.

[3] ibid., p. 10.

层次与属于中心的个人层次(灵性轴心)相区分。"[1]但弗兰克尔也批评道:舍勒只正确地处理了身体、心灵和灵性的存在论差异,而没有充分考虑到三者的人类学统一——这会导致对传统的心身二元论问题的延续。因此,弗兰克尔在舍勒的差异存在论的基础上,提出了旨在统合差异的维度存在论(dimensional ontology)。维度存在论有两条规则:(1)同一种现象在被投射到低于它本来维度的维度中时,会表现为差异;(2)不同的现象在被投射到低于它们本来维度的维度中时,会表现为同形。因此,作为整体的人的现象在被投射到生物学和心理学维度中时,会表现出相反的性质。因此,心与身的矛盾性质不能消除人本身的统一性。

其次,价值在有意义的生活中有其作用,价值可以通过意向性得到直接认识。[2]弗兰克尔发展了舍勒的价值等级学说,使之可以适用于意义治疗。"在舍勒看来,价值默会地意味着:一种价值高于另一种价值。这是他对价值进程的深刻现象学分析的结果。价值的等级是与价值本身一起被体验到的。换言之:对一种价值的经验包括对它高于另一种价值的经验。价值冲突是不存在的。然而,价值等级秩序没有让人摆脱决定。人被冲动所推动,但他被价值所拉动。"[3]另外,弗兰克尔还在舍勒的启发下,提出了在意义治疗中占据重要地位的"创造价值""体验价值"以及"态度价值"这样的术语。

---

[1] V. Frankl, *The Will to Meaning: Foundations and Applications of Logotherapy*, p. 22.

[2] 参见 M. Scheler, *Der Fromalismus in der Ethik und die materiale Wertethik*, Halle: Max Niemeyer Verlag, 1916, S. 272–278。

[3] V. Frankl, *The Will to Meaning: Foundations and Applications of Logotherapy*, p. 57.

总的来说，弗兰克尔的兴趣不是作为哲学理论的现象学，而是现象本身。这也就意味着：他不是将某个现象学家的思想应用到精神病理学（意义治疗）中，而是发展出了独特的、适用于意义治疗的现象学——对价值、意义、自由、责任的直接体验和现象学描述。这种应用形态的简明现象学，使他可以摆脱维也纳心理学派的前两个代表（弗洛伊德的精神分析与阿德勒的个体心理学）。他的一些治疗技术，也具有体验现象学的基础。例如，被用于治疗焦虑与强迫神经症的矛盾意向（paradoxen Intention）疗法是，让患者直面他原来想极力避免的症状，例如用焦虑意向去治疗焦虑症状。[1] 尽管斯皮格尔伯格认为，"弗兰克尔在发展意义治疗时对现象学的应用，没有使他的工作成为现象学"[2]，但我们不同意他的看法。我们恰恰认为：弗兰克尔的工作是对重要的人类生命现象的直接现象学描述；这种工作不是对现象学的挑战，而是对现象学发展的重要贡献。因此，这种工作大大拉近了现象学与人类生命本身的距离，从而使现象学不再只是一种悬空的形式描述。

二、作为临床现象学的意义治疗

雅斯贝尔斯引入精神病理学的是描述现象学。正如中国著名的精神分析家居飞所指出的，这种描述现象学只是对病理现象的描述，起不到治疗的作用。宾斯旺格与博斯在描述现象学的基础上，

---

[1] 参见 V. Frankl, *Theorie und Therapie der Neurosen*, München: Ernst Reinhardt Verlag, 2007, S. 27–31。

[2] H. Spiegelberg, *Phenomenology in Psychology and Psychiatry: A Historical Introduction*, p. 353.

发展了精神病学现象学,但它依然不以治疗为目的。被用于直接治疗的现象学是临床现象学,或者说是斯特劳斯所说的应用现象学。弗兰克尔的作为临床现象学的意义治疗,显然不同于胡塞尔、海德格尔等人的纯粹现象学。但是,临床现象学也是现象学运动的一部分,而且它区别于纯粹现象学的地方在于:它遵循现象学的"面向实事本身"的原则,但聚焦的不是有关现象的现象学文本,而是生命中的重要现象——人的灵性、自由与责任、价值与意义、上帝等。

1. 人的灵性

医学关注躯体现象,而心理学关注心理现象。但是,弗兰克尔认为,在这两个层次之上,还有更高的灵性现象维度。"灵性"(spiritual)这个词通常具有宗教的意义,但在弗兰克尔那里,这个词没有宗教的意义——有的只是与躯体及心理现象相对的意义,以及高出上述两种现象的意义。"人生活在三个维度中:躯体、精神、灵性。灵性维度是不可忽视的,因为正是它让我们成为人。关注生命意义,不必然是疾病或神经症的标志。关注生命意义有可能是疾病或神经症的标志;但是,灵性痛苦与心理疾病的关系不大。正确的诊断只能由可以看到人的灵性方面的人来做出。"[1] 这种对于灵性维度的侧重,使弗兰克尔可以从传统精神病学的躯体维度以及精神分析的心理维度中摆脱出来,从而找到新的神经症类型,即由意义意志受阻导致的意义神经症。人也正是由于有灵性,才可以超越心身统一体,而去追求高于一般生理需求(如:生命的保存和延续)和心理需要(如:性的冲动等)的意义与价值。人的灵性也意味着人

---

[1] V. Frankl, *The Doctor and the Soul*, p. xvi.

不是一种物质实体,而是非物质的实体,因此人不遵守物理决定论,而人的神经症最终也不能由物理机制来解释。

2. 自由与责任

海德格尔曾说,人要倾听内心良知的呼唤,从常人的非本真状态中抽身出来,认真面对自己的自由与责任。与海德格尔不谋而合的是,弗兰克尔说:灵性的人在根本上是自由的。他将自由定义为:不做什么(from what)的自由与做什么(to what)的自由。不做什么的自由即自由的反面,它可以使人摆脱体格、冲动、情绪和气质的支配,而具有自我超越的渴望和能力;做什么的自由即自由的正面,它使人具有责任与良心。① 因此,弗兰克尔倡导的是:做自己的意志的主人以及良心的奴仆。自由的正面是通过自我超越而获得的,而这意味着对意义与价值的追求。

另外,在弗兰克尔那里,"自由"概念具有独特的意义。在每种情况下,人都有必须要做的事,即存在着最有价值的选择,而人的责任就是要做出这种选择。② 这种"自由"概念,与斯宾诺莎所说"自由就是对必然性的认识"是一致的——但弗兰克尔没有提到他曾受斯宾诺莎的影响。他想提出一种不同于萨特的"自由"概念,因为萨特曾认为,人可以通过制定自己的标准来选择和设计自我。但在弗兰克尔看来,萨特给予了人过多的自由,从而陷入了旧的唯

---

① 参见 V. Frankl, *Man's Search for Ultimate Meaning*, London: Ebury Publishing, 2011, p. 11。

② 参见 C. Reitinger and E. J. Bauer, "Logotherapy and Existential Analysis: Philosophy and Theory", in E. v. Deurezn et al. eds., *The Wiley World Handbook of Existential Therapy*, Hoboken: John Wiley & Sons Ltd., 2019, p. 327。

心主义传统之中,并且最终会导致虚无主义。

3. 价值与意义

在意义治疗中,最核心的概念是"价值"与"意义"。人生意义就是通过实现人生价值而获得的。他区分了三种类型的价值。这三种价值从低到高排列如下[①]:

(1) 创造价值,即通过创造活动而实现的价值。这是主动实现的价值。

(2) 体验价值,即不用追求而被动获得的价值(例如:在对自然与艺术的欣赏中所体验到的价值)。

(3) 态度价值,即我们在承受不可避免的苦难时所获得的价值。这种价值的来源是人面对束缚或命运时的反应。命运中的苦难不可避免,但人还是要鼓足勇气去面对和接受。人性的高贵、人生的意义就体现在这里。

应该去实现哪种价值,不是随心所欲的,而是取决于情境。因此,价值也具有客观性。而这意味着:存在着对于所有人和所有时刻都有效的、作为实存意义之根本的价值——这就是"情境价值"。[②]

与价值一样,意义也具有主观与客观两方面。意义的相对性在于:它随着不同的人和情境而改变。意义的客观性源于人类条件的共同性,或者说人类具有共同的意义。"客观"这个词也可以用"跨主观"(trans-subjective)来代替。意义的客观性或跨主观性意味着:在一种情境下只有一种真正的意义。弗兰克尔强调意义的双重

[①] 参见 V. Frankl, *The Doctor and the Soul*, pp. 43—44。

[②] 参见 H. Spiegelberg, *Phenomenology in Psychology and Psychiatry: A Historical Introduction*, p. 351。

性，是为了避免主观主义与客观主义这两个极端。

人不能武断地决定意义，而是必须负责地去发现意义。良知就是人去发现意义的直观能力。良知是直觉性的，即不遵循某种普遍法则。因此，个人的良知会指导他去追求可能与社会导向相悖的、为个人所独有的意义。

弗兰克尔的创造性工作是从反面揭示了意义对于人类的重要性。他敏锐地发现：现代社会的人正在承受着无意义感的困扰——越来越多的人抱怨他们有内在的空虚。弗兰克尔将这种情况称为实存真空。这种情况产生的原因是：首先，人不同于动物，因为人的冲动与本能都不会告诉他必须做什么；其次，在现代社会，传统、习俗和制度等都不能告诉他应该做什么；最后，他自己也不知道他到底想要什么。正是在这种情况下，世界各国要么选择了代议主义，要么选择了威权主义。[①]

在实存真空的时代，人实现意义意志遭遇了阻碍，而这就是实存挫败。在弗兰克尔看来，传统的教育不能让学生获得他们独特的意义，而传统的精神病学（包括生物精神病学和精神分析等）也不能让神经症患者获得他们独特的意义。还原主义的支配地位更是强化了人的无意义感，因为还原主义只把人当作与世界中的物质客体一样的东西。因此，新的教育以及精神病学要向人提供获得意义的方法。

现代社会的实存真空，使得神经症在体因性与心因性之外有了

[①] 参见 V. Frankl, *The Will to Meaning: Foundations and Applications of Logotherapy*, pp. 83–84。

第三种类型：意源性。"我们把意源性神经症（noogenic neurosis）定义为由灵性问题导致的神经症——道德或伦理冲突，例如：在纯粹的超我与真实的良心之间的冲突。……意源性病因是由实存真空、实存挫败或意义意志受阻造成的。"[①]因此，意源性神经症的治疗就不是精神科医生的专利了。哲学家、心理学家、社会工作者、牧师等，都可以为那些寻找人生意义的人提供建议或咨询。

三、意义治疗的技术

尽管弗兰克尔创立意义治疗已经是在70多年前了，但他所说的实存真空的情况在当前的中国也是相当典型的。2016年，北京大学心理健康教育咨询中心副主任徐凯文创造了一个新词"空心病"，用来描述大学生强烈的孤独感和无意义感。这些学生面对的是终极的哲学问题：人为什么要活着？以及人生的意义是什么？徐凯文发现，这种学生有类似于抑郁症的症状（情绪低落、兴趣减退、快感缺乏），但所有的精神药物对此都没有效果。徐凯文发现，主流的教育不能让学生获得意义感，而心理治疗和心理咨询也不行。[②]"空心病"一时间在中国心理学界和教育界引起了极大的反响，很多专家学者都非常认同这个词所描述的情况的存在。实际上，"空心病"就是弗兰克尔所说的由实存真空造成的意源性神经症。因此，意义治疗在当今的中国具有十分重要的应用价值。

---

① V. Frankl, *The Will to Meaning: Foundations and Applications of Logotherapy*, p. 89.

② 参见徐凯文:《时代空心病与焦虑经济学》(2016年)。https://www.sohu.com/a/138840265_536015.2021-03-30.

对于意源性神经症来说，由于患者陷入的是对于无意义感的实存绝望，所以意义治疗的作用要比其他心理疗法的作用更大。意义治疗的核心就是指导神经症患者或缺乏意义感的健康人去获得意义。

1. 基于三种价值分类的意义

人生的意义是与人所能感受到的价值紧密相关的。首先，基于创造价值，人就可以通过创造活动去发现意义。这也就意味着：具有创造性的工作是意义感产生的一个源头。但何为"创造性"呢？这里的关键不在于人所从事的工作的重要性，而在于工作是否适合他，以及他是否努力去完成了这项工作。一个负责的普通人，尽管其工作的影响微乎其微，但他的工作要比不负责的政治家更为伟大。

创造价值是与工作紧密相关的。失业神经症与周日神经症让我们清晰地看到了工作的意义。对失业者来说，由于他没有工作，所以他的生活就失去了意义。当然，人也可以在有工作的情况下过着没有意义的生活，而且有的失业者是没有神经症的。正如其他神经症一样，失业神经症是患者所采取的特定实存模式，而失业是这种实存模式的结果。周日神经症是由于患者的工作在特定时间停止了，而这使得他的实存真空暴露了出来。患者逃避无意义感的方法有：逃到酒吧、舞厅、体育运动、流行时尚、消遣小说等中。但这种逃避只会加强无意义感。人只有通过创造性的工作，才能得到真实的意义。

其次，基于经验价值，人可以在感受这个世界中的美好时发现意义。当一个人在优美的音乐、动听的歌曲、瑰丽的风景、伟大的艺术作品中感受到令人心醉的元素时，他会感到自己的人生是值得的。

在对经验意义的发现中，除了人与世界的关系，人与人之间的关系也是非常重要的；而在这种关系中，"爱"是非常重要的意义源泉。

弗兰克尔所说的"爱"是在灵性层次上的，因此完全不同于情色意义上的"爱"。爱强化了人获得经验意义的能力。"对于爱人的人来说，爱让世界具有魔力，并在额外的价值中打开了世界。爱大大增加了充实价值的吸收性。爱打开了整个价值宇宙的大门。"①灵性层次上的爱超越了身体表层的性欲，而体现了人与人之间独有的关系。这种爱由一个人的内在，指向另一个人的内在。对于人来说，爱的重要意义在于："当致力于某事或处于对另一个人的爱中时，人就超越了自我，同时也实现了自我。"② 正是爱的自我超越作用，使人可以通过爱而获得意义。隐藏在弗洛伊德所说的性压抑之下的，就是由人与人之间爱的关系缺失所造成的实存真空。

再次，基于态度价值，人可以在受到种种条件的限制、经历无数的失败和艰难时发现人生的意义。当人不得不面对人生中难以改变的情况、创造价值与经验价值都无法被获得时，他仍然可以通过面向苦难的态度而获得态度意义。"这意味着人生的意义不仅可在创造与享受中得到充实，而且可在苦难中得到充实。"③

事实上，弗洛伊德所说的追求快乐的意志不可避免地会受到阻碍，因为快乐的实现需要种种条件。当快乐无法得到时，当人生的其他追求无法实现时，当人生中无法改变的不幸降临时，苦难就降

---

① V. Frankl, *The Doctor and the Soul*, p. 133.
② 弗兰克尔：《意义治疗和存在分析的基础》，徐佳译，北京：电子工业出版社，2014年，第158页。
③ V. Frankl, *The Doctor and the Soul*, p. 106.

临了。正如佛教的"四圣谛"所说,"苦"是第一谛。苦难是人类实存的最基本要素。但弗兰克尔认为,人对于苦难的态度是非常有意义的。我们要认识到苦难的积极意义:苦难可以防止人沉溺于虚假的快乐中,而去追求真实的解脱与智慧。正如佛教所说,"烦恼即菩提"——烦恼是人追求菩提(即智慧)的动力;若没有烦恼,成天生活在快乐之中,人就无须追求菩提。德国心身医学的创始人冯·魏泽塞克也说:患者作为承受者是凌驾于医生之上的[1],因为患者通过面对让医生无能为力的痛苦,获得了医生也不能获得的意义,即承受苦难的意义。

2. 针对非意源性神经症的意义治疗

在面对那些不是由实存真空造成的神经症时,意义治疗是众多心理治疗流派中的一种。这时的意义治疗技术主要有两种:去反思(dereflection)和矛盾意向。这两种技术都以对人的实存现象学分析为基础,即人的自我超越与自我疏离。

去反思技术针对的是神经症中的超反思现象(过度注意自己)。"超反思现象尤其存在于美国文化中——许多人总是用他们的行为的隐藏动机去审视他们自己,去分析他们自己,并在无意识的心理动力学的意义上去解释他们的行为。……在这种氛围中长大的人,头脑中经常萦绕着他们过去的致病影响,结果他们真的就病了。"[2] 过度的反思,极大地耗损了人的活动能力。这种情况在强迫症中尤其明显。患者整天去思考那些根本无法获得答案的问题(例如:手

---

[1] 参见 V. Frankl, *The Doctor and the Soul*, p. 116。

[2] V. Frankl, *The Will to Meaning: Foundations and Applications of Logotherapy*, p. 100.

真的洗干净了吗？我到底有没有得绝症？将来会不会发生某件非常可怕的事？），结果他们根本没有力气再去做别的事了。在强迫症的情况下，去反思技术就是要求患者降低对于自己的行为的质量和完美程度的要求，可以接受一个不太好的自己。在对自身的严苛性要求下降时，其对自身的关注也会下降。

矛盾意向技术鼓励患者去做他们所害怕的事，去期待他们所担忧的事。这种技术起源于临床上的"期待焦虑"现象：当患者非常担心某事发生时，期待焦虑就产生了。这里的恶性循环是：越是担心，就越是焦虑。为了打破这种恶性循环，一开始通常要使用药物疗法（如：心境稳定剂）。但在处理了生理层次上的神经事件之后，还必须处理心理层次上的心理事件。这时就可以用到矛盾意向技术。在矛盾意向中，矛盾的期望取代了病理的焦虑。原来，患者要极力避开会带来焦虑的情境，结果事与愿违；他越是逃避，就越是焦虑。因此，要引入矛盾的意向（即与原来的期待相反的意向）。如果原来是要逃避焦虑，那么现在就要去拥抱焦虑，让极度的焦虑在心灵中顺畅地流淌。例如，有一名患者无法离开自己的房子，因为每次离开时，他都会担心自己在马路上心脏病发作。在他被送到医院以后，医生检查发现：他的心脏是健康的。然后，医生让他走到马路上，并尝试一下心脏病发作。医生说：你要告诉自己，你昨天已经有两次心脏病发作了，而今天你会有第三次发作。结果，这让患者第一次打破了封闭自己的桎梏。[1]

---

[1] 参见 V. Frankl, *The Will to Meaning: Foundations and Applications of Logotherapy*, pp. 105–106。

结　语

在弗兰克尔那里,现象学与精神病理学的相互澄明关系同样很明显。首先,我们可以确认:现象学是弗兰克尔精神病理学理论与实践的基础。他所应用的现象学,不是直接从胡塞尔、海德格尔或舍勒那里拿过来的。实际上,他发展出了独特的、适用于精神病理学的现象学,即人类实存的现象学分析。在他的现象学中,基本的人类实存现象是:灵性、自由、责任、价值、意义、超越等。现象学分析使得弗兰克尔超越了医学和心理学,而达到了人的灵性层次。其次,弗兰克尔的精神病理学理论与实践(即意义治疗)是一种临床现象学,而这使得哲学技术意义上的现象学扩展到了临床领域,从而大大推动了现象学运动的发展。尤其值得注意的是,意义治疗不是精神科医生和心理学家的专属领域。哲学家作为传统的关心人的灵性层次的专家,也可以进行意义治疗。意义治疗不只针对意源性神经症患者,也适用于具有无意义感的健康人。因此,意义治疗是当代哲学治疗的一个重要途径。

第二节　个人实存分析与现象学

弗兰克尔的理论与实践,包括意义治疗与实存分析。他所理解的实存分析是以责任意识为起点的心理治疗,而意义疗法是让人觉知到灵性实在的心理治疗。[1] 以对神经症的治疗为例,实存分析的任务就是让患者知道自己的生活任务,从而摆脱神经症,而不是摆

---

[1]　参见 V. Frankl, *The Doctor and the Soul*, p. 25。

脱生活的任务——生活的任务是去实现意义的意志。因此，在弗兰克尔那里，意义治疗与实存分析是相辅相成的，而医生就通过意义治疗与实存分析去实现对患者的心灵关照。但在20世纪80年代后，在意义治疗中被培育出来的实存分析，开始向更为技术化的现象学或胡塞尔意义上的现象学靠近，这就有了个人实存分析——其代表人物是奥地利哲学家与心理治疗师兰格尔（Alfred Längle）。

意义治疗与个人实存分析的区别是什么呢？首先，这涉及弗兰克尔所自由发展的现象学与胡塞尔所创立的现象学之间的区别。正如上文所述，弗兰克尔在现象学中所受的影响主要来自舍勒，所以他没有接受胡塞尔现象学的要求。胡塞尔现象学的基本要求是无假设性，即不从任何理论前设出发去切入现象。但弗兰克尔的意义治疗事先假设了：人具有意义意志，而当它受阻时，就会产生实存真空或意源性神经症。因此，弗兰克尔与胡塞尔、海德格尔现象学之间的关系是相当松散的。与此相对的是，兰格尔的个人实存分析不再致力于发展新的现象学，而致力将经典现象学（尤其是海德格尔的实存现象学）应用到心理治疗中。

其次，意义治疗主要强调个人与世界的关系，而个人实存分析还强调个人与自我的关系。弗兰克尔认为，个人要做的是超越自我，而不是让自我成为观察的对象；因此，个人要专注于世界中有意义与有价值的事物。与此相反的是，兰格尔强调了自我经验的重要性；换言之，人必须通过自己的情感体验才能成为世界中的自我。弗兰克尔认为，兰格尔将自我经验与情感纳入实存分析的做法，是他所批判的心理主义的表现。但实际上，兰格尔在通过现象学去对自我经验与情感进行实存分析时，没有落入心理主义的窠臼，毕竟胡塞尔创立现象学的一个出发点就是对心理主义的批判。

一、个人实存分析中的现象学

个人实存分析是心理治疗中的现象学方向。在这里,"现象学"被理解为"以理解为导向"的科学。个人实存分析希望通过对现象学理解的坚持,把自己与自然科学的因果说明区分开来。因此,"现象学"是与"因果说明"相对的术语。个人实存分析侧重于从人的主观经验出发,并由弗兰克尔所强调的灵性转向了现象学的实存。"实存"指的是事实上的完整生命——人在自己的世界中,自由与负责地进行有意义的生活。个人实存分析的任务是,阐明个人以及世界的境况。[①]

从形式上来说,个人实存分析中的现象学类似于海德格尔的实存现象学。但在内容上,它不同于后者(用现象学方法使存在者的存在呈现出来),而是要在存在者的层面上观察人的主观经验。因此,个人实存分析实际上是将现象学的方法与心理治疗的任务结合了起来。具体来说,现象学在四个层次上的个人实存分析中发挥着作用:

(1)个人实存分析把现象学作为在心理治疗中与人交流的一种方法,即在与患者交谈时尝试采取一种无前见性、非解释性的态度,而目的是从相遇(Gegenüber)本身以及与生活的联系中去理解现象。这里的"相遇",指的是心理治疗师与患者的相遇。相遇意味着二者的平等伙伴关系,以及在世界中的共在。在这种层次上的现

[①] 参见 A. Längle, "Existenzanalyse und Logotherapie", in G. Stumm hrsg., *Psychotherapie. Schulen und Methoden. Eine Orientierungshilfe für Theorie und Praxis*, Wien: Falter, 2011, S. 237。

象学方法，使个人实存分析区别于大多数由理论假设出发的心理治疗方法——如从弗洛伊德的欲力理论出发的精神分析。

（2）在对于个体、意志、自由、意义、情感等基本人类现象以及各种心理疾病的认识中，个人实存分析想要使用现象学描述，即不从神经科学、躯体医学的因果说明出发去理解疾病图景。这也意味着，个人实存分析的工作层次是在神经层次与症状层次之间的现象学层次，或者说是有意识的层次。

（3）在存在论层面上，个人实存分析接受了现象学的基本观念——对主客二元论的拒斥，即主体与世界不能相互分离。因此，个人实存分析认为作为主体的人是不能被客观化的，或者说被客观化了的人（如：核磁共振成像中的人类图景）不是个人实存分析的对象。

（4）个人实存分析描述了实存的四个基本动机——它们构成了作为存在论维度的在世界中存在。

简而言之，在存在者层面，个人实存分析以现象学的、非因果说明的方式，去描述心理疾病、异常行为和个人情绪等；在存在论层面，个人实存分析在形式上借鉴了海德格尔的存在论，描述了人及其实存的结构。[1]

在胡塞尔意义上的现象学那里，现象学指向自身意识经验的态度；而自雅斯贝尔斯以来，当这种现象学被运用于精神病理学与心理治疗时，现象学是指向他人意识经验的方法。在个人实存分析中

---

[1] 参见 C. Reitinger, *Zur Anthropologie von Logotherapie und Existenzanalyse: Viktor Frankl und Alfried Längle im philosophischen Vergleich*, Dissertation Universität Salzburg, 2017, S. 153-154。

被运用的现象学,也是后一种意义上的现象学。"如果我们在工作中想帮助一个人本质地展开,即帮助他进行自己的认识和感受,找到他的自由、关心、自我、意义(我们可以称其为'充实的实存'),那么我们必须要有面向基本准则的、与个人本质相符合的方法论介入。现象学的主题就是这种开放性、无偏见性和无意图性。"[1]

具体来说,兰格尔借鉴了海德格尔的现象学方法[2],将个人实存分析中的现象学方法分为三个步骤:还原、构造和解构。[3]海德格尔的现象学方法是非常抽象的,而且主要是形式层面上的;而在个人实存分析中,这种抽象的方法得到了具体化。

(1)还原。在海德格尔那里,现象学还原就是要将对于存在者(Seiende)的总是已经确定的理解转为对于存在(Sein)的理解。在个人实存分析中,现象学还原意味着描述,即让患者描述对他来说很重要的事物(日常的自我理解和主观体验)。心理治疗师要把所有先前的理解、期望和判断放下来,去关注患者的感觉是怎么样的。这里的现象就是让心理治疗师觉得印象深刻的东西。例如,当患者叙述心身不适(偏头痛)时,治疗师会关注他所梦到的不同寻常的动物(如:鳄鱼)、他的睡眠深度、他在梦中感受到的威胁等。

(2)构造。在海德格尔那里,现象学构造就是要根据其存在和结构,去设计既定的存在者——其实就是要把个别的现象建造成一

---

[1] A. Längle, "Das Bewegende spüren. Phänomenologie in der (existenzanalytischen) Praxis", *Existenzanalyse* 2007, 24(2), S. 19.

[2] 参见 M. Heidegger, *Die Grundprobleme der Phänomenologie. Gesamtausgabe Band 24*, Frankfurt: Vittorio Klostermann, 1989, S. 26-32。

[3] 参见 A. Längle, "Das Bewegende spüren. Phänomenologie in der (existenzanalytischen) Praxis", S. 23-24。

个整体。在个人实存分析中,现象学构造意味着将治疗对话中的个别现象(语气、兴奋、平静、焦虑、不安等)构造为整体的治疗图景。通过现象学的深度直观,找到个别现象之间的联系,并透析其本质,从而获得更广阔的理解视域。以患者梦到的鳄鱼为例,心理治疗师对患者内心世界的构造是:患者在鳄鱼的包围中感受到了极大的威胁,而这种情境与他的偏头痛相关联。患者感受到的威胁,由对口欲期的固着,到了对侵犯的克制,以及与母亲的关系问题。

(3)解构。在海德格尔那里,现象学解构就是要再次审查有关存在的先入之见,从而切近现象的源头。在个人实存分析中,现象学解构意味着让治疗师与患者再次询问自己是否可以接受之前直观到的东西。解构就是要继续保持对真实的追寻。在开放的治疗性对话中,解构会提出这样的问题:"我觉得事情是这样的。那么对你来说,事情是这样的吗?"对于上述患者有关鳄鱼的梦,还要继续向新的可能性开放:为了理解"威胁",需要让患者说说他与鳄鱼的关系。除了威胁以外,鳄鱼还有其他方面吗?需要注意患者的表情、语调、姿势等是否反映了真实的恐惧。随着治疗性对话的开展,患者的内心总是会出现新的东西。

另外,现象学在个人实存分析中被用作方法,还包括存在者层面与存在论层面。实存分析一方面从患者的疾病经验出发,另一方面从实存的存在论维度以及存在论对于人的基本理解出发,去理解不同的精神疾病。在这里,现象学首先指与疾病体验相关的思考(存在者层面),其次指与实存现象学分析相关的思考(存在论层面)。

以抑郁症为例。在个人实存分析不想从自然科学的因果说明角度去研究抑郁症时,它就考虑了与主观经验相关的现象学方法。正如雅斯贝尔斯曾经指出的,自然科学的因果说明是在意识之外的,是难以理解的,而心理治疗光靠这种因果说明是远远不够的。心理治疗师还需要通过意识层次上的、可以理解的东西,去理解患者的实际经验。当心理治疗师可以从习以为常的物理因果的视角(DSM-5的通行强化了这种情况)摆脱出来时,他就能够进入抑郁症的现象世界,从而能够从患者的意识经验出发去考虑抑郁症的原因。"根据观察和经验,我们可以提出这样的观点:所有的抑郁症都伴随主观价值体验的缺乏。在丰富的生命价值中,在与美、善、滋养、愉悦的呼吸交流中,抑郁症是不会产生的。相反,它们是防止抑郁症的最佳保护。"[①] 人们在生活中经验到的美好(如:进餐、散步、阅读、听音乐等),可以增强人们的主观价值体验,从而加强与生活的联系。相反,在人们缺乏主观价值感时,他们与生活的联系就会减弱,生活质量会下降。人们感觉生活越来越难受,从而不再想生活了。当人们不再能感受到价值时,这种痛苦的情绪就会发展为抑郁症。

严格来说,个人实存分析中的现象学不完全等同于哲学中的纯粹现象学,但二者在一点上是一致的:面向个人的主观意识经验。在这种现象学中,"抑郁是什么"这个问题不是用自然科学的因果说明来得到确定的,而是在抑郁症患者的主观经验中得到确定的,即患者缺乏主观价值体验以及与生活的联系。

对于存在者与存在论这两个层面之间的联系,海德格尔是这么解释的:"存在论(本真)现象不能像存在者显现那样被直接看到。这些(颜色、重量等)也在存在论上被预设为'性质'(Beschaffenheit)。

[①] A. Längle, "Existenzanalyse der Depression", *Existenzanalyse* 2004, 21(2), S. 9.

颜色是一种性质；然而，性质既没有颜色也没有重量，既不短也不长；性质不是存在者规定，而是存在论规定。"① 存在者是直接可见的，而存在论现象不是直接可见的，但海德格尔建议，在人的存在论现象的基础上去看待人的疾病经验。他同时指出，弗洛伊德就忽视了人类存在的存在论特征，从而陷入他的理论当中。"只有在作为此在的人类存在经验中进行实践，并且在对健康人和患者进行的所有研究中，才有可能切断和远离关于存在者、人类的不恰当观念。只有在所有时候，即事先被调解的情况下，存在者的让存在（Seinlassen）才有可能，即通过此在意义上的、遵循人类存在的设计，存在者的让存在才有可能并获得认可。然而，这是多么困难啊！数十年来，人们一直把'在世界中存在'误解为人在整体上的其他存在者（'世界'）中的存在。"②

在存在论层面上，人就是作为此在的人，而这就是在个人实存分析中对于患者的现象学态度的基础。在海德格尔那里，此在包括：在世界中存在、共在、我性、面向未来（向死而生）。在个人实存分析中，兰格尔描述了人类实存的四个基本结构③：

（1）世界（此在）。这是人类实存的第一事实。此在首先是与世界最紧密地联系在一起的。人的自由以及潜能，就是以在世界中为前提的。"我在那里，然后我可以干什么？""我的存在需要什么样的条件？"

---

① M. Heidegger, *Zollikoner Seminare*, S. 281.
② Ibid., S. 280–281.
③ 参见 A. Längle, *Existenzanalyse: Existentielle Zugänge der Psychotherapie*, Wien: Facultas, 2016, S. 91–92.

(2) 自己的生命(价值存在)。作为一种生物,人类要经历出生、成长、成熟、衰老、死亡的生命进程。这里的问题是:"我如何将自己与生命事实相联系?""如何对待生老病死?"

(3) 我的存在(我是我)。此在是有我的,即与一个主体联系。尽管人是意识的相续,但前因接后果。前一刹那的我,是后一刹那的我的因。我虽然非常非恒,但相续不断,前灭而后生。这就有了这样的问题:我必须对我的所作所为负责,因为我是我。

(4) 面向未来(为了某事,为了某人,意义)。这涉及人的价值发展,因此人需要在更大的联系中看待自己。此在的意义就在这里:我是我,而我怎么才能变得更好呢?

对这些问题的探索是无法量化的,因此需要现象学。只有通过现象学的透析,才能在此在层面上去看人、去把握人的相关本质、去发展人的价值存在。基于现象学的人类实存的四个基本结构,可以让精神病理学超越可测量的副现象,从而把握人的深度结构:人的可能性、价值、道德、意义。由此在的治疗性对话出发,心理治疗师就能从这四个方面出发去理解与治疗患者。

二、个人实存分析的动机理论

在意义治疗中,人的基本动机只是对于生命意义的追求。而在个人实存分析中,人的基本动机有四个。人就在这四个基本动机的驱动之下采取行动。[①]

[①] 参见 A. Längle, "Was bewegt den Menschen? Die existentielle Motivation der Person", *Existenzanalyse* 1999, 16(3), S. 18–29; *Existenzanalyse: Existentielle Zugänge der Psychotherapie*, S. 100–124。

1. 第一个基本动机：实存的基本问题——能够此在（Da-Sein-Können）

实存的基本问题始于此在的实际情况。对于负责任的人来说，他需要问：在实际的条件下，他可以做什么？他本身的责任包括哪些？他能为这个世界做些什么？

实存的基本问题具体包括五个方面：

(1) 态度的问题——人可以是什么？亚里士多德曾将这种态度称为惊讶（Staunen），并将之作为哲学的基本态度。在肯定此在实际的情况下，人要问"我能够做什么"，相应地就是自由与决定的问题。

(2) 行动的问题。"我能"的基本形式就是接受和忍受，而这意味着有力量去承受重担、焦虑、痛苦与难题等。这时，人要处理现实与希望的平衡问题。现实是对人来说的既有条件，而希望是人行动的自由空间。这里要用到现象学导向的"深度直观"，去把握体验的本质与患者的痛苦状态。

(3) 此在的前提。在所有的情况下，如果要接受与忍受某些东西，尤其是存在的条件与可能性，那么人就需要保护壳、空间和立足点。心理保护壳尤其是通过接受来获得的。来访者对于此在前提的接受度越高，他就越是能感受到保护壳。就空间而言，人不仅需要物理空间，也需要心理空间。空间反映了世界对于人的接受——人需要运动空间、人际距离和支撑点。对于空间体验来说，躯体经验是非常重要的，因为躯体是人现身于其中的第一空间。立足点源于世界参照系，如法律、传统、规则、职业、住所等。在个人实存分析中，有"扶手椅训练"这样的技术，以便让人深度获得立足点知觉。

(4) 存在的基础。当人有立足点经验时，他就会产生对自己和世界的信任感。实存意义上的信任让人可以去面对不确定的因素。信任感的累积就会产生存在基础。存在基础就是一种依赖自我和放松自我的感觉。存在基础经常是在无意识中的,它让人感觉到:即使死了,我也可以得到提升。存在基础的问题不仅是哲学反思的对象,也是宗教关注的对象。但哲学靠的是直觉,而宗教靠的是信仰。最难与最终的存在基础,是通过忍受获得的。

(5)对存在的应对。要想创造能够此在的基础,就必须要维护保护壳、空间和立足点。这种维护不是自动进行的,而是要通过态度、决定、理解和"自我化"等个体整合进行。这就在根本上塑造了实存的第一动机。当此在的前提不能得到确保时,作为实存的存在论结构缺损的心理症状就会产生。例如,焦虑就是不能此在的情感障碍。当哈姆雷特说"存在或不存在,这是问题所在(To be, or not to be, that is the question):是活着面对黑暗的现实,还是走向永远的安宁,现在的我已经无力判断"时,他面对的实际上就是实存的第一动机缺失的问题。

2. 第二个基本动机:生命的基本问题——作为实存关系问题的生命可能

当人能够在世界中存在之后,人就可以在世界中展开生命。但人的生命展开不是机械的,而是富有情感的:人会快乐与痛苦、舒适与不快、笑与哭。人就在两个方向上展开他的情感。生命的基本问题具体包括五个方面:

(1)生命的价值问题。在对实存的基本立足点的思考中,人会认识自身生命的价值。在感受到生命的价值时,人就可以从惊讶的态度中摆脱出来。对人来说,生命的价值问题不总是自明的;而往往是在遭遇痛苦和危难时,人才会去发现生命的价值。

(2)行动的问题。在涉及要做什么时,人首先对喜好进行关注。最简单的喜好形式是朝向(Zuwendung)某事或某人。这是一种情绪的注意力聚集。朝向对生命体验的直接作用是强化基本动力。但当人朝向无价值的东西时,人就会产生悲伤。但喜欢或悲伤这样的情绪,可以充实生命的实存。与实存相关的价值,主要是在情绪上被感知到的。

(3)喜欢生命的前提。联系、时间和亲近。朝向只会在联系(如:人与对象的联系)中出现。与实存的基本动机相关的联系有:接受、朝向、重视等。朝向的核心是时间:朝向某事,即有时候做某事。有价值的事情就是值得花时间去做的事件。朝向某人意味与某人的亲近,而通过与躯体、心绪、情感和立足点的亲近,人可让自己的生命变得充实。

(4)生命价值的基础。在朝向最深处的是最终的生命感触,即基本价值。这种生命价值感是整体上的现象学生命知觉,而作为其中介的是主体的个体经验与他人的传记。基本价值是人与生命的最核心关注。因此,当人对生命的感受变糟时,人就会不想在世界中存在下去。

(5)对生命的应对。如果人感受不到联系、时间和亲近,那么他就会产生渴望;而当渴望得不到实现时,渴望会进一步发展为冷漠,最终变为抑郁。在抑郁状态中,人与生命的联系就完全紊乱了。在涉及生命的可能时,人也不总是可能达到他想要的可能性,而也会陷入生命的不可能,即价值的缺失当中。这时,人在心理动力上的保护反应就是退回自己的内在世界,同时取消与生命的联系;如果退不回去,人又会暂时地积极起来,会寻找可以依靠的群体。

3. 第三个基本动机：个体的基本问题

个体与个体之间是不同的，他们难以相互替代。每个人都会将自身的唯一性体验为"我"，而"我"不同于"你"和"他"。从个体的唯一性中，也会产生巨大的多样性、美以及不可比较性。个体的基本问题具体包括五个方面：

(1) 个体的我性。"我"的观念，念念相续，在生命中的每一刻都不停歇。尽管在睡眠、昏厥等情况下，有意识的"我"的观念会停止，但无意识的"我"的观念仍然存在。这种"我"的观念，对于实存基本动机的推动就是：它促使个体去追求尊重，并保持个体之间有敬意的距离。由"我"的存在，也开展出了自我同一性、自我追寻、自由以及伦理学的问题：我是我，那么我可以做什么呢？

(2) 行动的问题。可以做自己，首先意味着：可以坚持做某些事，并且实现与自身的同一。由此，个体的实存就有了它的位置和立场，从而有了中心和去中心的活动。本真的立场涉及人作为个体与事态的关系。

(3) 做自己的前提。个体要想做自己，就需要来自他人与自己的注意、正义与价值评估。来自他人的注意是认识自身的一个前提，也是自我结构发展的必要条件。自我结构包括：自我意识、自我意象和开放自我（超我）。个体对自我的追寻还需要他人的公正行为——正是在他人的公正行为中，自我的价值才能凸显。价值评估就是对于自身的价值判断。由于人认为自身有价值，他才会有对于自身的认同感。

(4) 自我存在的基础。个体可以是本真的，也可以是不本真的。但原初的自我不是固定的东西，而是动态形成的对于自我的连贯情感及对于自我价值的感受。本真性也就是自我价值的实现。

(5)对自我存在的处理。当自我存在的前提(注意、正义与价值评估)由外部得到保证时,人格就会开始发展:首先是保持与他人的距离(划界),以及与自己的距离(自我意象);其次是诚恳地对待自己;再次是内在地确定自我的价值。这种自我结构对于人来说是至关重要的。当自我存在的前提出现缺损时,个体会变得孤独、羞耻、脆弱,而在临床上就会出现癔症。

4. 第四个基本动机:作为实存执行的应然行为

当人能够此在、展开生命并在其中找到自己时,他的实存仍然不够充实,而他需要去认识他在生命中应该做什么。人不只是活着,他还需要与更大的行动参照系相联系,从而超越自己的生命。应然行为包括五个方面:

(1)对意义的追求。我的此在(我在这个世界中)有什么样的意义呢?这是一个哲学与宗教问题。哲学的回答处于理性思考和经验推测的层面上,而宗教的回答处于超越理性和经验的信仰层面上。问题的答案并不重要。重要的是,在对意义的追求中,人会面向生命的更高层次。从实存的角度来看,对意义的追求会带来什么是善的问题,亦即应然的问题——要想有意义地度过自己的一生,应该做什么?

(2)要做什么。在已有的条件与能力的基础上,个体的基本活动包括:赞同以及采取行动——先是接受自身的能力和外界的条件,然后采取行动去做改变(接受既定的条件,并创造有利于意义追求的新条件)。

(3)有意义行为的前提。活动领域、结构联系与未来价值。在世界中的有意义生命首先需要一个活动的领域,如家庭、职业、兴趣等。如果没有这样的活动领域，人们就很难让生活变得充实。各种活动之间有结构联系，例如：音乐、烹调、洗涤等是与学习活动相联系的。这样的结构联系就会向人提供动机。当人知道为什么要从事某种活动时，他是以这种活动的未来价值为前提的。例如，宗教就是一种具有未来价值的活动，因为信仰会告诉人们为什么活着以及希望在哪里。

（4）意义的基础。理解意义的根本在于将其放到更大的整体之中，例如：家庭、职业、信仰等。实存意义就是情境的意义。在意义疗法中，实存意义是现实背景中的可能性；而在个人实存分析中，实存意义是情境中最有意义的可能性。实存意义是个体的意义，而除此以外，还有整体意义（即存在论意义）。例如，全人类作为一个整体时的意义，也是哲学与宗教所追问的。

（5）对意义的处理。这时需要一种现象学的开放态度，去问：此时此刻的情境要求我做什么呢？现在，为了他人和我自己，我能做什么，以及应做什么呢？在有意义的实存前提匮乏的情况下，就会出现弗兰克尔所说的"实存真空"、绝望、自杀、成瘾、淡漠等。当意义追求受阻时，人所采取的防御反应是一种临时性的此在态度，即得过且过，没有真正的投入，而这时人就无法承受生命中注定要遭受的苦难。

三、个人实存分析的个案

个人实存分析如何被应用于实际心理问题的处理呢？这里可以用一个个案来说明。[①]

[①] 参见 A. Längle, "Existenzanalyse und Logotherapie", S. 241-242。

一名40岁的单身女性,患有抑郁症已有数年之久。她对分析师说:"有一天我肯定会自杀。这一天不远了。一切都没有用。"在与分析师的会谈中,她总是说到她的绝望。值得注意的是"一切都没有用"。她相信:有用的才是有意义的,而有用的东西就是与她的想法相对应的东西。"生活必须是我想要的那个样子,否则我就无法生活。"在对生活的愤恨中,她想到了自杀。患者认为,生活中与她的意愿相违的东西,就是令人沮丧的"生活强暴"。生活不是为她服务的,相反,她是为生活服务的。生活让她感到极为愤怒,因为她没有处于一个她所期待的世界中。她不得不努力适应这个她不想要的生活。为了接受这样的生活,她已经花了二十多年时间了:她想要一个生活伴侣,当然还有一个孩子。然而,她始终未能如愿。经过多年的失望之后,她只能通过酒精与镇静剂去寻找安宁。但她还是无法平静下来,所以她想到了自杀。

对于这名患者的个人实存分析,首先就要去理解导致她的这种生活态度的生活史和经验。只有当患者本人可以理解为什么她是这样的一个人时,心理的疗愈才会开始。这时要重建实存的第二个基本动机,因为在她的抑郁症中,她无法感受到自己生命的价值,从而丧失了与自己生命的联系。个人实存分析要帮助她去面对和理解:她在生活中的失败以及命运对于她的打击。

这时,她就要与自己的愿望保持必要的距离。分析师会提出这样的一个问题:"如果您从现在开始知道您的愿望永远都不会成真,您会怎么做呢?"

患者原来的态度是强烈地希望自己的愿望可以实现。但是现在,分析师要花很长的时间,试图让患者对生命采取一种新的态度:

也许我会孤独一生,但我仍然可以过上好的生活。这意味着对现有的生活说"是"。在这里,发生改变的不是现实,而是对于现实的情感态度。患者最终获得了她所渴望的平静。也许,她的愿望与现实仍有冲突,但她不必再与自己的愿望产生冲突。反过来说,当她不再与自己的愿望斗争时,她也就不需要与现实去斗争了。相应地,原先导致抑郁症的内在与外在冲突也得到了极大的缓解。

结 语

我们可以将个人实存分析理解为一种现象学的心理治疗方法。"实存"是个人实存分析的核心,而它指的是:整体的生命或整体的生活——人类实存的特征就在于能够在世界中意识到自己的自由与责任。[①] 相应地,个人实存分析认为,心理疾病产生的原因是:个人逃避自己的自由与责任(海德格尔所说的常人状态或非本真状态)。抑郁症就是一个典型的例子:患者没有强大而负责任的自我,无法具备自由与本真地做出决定的能力;相反,患者极其需要从他人(父母、学校或社会等)那里获得认可。而当患者无法达到来自他人的要求时,他就容易产生罪责感、无意义感、无价值感等抑郁症状。现象学在个人实存分析中的作用是:让分析师与患者采取现象学的开放态度,去找到自由、关心、自我、意义,从而使个人实存变得丰满。另外,个人实存分析也使现象学态度融入了心理治疗,与其他特殊的治疗方法一起帮助人们面对和处理心理疾病。

[①] 参见 A. Längle, "From Viktor Frankl's Logotherapy to Existential Analytic Psychotherapy", *European Psychotherapy* 2014, 12, p. 79。

结 论

本书的主题是现象学与精神病理学的相互澄明关系，而这种关系蕴含着两个方面：现象学对于精神病理学的意义，以及精神病理学对于现象学的意义。尽管本书之前的每一章都涉及这种关系，但在最后，我们还是要更为简明地来阐释这种关系。

一、现象学对于精神病理学的意义

本书之前的内容已经证明了：作为哲学的现象学影响到了非哲学的精神病理学。但问题是，如果没有哲学现象学，精神病理学是否还是可以取得同样卓越的成果呢？毕竟，精神病理学仍然可以依靠精神病学、认知神经科学、药理学、解剖学等，尤其是功能磁共振成像技术（fMRI）和分子生物学的巨大进步，使得精神病理学可以在更为微观的层面上把握精神疾病的物理因果机制。因此，我们还是有必要更为具体地说明现象学对于精神病理学的意义。

(1)通过对精神疾病体验现象重要性的强调，现象学是对越来越强的还原主义的有效补救。正如雅斯贝尔斯曾经指出的，有关心理的事实分为四类：体验现象、客观机能（记忆、作业、智力等）、躯体伴随显象、有意义的客观性（表达、行为、作品等）。[①] 当代精神

---

① 参见 K. Jaspers, *Allgemeine Psychopathologie*, S. 45。

病理学的主要进步来自认知神经科学,而认知神经科学技术所揭示的主要是认知活动的躯体伴随显象。fMRI 可以反映脑血流的变化,从而揭示特定认知模式下的脑部活化区域。例如,抑郁症患者的脑功能网络包括:默认模式网络、中央执行网络、凸显网络。[1]

这类研究虽然在技术有很大革新,但在思想理念上仍然沿袭了 100 年前的脑部定位学说。这种学说的问题在于:首先,得到证明的仅仅是脑部变异与心理疾病之间的相关性,但哪一个是原因、哪一个是结果是很难得到证明的。有可能,脑部变异是原发心理疾病的结果;也有可能,脑部变异是原发心理疾病的原因。但即使如此,除了脑部变异以外,心理疾病还有众多的原因——童年创伤、近期应激事件、认知模式、与自我及世界关系的紊乱等。

现象学所揭示的是对于精神疾病的第一人称经验,或者说是主观经验(体验现象)。事实上,主观经验不是神经进程的附带图景,而是人与世界交互的本质部分。人是通过有意识的经验建立起与世界之间的有意义关系的,而这种关系又会影响到脑的神经活动和结构。[2] 雅斯贝尔斯将现象学引入精神病理学,意在从一开始就去详细描述患者的主观经验以及他认知世界的方式。如果没有主观经验,神经科学家甚至无法开展他们寻找特定神经机制的科学研究。如果说精神疾病是人与世界的有意义关系的断裂,那么在探

---

[1] 参见 L. Q. Uddin, K. S. Supekar, S. Ryali, and V. Menon, "Dynamic Reconfiguration of Structural and Functional Connectivity Across Core Neurocognitive Brain Networks with Development", *Journal of Neuroscience* 2011, 31(50), pp. 18578–18589。

[2] 参见 T. Fuchs, "The Challenge of Neuroscience: Psychiatry and Phenomenology Today", p. 322。

索这种断裂时,作为主观经验科学的现象学显然是一个良好的出发点,至少不应该被排除在外。

(2)现象学的方法论是掌握原初经验的重要路径。整个现代科学的基础是经验,但人们很少会去严格考查经验获得的背景,即这些经验是在什么样的态度中被获得的,而将主要精力放在获得经验的工具(如:fMRI、冷冻电镜等)上。但无论获得经验的工具如何进步,都无法避免:它们总是在一种先入为主的态度中被获取的。这种态度可能是自然主义的,可能是天真的,也可能是习惯的。胡塞尔的重要发现就是:我们的原初经验总是会被上述自然主义的、天真的、习惯的信念和假设所遮蔽。因此,现象学的追求就是回到那被遮蔽之前的经验。①

现象学方法的第一步是悬搁,即为自然主义的、天真的、习惯的信念和假设加上括号。这也就是说,要将注意力放在经验与思维本身以及它们的生成方式上。在精神病理学中,这就是要求精神病理学家将注意力转向构成患者世界的超验意识。现象学方法的第二步是:通过想象变换,达到现象的本质还原。在精神病理学中,这需要通过治疗师与患者之间相互理解的主体间进程达到,即将患者的独特经验转换为公共语言。现象学方法的第三步是:回到经验本身。在精神病理学中,这就是要回到治疗经验,以便检查之前所发现的现象是否正确。②

---

① 参见 F. J. Varela, "Neurophenomenology: A Methodological Remedy for the Hard Problem", pp. 330-349。

② 参见 T. Fuchs, "The Challenge of Neuroscience: Psychiatry and Phenomenology Today", p. 323。

精神病理学家可以通过上述方法步骤,达到经验的前反思维度,或者说是意识的深处。在精神疾病中,发生紊乱的主要就是前反思维度或意识深处(精神分析称之为无意识)。

(3)精神病理学的现象学进路假设:人类实存的脆弱性是精神疾病的根源。"人的未完成性、开放性、自由以及无限的可能性,本身就是疾病的基础。"[①]正如我们在近年来的研究中所见到的那样,现象学的概念和假设是可以作为神经科学实验设计的先导的。[②]具体来说,现象学对人类实存的三个方面的揭示是有益于精神病理学的经验研究的。[③]

首先是具身。现象学通常会区分主体身体(前反思或无意识中的身体)与客体身体(可知觉的身体)。在这种框架下,人们可把一些精神疾病理解为具身紊乱,例如:作为离身(disembodiment)的精神分裂症——主体身体功能的受损,导致了人格解体、外力控制等症状[④];作为超具身(hyperembodiment)的忧郁型抑郁症——身体发生了"石化"而抗拒主体的意向与冲动,导致了活力感缺乏、快感缺失、情绪低落等症状;作为主体身体与客体身体冲突的厌食

---

① K. Jaspers, *Allgemeine Psychopathologie*, S. 8.
② 参见 L. Schilbach, B. Derntl, A. Aleman, S. Caspers, M. Clos, and K. M. Diederen et al., "Differential Patterns of Dysconnectivity in Mirror Neuron and Mentalizing Networks in Schizophrenia", p. 1135; G. Northoff, P. Magioncalda, M. Martino, H. C. Lee, Y. C. Tseng, and T. Lane, "Too Fast or too Slow? Time and Neuronal Variability in Bipolar Disorder—a Combined Theoretical and Empirical Investigation", pp. 54-64。
③ 参见 T. Fuchs, "Phenomenology and Psychopathology", pp. 547-573。
④ 参见 L. A. Sass and J. Parnas, "Schizophrenia, Consciousness, and the Self", pp. 427-444。

症——患者想要把主体身体变成客体身体,因此通过不进食来对身体进行苛刻的控制。

其次是时间性。现象学区分了主观时间(时间经验)和客观时间(时间测量)。在这种框架下,人们可把一些精神疾病理解为时间性紊乱,例如:作为时间性紊乱的双相障碍——躁狂症患者的主观时间变短了,而抑郁症患者的主观时间变长了[①];滞留—前摄的时间性结构的破坏,会引起自我感的损伤,从而导致思维插入、听力幻觉和外来行为控制等症状;清晰或自传时间性紊乱,会导致边缘性人格障碍的自传自我解体。

再次是主体间性。现象学对正常意识经验之主体间性的探索,启发了精神病理学对病理经验之主体间性的研究。[②]几乎所有的精神疾病,都意味着些许主体间性紊乱。区别于心理学的"心智理论",现象学聚焦于自我与他人之间的前反思关系,并区分了原生主体间性(形生于生命的第一年)与次生主体间性(从生命的第二年开始)。在这个框架下,人们可以将自闭症理解为原生主体间性紊乱(自闭症儿童不缺乏有关他人心智的理论概念,但有感觉运动、情感调适与整体知觉的紊乱),并将精神分裂症理解为次生主体间性紊乱(患者从他认为有威胁的公共世界中退出,并通过妄想来保护自己的世界)。[③]

---

① 参见 T. Fuchs, "The Experience of Time and Its Disorder", in G. Stanghellini, M. Broome, A. Raballo, A. V. Fernandez, P. Fusar-Poli, and R. Rosfort eds., *The Oxford Handbook of Phenomenological Psychopathology*, pp. 431-441.

② 参见徐献军:《现象学精神病理学视域中的主体间性紊乱》,第93—98页。

③ 参见 T. Fuchs, "Phenomenology and Psychopathology", pp. 562-566.

二、精神病理学对于现象学的意义

在现象学与精神病理学的相互澄明关系中，或者说在现象学精神病理学运动中，人们相对更重视现象学对于精神病理学的影响，而较多地忽视精神病理学对于现象学的意义。实际上，二者之间有作用与反作用的关系。换言之，精神病理学对于现象学的推动作用也是巨大的。

（1）现象学聚焦的是正常的经验，而精神病理学聚焦的是精神疾病患者的经验，即异常的经验。如果说经验应该包括正常与异常两个方面，那么无疑，精神病理学弥补了现象学在异常经验方面的缺失。另外，有很多东西的作用在正常情况下是隐而不显的，例如：胡塞尔所说的"被动综合"，即不需要自我有意识介入的无意识活动。在精神病理学中，"被动综合"接近于布兰肯伯格所说的"共感"，以及弗洛伊德所说的"无意识"。在健康人那里，人们很难意识到"被动综合"的作用有多大。相反，强迫症与精神分裂症患者由于缺失"共感"（即一种人人都有又难以言明的感觉），因此在生活中举步维艰，从而陷入活力衰退。

如果说现象学是一种主观经验的科学，那么基于精神疾病患者主观经验的现象学精神病理学也是一种特殊形态的现象学——包括雅斯贝尔斯的描述现象学、宾斯旺格和博斯的此在分析、闵可夫斯基的结构现象学、斯特劳斯的感受现象学、弗兰克尔的意义治疗、兰格尔的个人实存分析等。我们也可以将它们称为"应用现象学"——与胡塞尔意义上的"纯粹现象学"相互辉映。

（2）现代哲学表现出了越来越明显的学院化倾向——我们也可以用如今很流行的一个词"内卷"来形容这种状况，即哲学越来越成为大学内部少数专业精英从事的一门专业,而与大多数人的生活越来越远。在当代中国哲学圈子的内部,有两种声音:一种声音认为,哲学就应该是无用的,就应该是少数专业精英的事业;另一种声音认为,哲学应该是有用的——少数专业精英从事的哲学,可以指导或服务于大众的生活。例如,浙江大学的庞学铨教授、孙周兴教授等是第二种声音的代表。庞学铨教授致力于开展休闲哲学的研究,并把这种哲学与杭州的休闲城市建设结合起来。孙周兴教授致力于让当代哲学回归古希腊治疗哲学的传统,让当代哲学具有处理心理疾病的治疗功能。另外,潘天群教授、欧阳谦教授、尚杰教授、刘孝廷教授等也持类似的观点。

但在当代语境中,哲学所面对的问题要比古希腊时更为复杂。单靠哲学本身,很难承担起治疗心理疾病的任务。目前的国内哲学界,也正在探索当中。面对这种困难,值得考虑的是哲学现象学与精神病理学的结合。例如,精神病理学中的精神分析,就可以为哲学现象学提供较为可操作的治疗技术;意义治疗所面对的意义神经症,也是哲学现象学可以去发挥作用的领域。

(3)现象学探索的是人的意识经验可能是怎么样的,而精神病理学探索的是人的意识经验实际上是怎么样的;前者是超验的,而后者是经验的。然而,现象学的超验并不能完全脱离现象学家本人的经验;或者说,现象学家总是基于自己的意识经验,去设想意识经验的各种可能性。精神病理学在临床上所发现的疾病经验,有时候甚至完全超越了现象学家的想象。事实上,正如布兰肯伯格的精神分裂症研究所揭示的,患者不需要像现象学家那样克服阻力,就能进入现象学的超验态度;或者说,精神分裂症患者是被动的现象学家。当他们具有良好表达能力时，他们是可以提供现象学的洞见的。

如果人们可以放下对于精神疾病患者的歧视，认真听取他们的经验，那么这些经验是可以被补充到现象学大厦中的。精神疾病患者的知觉对于无形事物的特殊开放性，也是对哲学现象学思维的有效补充。

最后，我们想说的是：无论是现象学还是精神病理学都应该是开放的，而这是二者可以建立相互澄明关系的基础。关键在于：这种开放性如何实现？另外，现象学和精神病理学都在追求有关人类存在的真理，但二者都只能揭示人类存在的一个侧面或层次。因此，在揭示人类谜团的道路上，二者应该建立起相互澄明的关系。

附录　国内外有关现象学与精神病理学相互澄明关系研究的机构

中国同济大学哲学系与心理学系

孙周兴教授很早就意识到:"哲学在心理治疗方面是可以有所作为的。"2013年,他邀请著名的心理治疗学家赵旭东教授,在哲学一级学科博士点的"哲学心理学"方向上招收培养博士生。2016年,孙周兴教授又在同济大学人文学院内新建了心理学系。赵旭东教授任首届系主任(2016.5—2018.5)。心理学系在2017年获批心理学一级学科硕士点(包括认知神经科学、哲学心理学与精神分析、临床与咨询心理学三个方向)。2020年,同济大学决定将"心理学"学术硕士点转为"应用心理"专业硕士点,下设两个方向:精神分析与哲学咨询、临床与咨询心理学。目前,同济大学哲学系的"哲学心理学"方向同时招收博士生与硕士生,而心理学系招收"应用心理"专业硕士生。哲学系与心理学系的研究和培养方向中,包含了现象学精神病理学。

德国现象学人类学、精神病学与心理治疗学会（DGPF）

http://phaenomenologische-forschung.de

德国现象学人类学、精神病学与心理治疗学会成立于1969年,是德语国家中最大的哲学专业学会之一。它包括来自 25 个以上国家的专业哲学家。所有这些学者都以促进和传播作为一种哲学方法的现象学为使命。他们不关心历史上学派的教条式保存，而关注其多元化的哲学现象学方法的延续。支持其社会目标并认可其章程的任何自然人或法人都可以成为 DGPF 的成员。该学会的活动领域主要包括会议的组织、奖项的颁发以及研究的促进等，其中包括通过 1975 年开始出版的《现象学研究》杂志。此外，学会设定的自己的任务是：提拔年轻学者并保持现象学哲学家之间的国内和国际联系。著名的现象学精神病理学家福克斯教授现任该学会的副主席。学会的系列出版物既致力于展现经典的现象学理论，也致力于展现哲学、精神病学与心理学中的新颖讨论。因此，学会倡导在健康与疾病中的、哲学导向的人类理解。

英国实存分析协会（SEA）

https://community.existentialanalysis.org.uk

英国实存分析协会在 1988 年由实存治疗学家德意珍（Emmy van Deurzen）创立，旨在培养公众对实存分析的应用，并促进和传播对实存分析的研究。协会的成员包括英国和国外的咨询师、心理治疗师、心理学家和哲学家。近年来，"实存-现象学"被公认为英国咨询心理学的主要范式基础——它为在英国心理学会（BPS）进行实存咨询心理学的培训创造了一条有效途径，并且是在英国心理治疗委员会（UKCP）注册的一条途径。协会会刊是《实存分析》，旨在为实存-现象学分析及其在治疗实践和日常生活中的应用提供表达观点和交流思想的平台。会刊的作者与读者都是在实存-现象学理论和实践的各个领域具有专业知识的实存治疗师、心理学家或哲学家。

美国心理学会下属的人文主义心理学学会

https://www.apadivisions.org/division-32/index?_ga=2.65030380.372689702.1614692766-526709639.1614692764

人文主义心理学学会旨在忠实于人类的全部经验。它的基础包括哲学人文主义、实存主义和现象学。在心理学的科学和专业中，学会试图发展一种系统而严谨的人类研究方法，并通过一种更加全面和综合的方法来治愈当代心理学的零碎特征。人文心理学家对独特的人类维度（例如：创造力和超越经验）以及人类福祉的质量特别敏感。因此，学会尤其致力于促进心理治疗、教育、理论、心理学哲学、研究方法论、组织与管理，以及社会责任与变革。学会会刊是《人文主义心理学》，致力于对广义的"人文主义心理学"进行反思性探究。该刊发表有关定性、定量和混合方法研究的论文；人文主义、实存主义、构造主义、超个体理论和心理治疗，以及基于现象学、诠释学，批判的、女权主义的和具有多元文化观点的文章。

美国哲学和精神病学促进协会（AAPP）

https://philosophyandpsychiatry.org

美国哲学和精神病学促进协会成立于1989年，旨在促进哲学和精神病学中的跨学科研究、教育计划和研究生培训项目。哲学方法给精神病学带来了一种分析和批判——哲学的思想和意义在精神病学实践中的应用具有不可估量的价值。但是多年来，我们还发现，精神病学除了有自己的哲学问题之外，还为哲学理论提供了信息。"哲学与精神病学"这个领域正在发展为它自己的跨学科领域。

协会致力于对精神病学理论和实践进行哲学研究，并且通过阐明与精神病学有关的哲学问题来提高教师、研究人员、从业人员及其他人员的效率。协会还以检查精神病学知识、理论和实践的方式，充实和挑战有关心灵、知识和主观性的基本哲学假设，以及其他哲学研究的对象。

协会会刊是《哲学、精神病学与心理学》，由皇家精神病学哲学社团和约翰·霍普金斯大学出版社共同出版。

美国现象学与实存哲学协会（SPEP）

美国现象学和实存哲学协会可以追溯到20世纪50年代的哈佛大学。那时，哈佛大学哲学系的高级成员怀尔德开始教授现象学和实存主义课程。在此期间，怀尔德孕育了创建一个致力于研究新近大陆哲学（尤其是胡塞尔、海德格尔、萨特和梅洛-庞蒂的哲学）的新专业协会的计划。直到1961年怀尔德成为美国西北大学哲学系主任后，得益于西北大学的支持，他的愿景得以实现。该协会的第一次会议于1962年10月在美国西北大学举行。协会拥有超过2 500名会员，是美国最大的哲学学会之一。它不仅鼓励在现象学和实存主义的哲学传统中的工作，而且鼓励所有与大陆哲学的通常领域相关的工作。

参考文献

中文文献

布兰肯伯格:《自然自明性的失落:论症状贫乏型精神分裂的精神病理学》,徐献军译,北京:商务印书馆,2018年。

包利民、徐建芬:《试论塞涅卡"治疗哲学"的多重维度》,载《求是学刊》2015年第6期,第20—27页。

陈红:《哲学咨询的兴起与发展》,载《安徽大学学报(哲学社会科学版)》2012年第4期,第26—31页。

陈巍:《幻肢的神经病理现象学:从成因到治疗》,载《同济大学学报(社会科学版)》2017年第5期,第18—27页。

陈巍:《同一性与他异性的紊乱——精神分裂症社会感知障碍的神经现象学分析》,载《浙江社会科学》2020年第4期,第90—98页。

笛卡尔:《第一哲学沉思集》,庞景仁译,北京:商务印书馆,2007年。

丁晓军:《哲学何以治疗——古希腊、古罗马的哲学治疗思想探微》,载《兰州学刊》2018年第4期,第82—91页。

范·劳美尔:《超越生命的意识:濒死体验的科学》,徐献军译,北京:商务印书馆,2020年。

弗兰克尔:《意义治疗和存在分析的基础》,徐佳译,北京:电子工业出版社,2014年。

霍伦斯泰因:《人的自我理解:自我意识、主体间责任、跨文化谅解》,徐献军译,北京:商务印书馆,2019年。

金寿铁:《心灵的界限:雅斯贝尔斯精神病理学研究》,长春:吉林人民出版社,2000年。

金寿铁:《精神病理现象与人的综合理解——卡尔·雅斯贝尔斯〈普通精神病理学〉中的哲学与精神病学观点》,载《自然辩证法通讯》2018年第10期,第105—114页。

弥勒:《瑜伽师地论》,北京:宗教文化出版社,2010年。

倪梁康:《胡塞尔现象学概念通释》,北京:生活·读书·新知三联书店,1999年。

倪梁康:《始创阶段上的心理病理学与现象学——雅斯贝尔斯与胡塞尔的思想关系概论》,载《江苏行政学院学报》2014年第3期,第17—23页。

欧阳谦:《哲学咨询:一种返本开新的实践哲学》,载《安徽大学学报(哲学社会科学版)》2012年第4期,第20—25页。

培根:《新工具》,北京:商务印书馆,1997年。

萨特:《存在与虚无》,陈宣良等译,北京:生活·读书·新知三联书店,2008年。

斯皮格尔伯格:《心理学与精神病学的现象学》,徐献军译,北京:商务印书馆,2021年。

尚杰:《哲学治疗的可能性》,载《江苏行政学院学报》2017年第2期,第15—21页。

孙丹阳、李侠:《认知治疗的哲学基础研究——信念修正的可行性分析》,载《安徽大学学报(哲学社会科学版)》2016年第2期,第38—45页。

孙周兴:《本质与实存——西方形而上学的实存哲学路线》,载《中国社会科学》2004年第6期,第71—81页。

孙周兴:《作为心灵治疗的哲学》,在浙江大学哲学系主办的"生活哲学与现代人类生存"学术研讨会上的报告,2016年。http://www.aisixiang.com/data/106350.html。

卫春梅:《论哲学咨询与心理咨询之异同》,载《安徽大学学报(哲学社会科学版)》2013年第5期,第46—51页。

徐凯文:《时代空心病与焦虑经济学》,2016年。https://www.sohu.com/a/138840265_536015.

徐献军:《具身认知论:现象学在认知科学研究范式转型中的作用》,杭州:浙江大学出版社,2009年。

徐献军:《现象学对于认知科学的意义》,杭州:浙江大学出版社,2016年。

徐献军:《妄想症与精神分裂的现象学精神病理学解释》,载《浙江大学学报(人文社会科学版)》2015年第4期,第121—129页。

徐献军、庞学铨:《现象学哲学视野中的精神疾病——对现象学精神病理学的解读》,载《浙江社会科学》2016年第12期,第91—96页。

徐献军:《现象学精神病理学视域中的交互主体性紊乱》,载《哲学动态》2017年第2期,第93—98页。

徐献军:《精神疾病研究中的新现象学进路》,载《浙江学刊》2017年第4期,第29—35页。

徐献军、陈巍:《自然自明性的失落——Blankenburg精神分裂理论述评》,载《心理科学》2017年第4期,第1011—1016页。

徐献军:《从现象学到精神病学——论闵可夫斯基的现象学精神病学》,载《浙江大学学报(人文社会科学版)》2017年第5期,第77—86页。

徐献军:《宾斯旺格对于现象学的贡献》,载《同济大学学报(社会科学版)》2017年第5期,第2—9页。

徐献军:《精神疾病发生的现象学精神病理学解释》,载《赣南师范大学学报》2018年第1期,第142—146页。

徐献军:《哲学治疗:从现象学到佛学》,载《西南民族大学学报(人文社科版)》2018年第7期,第88—92页。

徐献军:《雅斯贝尔斯对现象学直观的阐释及发展》,载《浙江社会科学》2018年第8期,第104—109页。

徐献军:《论胡塞尔现象学与雅斯贝尔斯精神病理学的关系——兼论当代哲学与科学相互交叉渗透的走向》,载《自然辩证法通讯》2019年第4期,第99—104页。

徐献军:《德雷福斯对人工智能批判仍然成立吗?》,载《自然辩证法研究》2019年第1期,第15—20页。

徐献军:《雅斯贝尔斯对弗洛伊德精神分析的批判》,载《浙江学刊》2019年第4期,第182—188页。

徐献军:《宾斯旺格现象学精度病理学对海德格尔存在论的发展》,载《浙江社会科学》2020年第4期,第108—115页。

徐献军:《精神病理学中的第一人称进路》,载《西北师大学报(社会科学版)》

2016年第5期,第102—106页。

许又新:《精神病理学》,北京:北京大学医学出版社,2018年。

雅斯贝尔斯:《我通向哲学之路》,梦海译,载《世界哲学》2009年第4期,第129—134页。

赵旭东、徐献军:《雅斯贝尔斯的"理解心理学"对当代心理健康服务的意义》,载《心理学通讯》2018年第1期,第58—64页。

外文文献

American Psychiatric Association. (2013). *Diagnostic and Statistical Manual of Mental Disorders: DSM-5. Fifth Edition.* Washington/London: New School Library.

Andereasen, N. C. (2007). "DSM and the Death of Phenomenology in America: An Example of Unintended Consequences." *Schizophrenia* 33(1), pp. 108-112.

Augustine, S. (1943). *The Confessions of St. Augustine.* Trans. J. G. Pilkington. New York: Liveright Publishing Corp.

Bergson, H. (2007). *Essai sur les données immédiates de la conscience.* Paris: Presses Universitaires de France.

Berrios, G. E. (1992). "Phenomenology, Psychopathology and Jaspers: A Conceptual History." *History of Psychiatry* 3(11), pp. 303-327.

Binswanger, L. (1909). "Versuch einer Hysterieanalyse." *Jahrbuch für psychoanalytische und psychopathologische Forschung* 1(1), S. 174-318; 1(2), S. 319-356.

Binswanger, L. (1922). *Einführung in die Probleme der Allemeinen Psychologie.* Berlin: Springer Verlag.

Binswanger, L. (1923). "Über Phänomenologie." *Zeitschrift für die gesamte Neurologie und Psychiatrie* 1923, 82 (1), S. 10-45.

Binswanger, L. (1931-1933). "Über Ideenflucht." *Schweizer Archiv für Neurologie und Psychiatrie* 27(2), 28(2), 29(1)and (2), 30(1).

Binswanger, L. (1956). "Existential Analysis and Psychotherapy." In F. Fromm-Reichmann & J. L. Moreno ed., *Progress in Psychotherapy.* New York: Grune &

Stratton, S. 144-148.

Binswanger, L. (1957). *Schizophrenie*. Pfullingen: Neske.

Binswanger, L. (1957). *Sigmund Freud: Reminiscences of a Friendship*. New York: Grune & Stratton.

Binswanger, L. (1959). "Dank an Edmund Husserl." In H. L. Van Breda hrsg., *Edmund Husserl, 1859-1959*. Hague: Martinus Nijhoff, S. 64-72.

Binswanger, L. (1965). *Wahn. Beiträge zu seiner phänomenologischen und daseinsanalytischen Erforchung*. Tübinen: Neske.

Binswanger, L. (1968). "Freud and the Magna Charta of Clinical Psychiatry." In J. Needleman ed., *Being-in-the-World*. New York: Harper and Row, pp. 182-205.

Binswanger, L. (1968). "Heidegger's Analytic of Existence and Its Meaning for Psychiatry." In J. Needleman ed., *Being-in-the-World*. New York: Harper and Row, pp. 206-221.

Binswanger, L. (1992). "Über Ideenflucht." In M. Herzog hrsg., *Ludwig Binswanger Ausgewählte Werke, Band I. Formen Mißglückten Daseins*. Heidelberg: Roland Asanger, S. 1-232.

Binswanger, L. (1994). "Über Psychotherapie." In M. Herzog hrsg., *Ludwig Binswanger Ausgewählte Werke, Band III. Vorträge und Aufsätze*, Heidelberg: Roland Asanger, S. 205-230.

Binswanger, L. (1994). "Über die daseinsanalytische Forschungsrichtung in der Psychiatrie." In M. Herzog hrsg., *Ludwig Binswanger Ausgewählte Werke, Band III. Vorträge und Aufsätze*. Heidelberg: Roland Asanger, S. 231-258.

Binswanger, L. (1994). "Melancholie und Manie." In M. Herzog hrsg., *Ludwig Binswanger Ausgewählte Werke, Band IV.* Heidelberg: Roland Asanger, S. 351-428.

Binswanger, L. (1994). "Grundformen und Erkenntnis menschlichen Daseins." In M. Herzog hrsg., *Ludwig Binswanger Ausgewählte Werke, Band III. Vorträge und Aufsätze*. Heidelberg: Roland Asanger.

Binswanger, L. (1994). "Der Mensch in der Psychiatrie." in M. Herzog hrsg., *Ludwig Binswanger Ausgewählte Werke, Band III. Vorträge und Aufsätze*. Heidelberg: Roland Asanger.

Blank, O., Theodor, L., Laurent, S., & Margitta, S. (2004). "Out-of-body Experience and Autoscopy Neurological Origin." *Brain* 127(2), pp. 243-258.

Blankenburg, W. (1958). "Daseinsanalytische Studie über einen Fall paranoider Schizophrenie." *Schweizer Archiv für Neurologie und Psychiatrie* 81, S. 9-105.

Blankenburg, W. (1975). "Was heißt Erfahren." In A. Métraux & C. F. Graumann hrsg., *Versuche über Erfahrung.* Wien: Huber, S. 9-20.

Blankenburg, W. (1979). "Phänomenologische Epoché und Psychopathologie." In W. M. Sprondel & R. Grathoff hrsg., *Alfred Schütz und die Idee des Alltags in den Sozialwissenschaften.* Stuttgart: Enke, S. 125-139.

Blankenburg, W. (1984). "Unausgeschöpftes in der Psychopathologie von Karl Jaspers." *Nervenarzt* 55, S. 447-460.

Blankenburg, W. (1991). "Phänomenologie als Grundlagendisziplin der Psychiatrie." *Fundamenta Psychiatrica* 5, S. 92-101.

Blankenburg, W. (2012). *Der Verlust der natürlichen Selbstverständlichkeit.* Berlin: Parodos Verlag.

Boring, E. G., & Lindzey, G. (1967). *A History of Psychology in Autobiography.* New York: Appleton-Century-Crofts.

Boss, M. (1958). *The Analysis of Dreams.* New York: Philosophical Library.

Boss, M. (1962). "Anxiety, Guilt and Psychotherapeutic Liberation." *Review of Existential Psychology and Psychiatry* 2(3), pp. 173-207.

Boss, M. (1963). *Psychoanalysis and Daseinsanalysis.* New York: Basic Books.

Boss, M. (2001). "Preface to the First Edition of Martin Heidegger's Zollikon Seminars." In M. Boss eds., *Zollikon Seminars.* Evanston: Northwestern University Press.

Brain, R. (1959). *The Nature of Experience.* Oxford: Oxford University Press.

Brencio, F. (2015). "Sufferance, Freedom and Meaning: Viktor Frankl and Martin Heidegger." *Studia Paedagogica Ignatiana* 18(1), pp. 217-246.

Broome, R. M., Harland, R., Owen, S. G., & Stringaris, A. (2012). *The Maudsley Reader in Phenomenological Psychiatry.* New York: Cambridge University Press.

Brunswik, Egon. (1952). *The Conceptual Framework of Psychology.* Chicago:

University of Chicago Press.

Bschor, T., Ising, M., Bauer, M., Lewitzka, U., Skerstupeit, M., Müller-Oerlinghausen, B., & Baethge, C. (2004). "Time Experience and Time Judgment in Major Depression, Mania and Healthy Subjects. A Controlled Study of 93 Subjects." *Acta Psychiatrica Scandinavica* 109, pp. 222–229.

Chalmers, D. J. (2013). "How Can We Construct a Science of Consciousness?." *Annals of the New York Academy of Sciences* 1303(1), pp. 25–35.

Cornblatt, B. A., Auther, A. M., Niendam, T., Smith, C. W., Zinberg, J., & Bearden, C. E., et al. (2007). "Preliminary Findings for Two New Measures of Social and Role Functioning in the Prodromal Phase of Schizophrenia." *Schizophrenia Bulletin* 33(3), pp. 688–702.

Crick, F. (1994). *Was die Seele wirklich ist. Die naturwissenschaftliche Erforschung des Bewusstseins.* München: Artemis & Winkler.

Cutting, J., Mouratidou, M., Fuchs, T., & Owen, G. (2016). "Max Scheler's Influence on Kurt Schneider." *History of Psychiatry* 336, pp. 1–9.

Damasio, A. R. (2002). "Wie das Gehirn Geist erzeugt." *Spektrum der Wissenschaft, Dossier 2: Grenzen des Wissens.* S. 36–41.

Duppen, Z. V. (2017). "The Meaning and Relevance of Minkowski's 'Loss of Vital Contact with Reality'." *Philosophy, Psychiatry and Psychology* 24(4), pp. 385–397.

Eccles, J. C. (1953). *The Neurophysiological Basis of Mind: The Principles of Neurophysiology.* New York: Oxford Press.

Ellenberger, H. F. (2004). "A Clinical Introduction to Psychiatric Phenomenology and Existential Analysis." In R. May, E. Angel & H. F. Ellenberger eds., *Existence.* New York: Rowman & Littlefield, pp. 92–124.

Emrich, H. M. (1998). "In memoriam Karl-Peter Kisker." *Der Nervenarzt* 69(11), pp. 1023–1024.

Eisler, R. (1922). *Handwörterbuch der Philosophie. 2. Auflag.* Berlin: E. S. Mittler & Sohn.

Fischer, W. F. (1994). "The Significance of Phenomenological Thought for the

Development of Research Methods in Psychology at Duquesne University." In V. Shen, R. Knowles, and T. V. Doan eds., *Psychology, Phenomenology, and Chinese Philosophy*. Washington: The Council for Research in Values and Philosophy, pp. 223-228.

Foucault, M., & Binswanger, L. (1993). "Dream and Existence." In K. Hoeller ed., *Studies in Existential Psychology and Psychiatry*. New Jersey: Humanities Press.

Frankl, V. (1924). "Zur mimischen Bejahung und Verneinung." *Internationale Zeitschrift für Psychoanalyse* 10(4), S. 437-438.

Frankl, V. (1964). "Philosophical Foundation of Logotherapy." In E. Straus eds., *Phenomenology: Pure and Applied*. Pittsburgh: Duquesne University Press, pp. 43-58.

Frankl, V. (1967). *Psychotherapy and Existentialism*. New York: A Touchstone Book.

Frankl, V. (1986). *The Doctor and the Soul*. New York: Vintage Books.

Frankl, V. (1987). "Zur geistigen Problematik der Psychotherapie." In V. Frankl, *Logotherapie und Existenzanalyse, Texte aus fünf Jahrzehnten*. Munich: Piper, S. 15-30.

Frankl, V. (1988). *The Will to Meaning: Foundations and Applications of Logotherapy*. New York: A Meridian Book.

Frankl, V. (2006). *Man's Search for Meaning*. Boston: Beacon Street.

Frankl, V. (2007). *Theorie und Therapie der Neurosen*. München: Ernst Reinhardt Verlag.

Frankl, V. (2011). *Man's Search for Ultimate Meaning*. London: Ebury Publishing.

Freud, S. (1999). "Vorlesungen zur Einführung in die Psychoanalyse." In A. Freud, E. Bibring, W. Hoffer, E. Kris, & O. Isakower hrsg., *Gesammelte Werke XI*. Frankfurt: Fischer Taschenbuch Verlag.

Freud, S. (1999). "Über den Psychischen Mechanichmus Hysterischer Phänomene(1908)." In A. Freud, E. Bibring, W. Hoffer, E. Kris, & O.

Isakower hrsg., *Studien über Hysterie, Gesmmelte Werke I*. Frankfurt: Fischer Taschenbuch Verlag, S. 81-98.

Freud, S. (1999). *Die Traumdeutung, Über den Traum.Gesammelte Werke II/III*. Hrsg. A. Freud, E. Bibring, W. Hoffer, E. Kris, & O. Isakower. Frankfurt: Fischer Taschenbuch Verlag.

Freud, S. (1999). "Die zukünftigen Chancen der psychoanalytischen Therapie." In A. Freud, E. Bibring, W. Hoffer, E. Kris, & O. Isakower hrsg., *Werke aus den Jahren 1909-1913, Gesammelte Werke VIII*. Frankfurt: Fischer Taschenbuch Verlag, S. 104-115.

Freud, S. (1999). "Einige Bemerkungen über den Begriff des Unbewussten." In A. Freud, E. Bibring, W. Hoffer, E. Kris, & O. Isakower hrsg., *Werke aus den Jahren 1909-1913, Gesammelte Werke VIII*. Frankfurt: Fischer Taschenbuch Verlag, S. 430-439.

Freud, S. (1999). "Über einen autobiographisch beschriebenen Fall von Paranoia." In A. Freud, E. Bibring, W. Hoffer, E. Kris, & O. Isakower hrsg., *Werke aus den Jahren 1909-1913, Gesammelte Werke VIII*. Frankfurt: Fischer Taschenbuch Verlag, S. 241-320.

Freud, S. (1999). "Ratschläge für den Arzt bei psychoanalytischen Behandlung." In A. Freud, E. Bibring, W. Hoffer, E. Kris, & O. Isakower hrsg., *Werke aus den Jahren 1909-1913, Gesammelte Werke VIII*. Frankfurt: Fischer Taschenbuch Verlag, S. 376-387.

Freud, S. (1999). "Erinnern, Wiederholen und Durcharbeiten." In A. Freud, E. Bibring, W. Hoffer, E. Kris, & O. Isakower hrsg., *Werke aus den Jahren 1913-1917, Gesmmelte Werke X*. Frankfurt: Fischer Taschenbuch Verlag.

Freud, S. (1999). "Die Libibotheorie und der Narzissmus." In A. Freud, E. Bibring, W. Hoffer, E. Kris, & O. Isakower hrsg., *Vorlesungen zur Einführung in die Psychoanalyse, Gesammelte Werke XI*. Frankfurt: Fischer Taschenbuch Verlag, S. 427-446.

Freud, S. (1999). "Die Übertragung." In A. Freud, E. Bibring, W. Hoffer, E. Kris, & O. Isakower hrsg., *Vorlesungen zur Einführung in die Psychoanalyse,*

Gesammelte Werke XI. Frankfurt: Fischer Taschenbuch Verlag, S. 447-465.

Freud, S. (1999). "Jenseits des Lustprinzips." In A. Freud, E. Bibring, W. Hoffer, E. Kris, & O. Isakower hrsg., *Gesammelte Werke XIII*. Frankfurt: Fischer Taschenbuch Verlag, S. 1-69.

Freud, S. (1999). "Das Ich und das Es." In A. Freud, E. Bibring, W. Hoffer, E. Kris, & O. Isakower hrsg., *Gesammelte Werke XIII*. Frankfurt: Fischer Taschenbuch Verlag, S. 237-267.

Freud, S. (1999). "Neue Folge der Vorlesungen zur Einführung in die Psychoanalyse." In A. Freud, E. Bibring, & E. Kris hrsg., *Gesammelte Werke XV*. Frankfurt: Fischer Taschenbuch Verlag.

Frie, R. (1990). "Interpreting a Misinterpretation: Ludwig Binswanger and Martin Heidegger." *Journal of the British Society for Phenomenology* 30(3), pp. 244-257.

Frith, C. D., Blakemore, S. J., & Wolpert, D. M. (2000). "Explaining the Symptoms of Schizophrenia: Abnormalities in the Awareness of Action." *Brain Research Reviews* 31(2-3), pp. 357-363.

Fulton, J. (1946). *Howell's Textbook of Physiology*. Philadelphia: W. B. Saunders Company.

Fuchs, T. (2002). "The Challenge of Neuroscience: Psychiatry and Phenomenology Today." *Psychopathology* 35(6), pp. 319-326.

Fuchs, T. (2010). "Phenomenology and Psychopathology." In S. Gallagher & D. Schmicking eds., *Handbook of Phenomenology and Cognitive Science*. Berlin: Springer Verlag, pp. 547-573.

Fuchs, T. (2013). "Temporality and Psychopathology." *Phenomenology and the Cognitive Sciences* 12(1), pp. 75-104.

Fuchs, T. (2014). "Wolfgang Blankenburg: Der Verlust der natürlichen Selbstverständlichkeit." In S. Micali & T. Fuchs hrsg., *Wolfgang Blankenburg— Psychiatrie und Phnomenologie*. Freiburg/München: Karl Alber Verlag, S. 80-97.

Fuchs, T. (2015). "Die Ästhesiologie von Erwin Straus." In T. Breyer, T. Fuchs, & A. Holzhey-Kunz hrsg., *Ludwig Binswanger und Erwin Straus. Beiträge zur psychiatrischen Phänomenologie.* Freiburg/München: Karl Alber Verlag, S. 137-155.

Fuchs, T. (2019). "Erwin Straus." In G. Stanghellini, M. Broome, A. Raballo, A. V. Fernandez, P. Fusar-Poli, & R. Rosfort eds., *The Oxford Handbook of Phenomenological Psychopathology*. Oxford: Oxford University Press, pp. 126-133.

Fuchs, T. (2019). "The Experience of Time and Its Disorder." In G. Stanghellini, M. Broome, A. Raballo, A. V. Fernandez, P. Fusar-Poli, & R. Rosfort eds., *The Oxford Handbook of Phenomenological Psychopathology*. Oxford: Oxford University Press, pp. 431-441.

Garrett, D. D., Samanez-Larkin, G. R., Macdonald, S. W. S., Lindenberger, U., & Grady, C. L. (2013). "Moment-to-moment Brain Signal Variability: A Next Frontier in Human Brain Mapping?." *Neuroscience & Biobehavioral Reviews* 37(4), pp. 610-624.

Hacker, F. (1911). "Systematische Traumbeobachtungen mit besonderer Berücksichtigung der Gedanken." *Archiv für die gesamte Psychologie* 21, S. 1-131.

Häfner, H. (1961). *Psychopathen: Daseinsanalytische Untersuchungen zur Struktur und Verlaufsgestalt von Psychopathien*. Berlin: Springer Verlag.

Habermas, J. (1985). *The Philosophical Discourse of Modernity*. Cambridge: MIT Press.

Heidegger, M. (1954). *Was heißt Denken?*. Tübingen: Max Niemeyer Verlag.

Heidegger, M. (1984). *Metaphysical Foundations of Logic, Studies in Phenomenology and Existential Philosophy*. Trans. M. Heim. Bloomington: Indiana University Press.

Heidegger, M. (1989). *Die Grundprobleme der Phänomenologie. Gesamtausgabe Band 24*. Frankfurt: Vittorio Klostermann.

Heidegger, M. (1994). *Zollikoner Seminare*. Hrsg. M. Boss. Frankfurt: Vittorio Klostermann.

Heidegger, M. (2000). *Über den Humanismus*. Frankfurt: Vittorio Klostermann.

Heidegger, M. (2001). *Zollikoner Seminares*. Evanston: Northwestern University Press.

Heidegger, M. (2006). *Sein und Zeit*. Tübingen: Max Niemeyer Verlag.

Heidegger, M. (2018). *Zollikoner Seminare. Gesamtausgabe Band 89*. Frankfurt: Vittorio Klostermann.

Höffe, O., Forschner, M., Horn, C., & Vossenkuhl, W. (2008). *Lexikon der Ethik*. München: C. H. Beck Verlag.

Husserl, E. (1991). *Cartesianische Meditationen und Pariser Vorträge. Husserliana I*. Hrsg. S. Strasser. Dordrecht: Kluwer Academic Publishers.

Husserl, E. (1973). *Die Idee der Phänomenologie. Fünf Vorlesungen. Husserliana II*. Hrsg. W. Biemel. Hague: Martinus Nijhoff.

Husserl, E. (1976). *Ideen zu einer reinen Phänomenologie und phänomenologischen Philosophie. Erstes Buch: Allgemeine Einführung in die reine Phänomenologie. Husserliana III*. Hrsg. K. Schuhmann. Hague: Martinus Nijhoff.

Husserl, E. (1971). *Ideen zu einer reinen Phänomenologie und phänomenologischen Philosophie. Drittes Buch: Die Phänomenologie und die Fundamente der Wissenschaften. Husserliana V*. Hrsg. M. Biemel. Hague: Martinus Nijhoff.

Husserl, E. (1976). *Die Krisis der europäischen Wissenschaft und die transzendentale Phänomenologie. Husserliana VI*. Hrsg. W. Biemel. Hague: Martinus Nijhoff.

Husserl, E. (1956). *Erste Philosophie (1923/24). Erster Teil: Kritische Ideengeschichte. Husserliana VII*. Hrsg. R. Boehm. Hague: Martinus Nijhoff.

Husserl, E. (1966). *Zur Phänomenologie des inneren Zeitbewusstseins (1893–1917). Husserliana X*. Hrsg. R. Boehm. Hague: Martinus Nijhoff.

Husserl, E. (1966). *Analysen zur passiven Synthesis. Aus Vorlesungs-und Forschungsmanuskripten (1918–1926). Husserliana XI*. Hrsg. M. Fleischer. Hague: Martinus Nijhoff.

Husserl, E. (1974). *Formale und Transzendentale Logik. Husserliana XVII*. Hrsg. P. Jessen. Hague: Martinus Nijhoff.

Husserl, E. (1975). *Logische Untersuchungen, Erster Band. Husserliana XVIII*. Hrsg. E. Holenstein. Hague: Martinus Nijhoff.

Husserl, E. (1984). *Logische Untersuchungen, Zweiter Band. Husserliana XIX*.

Hrsg. U. Panzer. Hague: Martinus Nijhoff.

Jablensky, A. (2013). "Karl Jaspers: Psychiatrist, Philosopher, Humanist." *Schizophrenia Bulletin* 39(2), pp. 239-241.

Jaspers, K. (1912). "Die phänomenologische Forschungsrichtung in der Psychopathologie." *Zeitschrift für die gesamete Neurologie und Psychiatrie* 9, S. 391-408.

Jaspers, K. (1973). *Allgemeine Psychopathologie.* Berlin-Göttingen-Heidelberg: Springer Verlag.

Kant, I. (1902). *Kritik der Urtheilskraft.* Leipzip: der Dürr'schen Buchhandlung Verlag.

Kapur, S. (2003). "Psychosis as a State of Aberrant Salience: A Framework Linking Biology, Phenomenology, and Pharmacology in Schizophrenia." *The American Journal of Psychiatry* 160(1), pp. 13-23.

Kisker, K. P. (1960). *Der Erlebniswandel des Schizophrenen: Ein psychopathologischer Beiträge zur Psychonomie schizophrener Grundsituationen.* Berlin: Springer Verlag.

Klosterkötter, J. (1988). *Basissymptome und Endphänomene der Schizophrenie.* Berlin: Springer Verlag.

Kraepelin, E. (1906). *Lectures on Clinical Psychiatry.* London: Balliere, Tindall & Cox.

Lanczik, M., & Keil, G. (1991). "Carl Wernicke's Localization Theory and Its Significance for the Development of Scientific Psychiatry." *History of Psychiatry* 2(6), pp. 171-180.

Längle, A. (1999). "Was bewegt den Menschen? Die existentielle Motivation der Person." *Existenzanalyse* 16(3), S. 18-29.

Längle, A. (2004). "Existenzanalyse der Depression." *Existenzanalyse* 21(2), S. 4-17.

Längle, A. (2007). "Das Bewegende spüren. Phänomenologie in der (existenzanalytischen)Praxis." *Existenzanalyse* 24(2), S. 17-30.

Längle, A. (2011). "Existenzanalyse und Logotherapie." In G. Stumm hrsg.,

Psychotherapie. Schulen und Methoden. Eine Orientierungshilfe für Theorie und Praxis. Wien: Falter, S. 236-244.

Längle, A. (2014). "From Viktor Frankl's Logotherapy to Existential Analytic Psychotherapy." *European Psychotherapy* 12, pp. 67-83.

Längle, A. (2016). *Existenzanalyse: Existentielle Zugänge der Psychotherapie.* Wien: Facultas.

Lanzoni, S. M. (2001). *Bridging Phenomenology and the Clinic: Ludwig Binswanger's Science of Subjectivity.* Dissertation. Cambridge Massachusetts: Harvard University.

Laplanche, J., & Pontalis, J.-B. (1973). *The Language of Psychoanalysis.* New York/London: W. W. Norton and Company.

Lenzo, E. A., & Gallagher, S. (2020). "Intrinsic Temporality in Depression: Classical Phenomenological Psychiatry, Affectivity and Narrative." In C. Tewes & G. Stanghellini eds., *Time and Body: Phenomenological and Psychopathological Approaches.* Cambridge, UK: Cambridge University Press, pp. 289-310.

Lopez, C., Halje, P., & Blanke, O. (2008). "Body Ownership and Embodiment: Vestibular and Multisensory Mechanisms." *Clinical Neurophysiology* 38(3), pp. 149-161.

Löwith, K. (1981). "Das Individuum in der Rolle des Mitmenschen." In K. Stichweh hrsg., *Samtliche Schriften, Bd. 1: Mensch und Menschenwelt.* Stuttgart: J. B. Metzler.

Malmberg, A., Lewis, G., David, A., & Allebeck, P. (1998). "Premorbid Adjustment and Personality in People with Schizophrenia." *British Journal of Psychiatry* 172(5), pp. 885-891.

Mahlberg, R., Kienast, T., Bschor, T., & Adli, M. (2008). "Evaluation of Time Memory in Acutely Depressed Patients, Manic Patients, and Healthy Controls Using a Time Reproduction Task." *European Psychiatry* 23(6), pp. 430-433.

Martin, W., Gergel, T., & Owen, G. S. (2018). "Manic Temporality." *Philosophical Psychology* 32(1), pp. 72-97.

May, R., Angel, E., & Ellenberger, H. F. (2004). *Existence*. Lanham: Rowman & Littlefield.

Maslow, A. (1962). *Toward a Psychology of Being*. New York: Van Nostrand.

Merleuau-Ponty, M. (2014). *Perception of Phenomenology*. London/New York: Routledge.

Merleau-Ponty, M. (1964). "Phenomenology and the Science of Man." In J. Edie ed., *The Primacy of Perception*. Evanston: Northwestern University Press, pp. 43-95.

Merleau-Ponty, M. (1964). "The Child's Relation with Others." In J. Edie ed., *The Primacy of Perception*. Evanston: Northwestern University Press, pp. 96-158.

Micali, S. (2014). "Phänomenologie als Methode. Bemerkungen zur phänomenologischen Psychopathologie im Anschluss an Blankenburg." In S. Micali & T. Fuchs hrsg., *Wolfgang Blankenburg—Psychiatrie und Phnomenologie*. Freiburg/München: Karl Alber Verlag, S. 13-32.

Minkowski, E. (1923). "Etude psychologie et analyse phenomenologique d'un das de melancolie schizophrenique." *Journal de psychologie normale et pathologique* 20, 543-560.

Minkowski, E. (1926). *La Notion de Perte de Contact vital avec la Réalité et ses Aapplications en Psychopathologie*. Paris: Jouve & Cie.

Minkowski, E. (1948). "Phénoménologie et analyse existentielle en psychopathologie." *L'évolution Psychiatrique* 13(4), pp. 137-185.

Minkowski, E. (1966). *Traité de Psychopathologie*. Paris: Presses Universitaires de France.

Minkowski, E. (1970). *Lived Time: Phenomenological and Psychopathological Studies*. Evanston: Northwestern University Press.

Minkowski, E. (2000). *Au-delà du Rationalisme morbide*. Paris: Ed L'Harmattan.

Minkowski, E., & Targowla, R. (2001). "A Contribution to the Study of Autism: The interrogative Attitude." *Philosophy, Psychiatry and Psychology* 8(4), pp. 271-278.

Minkowski, E. (2002). *La Schizophrénie*. Paris: Payot.

Minkowski, E. (2004). "Findings in a Case of Schizophrenic Depression." In R. May, E. Angel, & H. Ellenberger eds., *Existence*. New York: Rowman & Littlefield, pp. 127-138.

Minkowski, E. (2013). *Le Temps vécu. Etudes phénoménologiques et psychopathologiques*. Paris: Presses Universitaires de France.

Mishara, A. L. (2001). "On Wolfgang Blankenburg, Common Sense, and Schizophrenia." *Philosophy, Psychiatry and Psychology* 8(4), pp. 317-322.

Mishara, A. L. (2010). "Autoscopy: Disrupted Self in Neuropsychiatric Disorders and Anomalous Conscious State." In S. Gallagher & D. Schmicking eds., *Handbook of Phenomenology and Cognitive Science*. Berlin: Springer Verlag, pp. 591-634.

Mlakar, J., Jensterle, J., & Frith, C. D. (1994). "Central Monitoring Deficiency and Schizophrenic Symptoms." *Psychological Medicine* 24(3), pp. 557-564.

Moskalewicz, M. (2018). "Toward a Unified View of Time: Erwin W. Straus' Phenomenological Psychopathology of Temporal Experience." *Phenomenology and the Cognitive Sciences* 17, pp. 65-80.

Müller, G. E. (1896). "Zur Psychologie der Gesichtsempfindungen." *Zeitschrift für Psychologie* 10, S. 1-82.

Needleman, J. (1968). *Being-in-the-World*. New York: Harper and Row.

Nissel, F. (1898). "Psychiatrie und Hirnanatomie." *European Neurology* 3, pp. 141-155.

Northoff, G. (2016). "Spatiotemporal Psychopathology II: How Does a Psychopathology of the Brain's Resting State Look Like? Spatiotemporal Approach and the History of Psychopathology." *Journal of Affective Disorders* 190, pp. 867-879.

Northoff, G., Magioncalda, P., Martino, M., Lee, H. C., Tseng, Y. C., & Lane, T. (2018). "Too Fast or too Slow? Time and Neuronal Variability in Bipolar Disorder—A Combined Theoretical and Empirical Investigation." *Schizophrenia Bulletin* 44(1), pp. 54-64.

Pavlov, I. (1926). *Die höchste Nerventätigkeit (das Verhalten) von Tieren*. Berlin/

Heidelberg: Springer Verlag.

Pinel, P. (1806). *A Treatise on Insanity*. London: Messrs Cadell and Davies.

Reitinger, C. (2017). *Zur Anthropologie von Logotherapie und Existenzanalyse: Viktor Frankl und Alfried Längle im philosophischen Vergleich*. Dissertation. Universität Salzburg.

Reitinger, C., & Bauer, E. J. (2019). "Logotherapy and Existential Analysis: Philosophy and Theory." In E. v. Deurezn et al. eds., *The Wiley World Handbook of Existential Therapy*. Hoboken: John Wiley & Sons Ltd., pp. 324–340.

Reppen, J. (2003). "Ludwig Binswanger and Sigmund Freud: Portrait of a Friendship." *Psychoanalysis Review* 90(3), pp. 281–291.

Sass, L. A. (2000)"Schizophrenia, Self-experience, and the So-called 'Negative Symptoms'. Reflections on Hyperreflexivity." In D. Zahavi eds., *Exploring the Self*. Amsterdam/Philadelphia: John Benjamins, pp. 149–182.

Sass, L. A. (2001). "Self and World in Schizophrenia: Three Classic Approaches." *Philosophy, Psychiatry and Psychology* 8(4), pp. 251–270.

Sass, L. A. & Parnas, J. (2003). "Schizophrenia, Consciousness, and the Self." *Schizophrenia Bulletin* 29(3), pp. 427–444.

Sass, L. A., Zahavi, D., & Parnas, J. (2011). "Phenomenological Psychopathology and Schizophrenia: Contemporary Approaches and Misunderstandings." *Philosophy, Psychiatry and Psychology* 18(1), pp. 1–23.

Scheler, M. (1916). *Der Fromalismus in der Ethik und die materiale Wertethik*. Halle: Max Niemeyer Verlag.

Scheler, M. (1973). "Phenomenology and the Theory of Cognition." In M. Scheler, *Selected Philosophical Essays*. Trans. D. Lacterman. Evanston: Northwestern University Press, pp. 136–201.

Scheler, M. (1973). *Formalism in Ethics and Non-Formal Ethics of Values*. Trans. M. S. Frings & R. L. Funk. Evanston: Northwestern University Press.

Schilbach, L., Derntl, B., Aleman, A., Caspers, S., Clos, M., & Diederen, K. M., et al. (2016). "Differential Patterns of Dysconnectivity in Mirror Neuron and Mentalizing Networks in Schizophrenia." *Schizophrenia Bulletin* 42(5), pp. 1135-1148.

Schmitt, W. (1983). "Das Modell der Naturwissenschaft in der Psychiatrie im Übergang vom 19. zum 20. Jahrhundert." *Berichte zur Wissenschaftsgeschichte* 6(1), S. 89-101.

Schmitz, H. (1992). *Leib und Gefühle: Materialien zu einer philosophischen Therpeutik.* Paderborn: Junfermann Verlag.

Schneider K (1920/2012). "The Stratification of Emotional Life and the Structure of Depressive States." In R. M. Broome, R. Harland, S. G. Owen, & A. Stringaris eds., *The Maudsley Reader in Phenomenological Psychiatry.* New York: Cambridge University Press, pp. 203-214.

Seitelberger, F. (1997). "Theodor Meynert (1833-1892)." *Journal of the History of the Neurosciences* 6(3), pp. 264-274.

Shepherd, M. (1990). *Karl Jaspers: General Psychopathology, Conceptual Issues in Psychological Medicine.* London: Travistock/Routledge, 1990.

Smith, D. W., "Phenomenology." *The Stanford Encyclopedia of Philosophy (Summer 2018 Edition).* Ed. E. N. Zalta. https://plato.stanford.edu/archives/sum2018/entries/phenomenology/.

Specht, W. (1914). "Zur Phänomenologie und Morphologie der pathologischen Wahrnehmungstäuschungen." *Zeitschrift für Pathopsychologie* 2(1), S. 1-35, 121-143, 481-569.

Spiegelberg, H. (1994). *The Phenomenological Movement: A Historical Introduction.* Dordrecht: Kluwer Academic Publishers.

Spiegelberg, H. (1972). *Phenomenology in Psychology and Psychiatry: A Historical Introduction.* Evanston: Northwestern University Press.

Stanghellini, G., Broome, M., Raballo, A., Fernandez, A. V., Fusar-Poli, P., & Rosfort, R. (2019). *The Oxford Handbook of Phenomenological Psychopathology.* Oxford: Oxford University Press.

Stevens, M. C., Kiehl, K. A., Pearlson, G., & Calhoun, V. D. (2007). "Functional Neural Circuits for Mental Timekeeping." *Human Brain Mapping* 28(5), pp. 394-408.

Straus, E. (1928). "Das Zeiterlebnis in der endogenen Depression und in der psychopathischen Verstimmung." *Monatschrift für Psychiatrie und Neurologie* 68, S. 640-656.

Straus, E. (1930). *Geschehnis und Erlebnis*. Berlin: Springer Verlag.

Straus, E. (1947). "Disorders of Personal Time in Depressive States." *Southern Medical Journal* 40(3), pp. 254-259.

Straus, E. (1960). "Die Ästhesiologie und ihre Bedeutung für das Verständnis der Halluzinationen." In E. Straus, *Psychologie der menschlichen Welt*. Berlin: Springer Verlag, S. 236-269.

Straus, E. (1960). "Die Formen des Räumlichen. Ihre Bedeutung für die Motorik und die Wahrnehmung." In E. Straus, *Psychologie der menschlichen Welt*. Berlin: Springer Verlag, S. 141-178.

Straus, E. (1963). "Philosophische Grundlagen der Psychiatrie: Psychiatrie und Philosophie." In H. W. Gruhle, R. Jung, W. Mayer-Gross, & M. Müller hrsg., *Psychiatrie der Gegenwart. Forschung und Praxis. Bd. I/2, Grundlagen und Methoden der klinischen Psychiatrie*. Berlin: Springer Verlag, S. 926-994.

Straus, E. (1963). *The Primary World of Senses*. Trans. J. Needleman. New York: The Free Press of Glencoe.

Straus, E. (1964). "Opening Remarks." In E. Straus eds., *Phenomenology: Pure and Applied*. Pittsburgh: Duquesne University Press, pp. 3-9.

Straus, E. (1965). "The Sense of the Senses." *The Southern Journal of Philosophy* 3(4), pp. 192-201.

Straus, E. (1966). *Phenomenological Psychology: Selected Papers*. Trans. E. Eng. New York: Basic Books Inc. Publishers.

Straus, E. (1968). *On Obsession*. London: Johnson Reprint Company.

Straus, E. (1969). "Psychiatry and Philosophy." In M. Natanson eds., *Psychiatry and Philosophy*. New York: Springer Verlag, pp. 1-84.

Straus, E. (1978). *Vom Sinn der Sinne (2. Auflag)*. Berlin/Heidelberg/New York: Springer Verlag.

Straus, E. (2017). "Temporal Horizons." *Phenomenology and the Cognitive*

Sciences 17(3), pp. 1-18.

Szilasi, W. (1959). *Einführung in die Phänomenologie Edmund Husserls.* Tübingen: Max Niemeyer Verlag.

Tatossian, A. (1979). *Phenomenologie des psychoses.* Paris: Masson.

Tellenbach, H. (1980). *Melancholy: History of the Problem, Endogeneity, Typology Pathogenesis, Clinical Considerations.* Pittsburgh: Duquesne University Press.

Tipples, J., Brattan, V., & Johnston, P. (2013). "Neural Bases for Individual Differences in the Subjective Experience of Short Durations (Less Than 2 Seconds)." *PLoS ONE* 8(1), e54669.

Thompson, E. (2007). *Mind in Life: Biology, Phenomenology, and the Sciences of Mind.* Cambridge, MA: Harvard University Press.

Theunissen, M. (1984). *The Other.* Cambridge: MIT Press.

Töpfer, F. (2015). "Liebe und Sorge. Binswangers kritische Ergänzung von Heideggers Daseinsanalytik." In T. Breyer, T. Fuchs, & A. Holzhey-Kunz hrsg., *Ludwig Binswanger und Erwin Straus: Beiträge zur psychiatrischen Phänomenologie.* Freiburg/München: Karl Alber Verlag, S. 50-69.

Uddin, L. Q., Supekar, K. S., Ryali, S., & Menon, V. (2011). "Dynamic Reconfiguration of Structural and Functional Connectivity Across Core Neurocognitive Brain Networks with Development." *Journal of Neuroscience* 31(50), pp. 18578-18589.

Uhlhaas, P. J. & Mishara, A. L. (2007). "Perceptual Anomalies in Schizophrenia: Integrating Phenomenology and Cognitive Neuroscience." *Schizophrenia Bulletin* 33(1), pp. 142-156.

Urfer, A. (2001). "Phenomenology and Psychopathology of Schizophrenia: The Views of Eugène Minkowski." *Philosophy, Psychiatry and Psychology* 8(4), pp. 279-289.

Varela, F. J. (1996). "Neurophenomenology: A Methodological Remedy for the Hard Problem." *Journal of Consciousness Studies* 3 (4), pp. 330-349.

Varela, F. J. (1999). "The Specious Present: A Neurophenomenology of Time

Conscious." In J. Petitot, F. J. Varela, B. Pachoud, & Jean-Michel Roy eds., *Naturalizing Phenomenology: Issues in Contemporary Phenomenology and Cognitive Science*. Stanford: Stanford University Press, pp. 266-329.

Velthorst, E., Nieman, D. H., Linszen, D., Becker, H., Haan, L. D., & Dingemans, P. M., et al. (2010). "Disability in People Clinically at High Risk of Psychosis." *British Journal of Psychiatry the Journal of Mental Science* 197(4), pp. 278-284.

Viktor Frankl Institute of America. "The Life of Viktor Frankl." https://viktorfranklamerica.com/viktor-frankl-bio/. 2021-03-23.

v. Gebsattel, E. (1954). "Zeitbezogenes Zwangsdenken in der Melancholic." In E. v. Gebsattel hrsg., *Prolegomena einer medizinischen anthropologie*. Berlin: Springer Verlag, S. 1-18.

Walker, C. (1994). "Karl Jaspers and Edmund Husserl—I: The Perceived Convergence." *Philosophy, Psychiatry and Psychology* 1(2), pp. 117-134.

Weiser, M., Reichenberg, A., Rabinowitz, J., Kaplan, Z., Mark, M., Bodner, E., & Nahon, D., et al. (2001). "Association Between Nonpsychotic Diagnoses in Adolescent Males and Subsequent Onset of Schizophrenia." *Archives of General Psyciatry* 58(10), pp. 959-964.

Wiggins, O. P. & Schwartz, M. A. (1997). "Edmund Husserl's Influence on Karl Jaspers' Phenomenology." *Philosophy, Psychiatry and Psychology* 4(1), pp. 15-36.

《现象学研究丛书》书目

后哲学的哲学问题	孙周兴 著
语言存在论	孙周兴 著
从现象学到孔夫子（增订版）	张祥龙 著
在的澄明	熊 伟 著
开端与未来（增订版）	朱 刚 著
从现象学到后现代	蔡铮云 著
现象学及其效应	倪梁康 著
时间与存在	方向红 著
质料先天与人格生成（修订版）	张任之 著
海德格尔哲学概论	陈嘉映 著
诠释与实践	张鼎国 著
胡塞尔与海德格尔	倪梁康 著
胡塞尔现象学概念通释	倪梁康 著
海德格尔传	张祥龙 著
胡塞尔与舍勒	倪梁康 著
缘起与实相	倪梁康 著
错位与生成	蔡祥元 著
在–是	李 菁 著
意识现象学教程	倪梁康 著
反思的使命（卷一、卷二）	倪梁康 著
现象学精神病理学	徐献军 著
探基与启思	张 柯 著